Wann bekommen die Küstenbewohner denn nun nasse Füße?

Rüdiger Schacht

Wann bekommen die Küstenbewohner denn nun nasse Füße?

Rüdiger Schacht
Lüneburg, Deutschland

ISBN 978-3-658-00326-5   ISBN 978-3-658-00327-2 (eBook)
DOI 10.1007/978-3-658-00327-2

Die Deutsche Nationalbibliothek verzeichnet diese Publikation in der Deutschen Nationalbibliografie; detaillierte bibliografische Daten sind im Internet über http://dnb.d-nb.de abrufbar.

Springer Spektrum

Springer Spektrum ist eine Marke von Springer DE. Springer DE ist Teil der Fachverlagsgruppe Springer Science+Business Media
www.springer-spektrum.de

Vorwort

Alarm, die Klimakatastrophe ist da:

„Der Nordpol ist weg",
„Weltweit dehnen sich die Wüsten aus", und
„Rieseneisberg in der Antarktis abgebrochen".

Dann, ein paar Wochen später:

„Der Golfstrom stockt",
„Der Eisschild der Antarktis wächst" und
„Die nächste Eiszeit steht vor der Tür!"

Und noch ein paar Wochen später:

„Die Klimakatastrophe findet doch nicht statt."

Widersprüchliche Schlagzeilen wie diese rauschen seit Jahren durch den Blätterwald machen den Leser verrückt. Verwundert – und zunehmend entnervt und frustriert – bleibt er angesichts solch irritierender Aussagen alleingelassen: Ja was denn nun? Kommt die Klimakatastrophe oder kommt sie nicht? Und was ist eigentlich los mit der Forschung? Vermag sie nicht einmal eine eindeutige Position zu beziehen?

Zugegeben, es ist nicht leicht mit dem Klimawandel. Ein Puzzle mit tausenden von Teilen, die oft gar nicht so recht zueinander passen wollen. Hinzu kommen immer neue verwirrende und zum Teil gegensätzliche Berichte in den Medien sowie prozentuale Eintrittswahrscheinlichkeiten eines Ereignisses. Wie soll man als Normalbürger, der es gewohnt ist, mit handfesten Größen wie etwa Euro und Cent zu rechnen, mit derartigen Aussagen zurechtkommen?

Keine Frage, bei der Diskussion und Berichterstattung über den Klimawandel wurden – und werden noch immer – Fehler gemacht. Was so vielen Diskussionen über den Klimawandel aber leider häufig fehlt, ist ein einigermaßen solider Grundstock von Wissen um die Datengrundlagen und Zusammenhänge.

Viel zu schnell und viel zu oft werden in dem emotional stark aufgeheizten Umfeld der Klimadebatte die unterschiedlichsten Dinge in einen Topf geworfen und – Faktenlage hin,

Faktenlage her – daraus dann die Schlüsse gezogen, die am besten in das eigene Weltbild passen. Viel zu selten machen sich viele Diskussionsteilnehmer und auch mediale Berichterstatter die Mühe, wirklich genau hinzusehen, worum es bei einer neuen Nachricht im Kern eigentlich geht.

Und das fängt schon damit an, dass oft nicht zwischen Wetter und Klima unterschieden wird. Aus dem Bauchgefühl und dem alltäglichen Erleben des Wetters vor der eigenen Haustür werden häufig Behauptungen in den Raum gestellt, die bei näherer Betrachtung überhaupt nichts mit dem Klima zu tun haben, sondern sich auf die Phänomene des Wetters und seiner Variationen beziehen.

Schade ist, dass gerade auch die Medien auf ihrer ständigen Suche nach Neuigkeiten und Schlagzeilen begierig fast alles aufnehmen, was ihnen vor die Füße geworfen wird, und es – oft kaum reflektiert – veröffentlichen. Egal ob blanker (aber von immer professioneller arbeitenden PR-Agenturen gut verkaufter) Unsinn, bloße Hypothese oder tatsächlich bahnbrechende neue Erkenntnis: bloß nichts verpassen, der Konkurrenz überlassen und die entsprechenden Neuigkeiten herausbringen – am liebsten natürlich exklusiv. Wer den Medienbetrieb kennt, weiß, unter welchem enormen Zeit- und Kostendruck heute Journalisten stehen, und hat eine Idee davon, warum so viele Dinge nur mehr oder minder reflektiert übernommen und veröffentlicht werden. Das ist schade, denn eigentlich war gerade die seriöse Gewichtung und Einordnung von Neuigkeiten einmal das Erkennungsmerkmal des Qualitätsjournalismus schlechthin.

Aber sei's drum. Lässt sich dieser Zustand bei Geschichten zu alltäglichen Themen vielleicht noch als „wenig schön" abtun, so führt das unreflektierte Berichten über den Klimawandel leider dazu, dass immer mehr Menschen sich genervt von dem so wichtigen Thema abwenden und gar nichts mehr glauben.

Ist es gerade auch hier in Deutschland weitgehend Konsens, dass es einen Klimawandel gibt, sieht das in anderen Ländern, wie etwa den Vereinigten Staaten von Amerika, ganz anders aus. Kein Wunder, denn sowohl die Politik unter George W. Bush als auch die mächtige Ölindustrie hielten das Thema weitestgehend aus den Medien heraus und sorgten mit viel Geld und einer mächtigen PR-Maschinerie dafür, dass die Ergebnisse der US-Forschung nicht an die breite Öffentlichkeit gelangten. Erst nach der „Jahrhundertdürre" des Sommers 2012 und Hurrikan „Sandy", der Anfang Dezember 2012 Teile der Neuenglandstaaten und New Yorks verwüstete, scheint die Klimadebatte in den USA allmählich an Fahrt aufzunehmen – aber man wird sehen.

So weit, so gut – das Klima verändert sich also. Immerhin ist diese Gewissheit nun weitgehend in der Gesellschaft angekommen. Ganz anders sieht die Sache aber bei der Suche nach dem aus, was letztendlich jede Geschichte braucht, nämlich einen Schuldigen.

Also, wo steht der „Feind", in unserem speziellen Fall also der Auslöser oder Schuldige am Klimawandel? Je nach Motivation und zitierter Quelle ist der Auslöser der Erwärmung immer wieder ein anderer: Mal ist es die natürliche Variabilität des Klimas – denn schließlich veränderte sich das Klima des Planeten ja schon immer, auch in Zeiten ohne Menschen –, mal sind es astronomische Veränderungen etwa der Erdbahnparameter, dann ist es die Intensität der Sonneneinstrahlung, und – natürlich auch – mal der Mensch mit seinem gigantischen Ausstoß an Treibhausgasen. „Werdet Euch doch bitte einmal einig", mag man ausrufen. Sind etwa wir, die Menschheit, Schuld an dem momentanen Klimawandel? Und was soll also das ganze Geschrei und die angerichtete Verwirrung, wenn wir nicht einmal in der Lage sind, den Schuldigen zu benennen?

Jeder Zeitungs- und Internet-Blog-Leser kennt die hochemotionale, teilweise schon fast religiöse Züge annehmende Debatte um jede neue – oder manchmal auch nur scheinbar neue – wissenschaftliche Erkenntnis, die Aspekte des Klimawandels betrifft. Mit Erstaunen nimmt der Leser wahr, welche „Sau" durchs mediale Dorf getrieben wird, sobald irgendjemand irgendeine neue Erkenntnis oder auch nur einen neuen Gedanken veröffentlicht – egal, um welche Erkenntnis es sich gerade dreht oder wie abstrus der jeweilige Gedanke bei näherer Betrachtung auch ist.

Eines der jüngsten Beispiele war gerade die aufgeregte Debatte um das Buch des RWE-Managers Fritz Vahrenholt, der den Schwankungen der Sonnenaktivität die Schuld am Klimawandel gibt und den Klimaforschern unterstellt, sie hätten die Veränderungen der Sonnenaktivität nicht in ihre Modelle einbezogen.

In meinen Augen ist das der ziemlich durchsichtige Versuch eines Lobbyisten der Energiewirtschaft, die Aussagen der Klimaforschung zu diskreditieren – wobei sich gerade beim zweiten Blick auf die Aussagen des Werks unwillkürlich die Frage stellt: Warum schreibt der Autor derartige Dinge, und was bezweckt er damit? Wollte er eine neue Kampagne der Energieerzeuger gegen die Existenz des Klimawandels starten und RWE-Methoden rechtfertigen? Wollte er mit ehemaligen Kollegen abrechnen und sie bloßstellen? Oder wollte er einfach nur provozieren und die Debatte um den Klimawandel am Laufen halten? Die Beantwortung dieser Fragen wäre umso interessanter, als dass Vahrenholt als Naturwissenschaftler eigentlich die Arbeits- und Funktionsweise des Wissenschaftsbetriebes kennen sollte.

Trotz aller Fehler wäre es aber zu kurz gegriffen, eine pauschale Medienschelte betreiben zu wollen oder den Bericht erstattenden Journalisten Unfähigkeit oder Ungenauigkeit in der Recherche vorzuwerfen. Auch die immer wieder vermutete „Gleichschaltung" der „Lügenmedien" ist genauso absurd wie die Behauptung, dass es eine weltumspannende Verschwörung der Klimaforscher gäbe. Fakt ist, dass die Journalistenkollegen mit dem Aufwand, den sie für die Hintergrundrecherche einer Geschichte betreiben, auf den hohen Zeitdruck und den wirtschaftlichen Druck reagieren und versuchen, Zeit einzusparen.

Hinzu kommt die Umsonst-Mentalität im Internet, deren Auswüchse gerade in der laufenden Debatte um das Urheberrecht zu beobachten sind. Aber auch das hat Gründe. Denn kaum startet der Computernutzer einen Webbrowser, taucht ungefragt Werbung auf, und er wird mit den verschiedensten Informationen regelrecht zugeschüttet. Von allen Seiten strömen die unterschiedlichsten Neuigkeiten auf den Leser ein, gelangen ohne sein Zutun zu ihm, nerven ihn – und sind ihm dementsprechend auch nichts mehr wert.

Schnell gewinnt gerade der Internetnutzer den Eindruck, dass er eh alle Informationen umsonst im Web bekommt, und wundert sich dann, wenn sich bei vielen Texten im Web niemand mehr die Mühe gemacht hat, sie auf ihren Wahrheits- und Informationsgehalt hin abzuklopfen und sie entsprechend einzuordnen – und die Spreu vom Weizen zu trennen. Ohne hier per se eine Internetschelte betreiben zu wollen, bleibt unter dem Strich stehen, dass der „normale" Leser – und Nicht-Experte – schon aufgrund der Informationsfülle kaum mehr zwischen schlichtem, aber gut verkauftem Unsinn und einer wirklichen Neuigkeit unterscheiden kann. Völlig überfordert sind die meisten spätestens dann, wenn es darum geht, die Relevanz der Neuigkeit abzuschätzen – kein Wunder bei den abertausenden Facetten unserer hochspezialisierten Welt.

Leidtragende dieser Entwicklung sind in erster Linie die Leser, die zu einem großen Teil kaum noch in der Lage sind, zwischen Werbung und einer „bahnbrechende Neuerung", die sie oft von Firmen oder Interessenvertretungen – allerdings eben umsonst – vorgespielt bekommen, zu unterscheiden!

Leider nimmt der Verbraucher oder Leser diesen Zustand viel zu oft einfach hin, und es scheint ihm primär nicht auf Qualität, sondern auf Kostenersparnis anzukommen. Ein Phänomen, das in vielen Bereichen zu beobachten ist. Aber wie in vielen anderen Lebensbereichen gilt auch hier: Wenn alles möglichst umsonst oder möglichst billig sein soll, dann ist eben auch die Qualität meist dementsprechend. Das gilt etwa für die Qualität des Tierschutzes bei Discounter-„Biofleisch" zu Niedrigpreisen aus vermeintlich tierfreundlicher Haltung ebenso wie für die Qualität von Texten im Internet.

Doch stopp! Nicht alles, was im Netz steht, ist per se schlecht! Es gibt auch viele gut gemachte Webseiten und Blogs von Wissenschaftlern, Universitäten und Forschungsinstituten, auf denen sich der interessierte Leser seriös und aus erster Hand über komplexe Themen informieren kann. Nur muss der Leser immer mehr selbst in die Rolle des recherchierenden Journalisten schlüpfen und ganz genau hinschauen, wer da über was schreibt und welcher Interessengemeinschaft der Autor angehört. Die Spreu vom Weizen zu trennen, ist – oder war – normalerweise eine der ersten Aufgaben für einen Journalisten und einer der ersten Schritte bei der Recherche. Die entscheidende Frage ist immer: Wem und welcher Information kann ich trauen?

Aber wie auch immer, mit diesem Buch will ich versuchen, tiefere Einblicke in die Grundlagen und Methoden der modernen Klimaforschung zu geben. Zu wichtig ist die Debatte um die Zukunft unseres Planeten und die Zukunft unserer Kinder, als dass man sie nur interessengesteuerten Menschen oder professionell arbeitenden Presseabteilungen überlassen sollte.

Im diesem Buch gehe ich auf die wichtigsten und gebräuchlichsten Quellen von Daten für die Klimaforschung ein. Was sind das für Daten, aus denen die Forscher die Zukunft unseres Planeten ablesen? Woher kommen sie und was sagen sie aus? Ein weiteres wichtiges Kapitel sind die Klimamodelle. Was ist überhaupt ein Modell und wie funktioniert es? Abschließend möchte ich ein paar Ableitungen und Maßnahmen vorstellen, die aus den Modellrechnungen folgen.

Mit all dem Wissen im Hinterkopf sollte es dem geneigten Leser leichter fallen, die Klimadebatte in Zukunft entspannter zu verfolgen und die vorgetragenen Argumente hinsichtlich ihrer Aussagekraft einordnen zu können – denn der nächste Sachstandsreport des

Weltklimarats IPCC und die nächste Weltklimakonferenz kommen bestimmt, und in ihrem Gefolge jede Menge neue Beiträge in den Medien.

Viel Spaß beim Lesen,
Rüdiger Schacht

Dank

Ohne mich hier in langen Dankesreden ergehen zu wollen, möchte ich mich bei ein paar Menschen namentlich bedanken, ohne die die Realisierung dieses Buches nicht möglich gewesen wäre. Da sind zunächst natürlich die „Chefkritiker" in meiner Familie, ohne deren allumfassende Unterstützung die Arbeit an dem Buch unmöglich gewesen wäre. Danke für Euer aller Geduld, Rat und Tat und das Abwenden vieler kleiner und großer Katastrophen.

Mein weiterer Dank gilt meinen ehemaligen Kollegen am Kieler Helmholtz-Zentrum für Ozeanforschung (GEOMAR), die immer ein offenes Ohr für meine Fragen hatten und auch nicht mit konstruktiver Kritik sparten. Für die vielen Anregungen und fruchtbaren Diskussionen gilt mein Dank gerade Prof. Dr. Mojib Latif und Prof. Dr. Martin Visbeck. Nicht vergessen möchte ich hier aber auch den Pressesprecher des GEOMAR, Dr. Andreas Villwock, dem ich für die vielen kleinen und großen Hilfestellungen – etwa bei der Suche nach Ansprechpartnern und Abbildungen – herzlich danke.

Außerdem möchte ich mich bei allen in den Kapiteln erwähnten Wissenschaftlern bedanken, die mir bei der Einarbeitung in das jeweilige Thema sowie der Erstellung und Korrektur der Texte halfen. Nur mit ihrer Hilfe wurde es möglich, fachlich korrekt über die jeweilige Forschungsdisziplin zu berichten. Herzlichen Dank auch für die mir überlassenen Abbildungen und Fotos, die hier ihre Forschungsergebnisse illustrieren.

Herzlich danken möchte ich auch den Mitarbeitern des Deutschen Wetterdienstes (DWD), die stets ein offenes Ohr für Verständnisfragen und Bitten (etwa nach Abbildungen) hatten. Stellvertretend für alle Beteiligten seien hier der Vizepräsident des DWD, Dr. Paul Becker, der Pressesprecher des DWD, Gerhard Lux, und die Mitarbeiter des Seewetteramtes in Hamburg, Wolfgang Gloeden, Gudrun Rosenhagen und Dr. Birger Tinz genannt. Vielen Dank für ihr Interesse und ihre Mithilfe an dem Buch. Mein besonderer Dank für ihr Engagement und das Ebnen vieler Wege gilt Herrn Dr. Becker und Herrn Dr. Tinz.

Nicht vergessen möchte ich die beiden Lektorinnen Kerstin Hoffmann und Merlet Behncke-Braunbeck vom Springer Fachverlag, denen ich sehr für die Unterstützung und die Geduld danke. Ohne ihre Hilfe wäre zwischendurch einiges „schief" gelaufen.

Abschließend meinen herzlichen Dank für ihr Interesse am Thema und die Langmut bei der Beantwortung von Nachfragen an alle hier ungenannten Kollegen aus der Forschung – wie etwa Prof. Dr. Hans v. Storch und Dr. Marco Giorgetta vom Max-Planck-Institut für

Meteorologie und dem Deutschen Klimarechenzentrum (DKRZ) sowie Prof. Dr. Martin Claussen vom Zentrum für Marine und Atmosphärische Wissenschaften (ZMAW) in Hamburg.

Inhaltsverzeichnis

Klimaforschung – was ist das eigentlich? 1

Eine recht gute Definition von Klimaforschung findet sich auf der Webseite der Zeitschrift *Welt der Physik*:

> Die Klimaforschung ist eine junge Wissenschaft: Erst im Laufe des 20. Jahrhunderts ist das durchschnittliche Verhalten der Atmosphäre enträtselt worden. (..) Denn zum Klimasystem im weiteren Sinne gehören neben der Atmosphäre auch der Ozean und das Eis von Gletschern und an den Polen.
>
> Vielerlei Messgeräte an Land, Satelliten im All und Sonden im Meer registrieren die heutigen Klimabedingungen. Linienflugzeuge erbringen ebenfalls wichtige aktuelle Messdaten. Doch die Klimaforschung interessiert sich nicht allein für die Gegenwart: Wie das Klima früherer Jahrtausende und Jahrmillionen aussah, finden Paläoklimatologen anhand von Sedimenten, Baumringen (…) und Eisbohrkernen heraus.
>
> An den physikalischen Mechanismen forschen die Theoretiker. Auf dieser Grundlage werden Klimamodelle für Computersimulationen entwickelt. Solche Simulationen verraten zusammen mit den paläoklimatologischen Befunden, was früher das Klima veränderte.
>
> (…) Heutzutage übt auch die Menschheit einen Einfluss aus: Die Emission von Treibhausgasen führt dazu, dass mehr langwellige Abstrahlung von der Erde in der Atmosphäre gefangen bleibt und sich unser Planet erwärmt. Klimaszenarien per Computer für die kommenden Jahrzehnte sind darum ein wichtiges Forschungsgebiet. Doch Klimaforscher versuchen sich auch an kurzfristigeren Vorhersagen. Die nächste Jahreszeit scheint sich beispielsweise der Tendenz nach prognostizieren zu lassen.
>
> Die Klimaforschung ist eine physikalische Disziplin mit vielen Berührungspunkten zu anderen Fachrichtungen: Ohne Luftchemie lassen sich etwa das Ozonloch oder die Bildung von Smog nicht verstehen. Und um zu begreifen, wie der Kohlenstoff im Klimasystem zirkuliert, müssen auch biologische Faktoren wie das Wachstum von Wäldern berücksichtigt werden.

Gut, das ist doch schon einmal eine ziemlich umfassende Definition, die bereits einen Ausblick auf die Inhalte der folgenden Seiten bietet.

Generalisierend lässt sich zum Klima bemerken, dass von ihm alles pflanzliche und tierische Leben auf unserem Planeten unmittelbar abhängig ist. Jeder kennt die verschiedenen Klimazonen der Erde und ihre typischen Bewohner, seien es Kamele, Eisbären oder Bergziegen. Über Anpassungsprozesse der Evolution entwickelten sich über die Jahrmilliarden

R. Schacht, *Wann bekommen die Küstenbewohner denn nun nasse Füße?*,
DOI 10.1007/978-3-658-00327-2_1, © Springer Fachmedien Wiesbaden 2014

hochspezialisierte Arten, die sowohl die Eiswüsten der Arktis und Antarktis als auch die Sandwüsten der Sahara bevölkern und sowohl mit extremer Kälte als auch mit extremer Hitze und Trockenheit zurechtkommen.

Auf den naturwissenschaftlichen Forschungs- und Entdeckungsreisen des 19. und 20. Jahrhunderts fanden die frühen Forscher Hinterlassenschaften (Fossilien) dieser Lebewesen in den Gesteinen rund um den Globus, die zunächst in unlösbarem Widerspruch zur heutigen Umgebung standen. Lauter verwirrende Befunde, die mal auf eine andere Verteilung der Kontinente – und mal auf eine Veränderung des Klimas hindeuteten.

So fanden sich etwa in Gesteinen der heute vereisten und sturmumtosten Alpengipfel Fossilien von Meerestieren, wie man sie heute aus tropischen Gewässern kennt – und die man zunächst nicht in Gebirgen mit mehreren tausend Metern Höhe erwarten würde. Die Landschaft und die Umwelt der heutigen Alpenregion haben sich also teilweise extrem verändert, und dort, wo heute Bergziegen die Gesteinsgrate erklimmen, plätscherten offenbar einmal die Wellen eines subtropischen Meeres, in dem etwa die Vorläufer der modernen Tintenfische lebten.

Diese Erkenntnisse elektrisierten die frühen Naturforscher, die sich auf die Suche nach einer Erklärung der merkwürdigen Befunde machten und zum Teil die abenteuerlichsten Theorien aufstellten – die sie immer wieder verwarfen, bis sich schließlich unser modernes Weltbild mit einer sich stetig verändernden Erdoberfläche und einem sich verändernden Klima entwickelte.

Stellvertretend für die vielen Entdeckungen der modernen Geowissenschaften sei hier die seinerzeit stark umstrittene Theorie der Plattentektonik erwähnt, die einen Quantensprung in den Geowissenschaften darstellt und unser Weltbild revolutionierte. Mit seiner 1912 veröffentlichten Theorie stieß der Meteorologe Alfred Wegener (1880–1930) die Geowissenschaftler seiner Zeit komplett vor den Kopf, weil er aus der starren Welt eine hochveränderliche machte. Andererseits erklärten die driftenden Kontinente aber eine Vielzahl der geologischen und paläontologischen Merkwürdigkeiten, die vor Wegener nur durch Hilfskonstruktionen, wie ominöse Landbrücken und Faunensprünge, einigermaßen plausibel erklärt wurden. Erlebte Wegener die geophysikalische Bestätigung seiner Theorie auch nicht mehr, so ist sie längst eine etablierte geologische Gewissheit und wird weltweit gelehrt – erklärt sie doch das Entstehen und Vergehen von Gebirgen und Ozeanen ebenso wie die heutige Verteilung der Kontinente und den Verlauf vieler Meeresströmungen.

Von entscheidender Wichtigkeit für die Bestätigung von Wegeners Theorie waren die geologischen und geophysikalischen Forschungskampagnen in den Ozeanen während der 1950er-Jahre. Sozusagen nebenbei wurden dabei die Wechselwirkungen zwischen der scheinbar starren Welt der Gesteine und dem Werden und Vergehen der Ozeane und Kontinente ersichtlich. Ein Nebeneffekt der damaligen Forschungen war die Entdeckung der Ablagerungen in den Ozeanbecken, aus der die künftigen Generationen von Meeresgeologen die Veränderungen des Klimas in der Vergangenheit rekonstruieren konnten.

Ließen schon die Funde von Fossilien an Land auf ein wechselvolles Klima schließen, so lieferten die Funde in den Ablagerungen der Tiefsee jetzt neue Beweise, die sich mit denen an Land deckten. Also unterliegt nicht nur die Erde (oder genauer, deren Kruste) steter Veränderung, sondern auch das Klima unseres Planeten wandelte sich.

Wie wir in den folgenden Kapiteln sehen werden, stecken in vielen Zeugnissen der belebten und unbelebten Natur sowie in den Hinterlassenschaften des Menschen eine Menge Informationen, aus denen man auf die klimatischen Verhältnisse zu ihrer Lebens- und Bildungszeit schließen kann.

Auf der Suche nach einer allgemeinen Definition von Klimaforschung wird man zum Beispiel auf der Internetseite des Deutschen Klimarechenzentrums (DKRZ) in Hamburg fündig:

> Klimaforschung ist in erster Linie Grundlagenforschung. Ziel ist es, die statistischen Eigenschaften des Wetters zu verstehen und über längere Zeiträume hinweg möglichst realitätsnah berechnen zu können. Im Gegensatz zur Wettervorhersage (…), bei der man umfangreiche Beobachtungsdaten als Startwerte benötigt, müssen für Langfristsimulationen des Klimas die Randbedingungen sowie auch die vielen Prozesse in – und Wechselwirkungen zwischen – der Atmosphäre, dem Ozean, dem Eis und dem Land berücksichtigt werden.

Um die Methoden der Klimaforschung besser verstehen zu können, möchte ich im nächsten Kapitel die Grundlagen für die Methoden darstellen. Sie bilden gewissermaßen das Gerüst für die Untersuchungen der Klimaforschung.

Ihr schneller Zugang zu weiteren Informationen:

▸   welt der physik

▸   Deutsches Klimarechenzentrum

Grundlagen 2

Nachdem ich lange überlegt habe, wie und wo ich grundlegende Dinge, auf die ich immer wieder zurückkomme, platziere – wie etwa einen Überblick über die Anwendung und den Nutzen von Isotopenmessungen – habe ich mich schließlich doch für ein Kapitel „Grundlagen" entschieden.

Mir ist durchaus bewusst, dass ein solches Kapitel seine Längen hat. Dennoch denke ich, es ist einfacher, zum Nachschlagen in ein separates Kapitel zurückzuspringen als kreuz und quer durch das Buch. Außerdem sind einige Themenkomplexe zu umfangreich, um sie als Einschübe im Text zu positionieren, der damit überfrachtet und unübersichtlich würde.

2.1 Wetter und Klima

Beginnen möchte ich mit der meines Erachtens vielleicht wichtigsten Grundlage – oder besser: Richtigstellung – in der ganzen Klimadebatte: dem scheinbar so trivialen Unterschied zwischen Wetter und Klima.

Man achte bitte auf die Formulierung „scheinbar", denn auf der Verwechslung oder dem Gleichsetzen von Wetter und Klima und dem unpräzisen Umgang mit den beiden Begriffen beruht ein Großteil der Irritationen und Falschmeldungen in der Debatte um den Klimawandel während der letzten Jahre. So beziehen sich nämlich bei genauerem Hinsehen viele Argumente gegen die Erderwärmung eben nicht auf das Klima, sondern auf das momentan erlebbare, lokale Wetter, das dann fälschlicherweise mit dem Klima gleichgesetzt wird.

Ein gutes Beispiel für dieses Missverständnis ist etwa das oft vorgebrachte Scheinargument gegen die Existenz des Klimawandels, dass die Winter der letzten Jahre immer wieder neue Kälterekorde und zum Teil wochenlangen Schneefall brachten.

Und das veranschaulicht schon recht gut das Dilemma mit dem Klimawandel: Wie kann ein „normaler" Mensch beim morgendlichen Schneeschippen an eine sich erwärmende Erde glauben? Und leider bedienten – und bedienen – auch viele Medien in „schöner"

R. Schacht, *Wann bekommen die Küstenbewohner denn nun nasse Füße?*,
DOI 10.1007/978-3-658-00327-2_2, © Springer Fachmedien Wiesbaden 2014

Regelmäßigkeit dieses Missverständnis. So verwunderte es nicht, das gerade während des kalten Winters 2010/2011 immer wieder Geschichten durch die Presse geisterten, in denen eher vor einer möglicherweise bevorstehenden neuen Eiszeit als vor den Gefahren durch den Klimawandel gewarnt wurde. So stellten sogar einige Qualitätsmedien ernsthaft die Frage: „Es wird immer kälter – erleben wir gerade den Beginn einer neuen Eiszeit?"

Tja, wie kann es sein, dass wir morgens vor unserer Haustür Schnee schippen müssen, wenn sich doch die Erde erwärmt? „Die Diskrepanz zwischen dem, was wir jeden Tag erleben, und dem, was die Klimatologen betrachten, liegt in dem Unterschied zwischen dem Wetter und dem Klima begründet", erklärt Prof. Dr. Mojib Latif und ergänzt schmunzelnd: „Klima ist das, was wir erwarten, Wetter ist das, was wir bekommen."

Hm, „schöner Spruch", mag man denken – aber was meint der Wissenschaftler damit? Im Gegensatz zum Klima ist das tägliche Wetter ein Produkt der kurzlebigen, chaotischen Prozesse in der Atmosphäre, und die Wettervorhersage befasst sich mit dem Verlauf einzelner, räumlich begrenzter Prozesse, wie etwa einem Tiefdruckgebiet, das vom Atlantik her über die Nordsee nach Deutschland zieht – und prognostiziert deren Entwicklung für einige Tage. „Das Klima hingegen wird über die statistische Mittelung meteorologischer Parameter wie etwa der Lufttemperatur oder des Niederschlags definiert und aus langen Zeitreihen der Wetterbeobachtung abgeleitet", ergänzt Latif.

Aha, und was heißt das?

Bei der Wettervorhersage projizieren die Meteorologen des Deutschen Wetterdienstes (DWD) die aktuellen Verhältnisse der Atmosphäre in die nahe Zukunft. Dazu messen sie die aktuellen physikalischen Parameter im unteren Stockwerk der Atmosphäre, der sogenannten Troposphäre, zeichnen sie auf und beobachten ihre kurzzeitigen Veränderungen. Bei der „Vorhersage" des Wetters werden die weltweit erhobenen Messungen in die auf den physikalischen Grundgesetzen fußenden Computermodelle eingegeben und die weitere Entwicklung für einige Tage im Voraus berechnet. Das funktioniert bei einer Vielzahl von Messwerten so gut, um etwa vor zu erwartenden Extremereignissen wie Starkregen zu warnen. „Allerdings", so Latif, „gibt es wegen der chaotischen Natur des Wetters eine theoretische Grenze für die Wettervorhersage, die im Mittel bei etwa zwei Wochen liegt. Diese werden wir niemals entscheidend verlängern können, egal wie gut die Messungen oder die Modelle werden."

„Im Gegensatz zur Wettervorhersage befasst sich die Klimaforschung aber eben nicht mit kurzzeitigen Einzelereignissen", führt Latif weiter aus. „Die Klimaforschung ist an den Mittelwerten, wie etwa der Tagesmitteltemperatur, über einen langen Zeitraum hinweg interessiert – und an ihren langfristigen Trends."

Für die Klimaforschung nutzen die Wissenschaftler eine wenigstens 30 Jahre umfassende Beobachtungsreihe etwa der Tagesdurchschnittstemperatur oder der mittleren Niederschlagsmenge. Entsprechend einer internationalen Übereinkunft der World Meteorological Organisation (WMO) definiert man das Klima einer Region standardisiert anhand gemittelter meteorologischer Kenngrößen wie Luftdruck, Temperatur und Niederschlag über einen Zeitraum von 30 Jahren. Viele Daten werden ja ohnehin täglich im sechsstündigen Rhythmus für die Wettervorhersage erhoben.

Ein wichtiger – und gewollter! – Effekt der Mittelwertbildung ist, dass kurzzeitige Abweichungen und lokale Wetterextreme aus der langzeitlichen „klimatologischen" Betrachtung herausfallen und sich so ein konsistentes Bild für das Klima einer Region abzeichnet.

Und wie ist das mit Extremereignissen?

„Zur Berechnung des Klimas zählt auch die Angabe der Wahrscheinlichkeit des Auftretens für Wetterextreme. Wenn man nun etwa wissen will, inwieweit bestimmte Wetterereignisse, wie zum Beispiel die für hiesige Verhältnisse strenge Kälte während des Winters 2010/2011, wirklich außergewöhnlich war, vergleicht man sie mit denen der gesamten 30-Jahresperiode", erklärt Latif. Dann lässt sich schnell abschätzen, ob das betrachtete Wetterphänomen tatsächlich außergewöhnlich war oder sich in der normalen Variationsbreite des Klimas bewegt. „Da das für alle Wetterphänomene gilt, relativieren sich scheinbare Extremereignisse meist sehr schnell, und die eisigen Temperaturen des Winters 2010/2011, die einige Journalisten schon die neue Eiszeit ausrufen ließen, bewegen sich in der normalen Variationsbreite des hiesigen Klimas", ordnet Latif ein. „Kurzzeitige – auch extrem anmutende – Schwankungen um den Mittelwert der 30-Jahresperiode sind sehr oft der chaotischen Natur des Wetters geschuldet und nicht unbedingt Ausdruck eines sich ändernden Klimas! Und das gilt auch für die globale Erwärmung. Nicht jedes Wetterextrem hat etwas mit uns Menschen zu tun."

Ein Zweck der Einführung der 30-Jahresperiode durch die Weltorganisation für Meteorologie war, auf dieser Ebene eine größtmögliche Vergleichbarkeit der gemittelten Messergebnisse weltweit zu erreichen und quasi ein „mittleres (oder durchschnittliches) Wetter" für eine bestimmte Region zu definieren. Heute ist das 30-Jahresintervall der weltweit geltende Standard für Klimabeobachtungen. „Über den Vergleich zweier 30-Jahresintervalle lassen sich dann Rückschlüsse auf eine mögliche Klimaänderung ziehen", ergänzt Latif.

Definition StartAnzumerken ist, dass angesichts der Dynamik des Klimawandels einige Forschergruppen das 30-Jahresintervall für ihre speziellen Fragestellungen als zu lang ansehen. Sie definieren stattdessen Zeitreihen von beispielsweise nur fünf oder zehn Jahren. Mögen diese Zeiträume für die jeweiligen Studien und Betrachtungen relevant sein, international verbindlich sind sie nicht. Es gilt die Definition der WMO!

> **Wetter und Klima sind zweierlei**
>
> Wetter und Klima sind zwei verschiedene Dinge: Bei dem Wetter handelt es sich um die kurzzeitigen, chaotischen Abläufe in der Atmosphäre. Das Klima hingegen ist eine statistische Größe, die sich auf die arithmetische Mittelung der Messwerte einer wenigstens 30 Jahre langen Periode bezieht.
>
> Betrachtet man derartige Intervalle, liegt natürlich die Frage nahe, wie es mit der Dynamik des Klimas, also dessen Veränderlichkeit über die Zeit aussieht.
>
> „Zum Verständnis der Klimadynamik, also der Prozesse, die den mittleren Zustand und die Variabilität der Atmosphäre über längere Zeiträume bestimmen, reicht die herkömmliche Definition von Klima nicht aus, denn die längerfristigen

Veränderungen der Atmosphäre werden wesentlich durch die Wechselwirkung der Atmosphäre mit dem Ozean, der Vegetation und den Eismassen geprägt", erläutert Prof. Dr. Martin Claussen, Direktor des Max-Planck-Instituts für Meteorologie (MPI-M) in Hamburg. „Aus diesem Grunde wird in der Klimadynamik das Klima über den Zustand und das statistische Verhalten des Klimasystems definiert."

Zugegeben, das ist schon eine ebenso umfassende wie sperrige Beschreibung der beteiligten Prozesse. Aber es geht auch einfacher: So ist im *Handbuch der Klimatologie* von Julius von Hann aus dem Jahr 1908 zu lesen: „(…) unter Klima verstehen wir die Gesamtheit der meteorologischen Erscheinungen, welche den mittleren Zustand der Atmosphäre an irgendeiner Stelle der Erdoberfläche charakterisieren. (…)"

Der Weltklimarat IPCC (Intergovernmental Panel on Climate Change) definiert auf seiner Website Klima wie folgt:

> Das Klima ist ein komplexes, interaktives System, das aus der Atmosphäre, der Landoberfläche, Schnee und Eis, Ozeanen und anderen Gewässern sowie Lebewesen besteht. Die atmosphärische Komponente des Klimasystems charakterisiert das Klima am offenkundigsten. (…)
>
> Klima wird (… daher …) oft als „durchschnittliches Wetter" definiert (… und …) als Durchschnitt und Variabilität von Temperatur, Niederschlag und Wind über einen längeren Zeitraum, der sich über Monate bis hin zu Millionen von Jahren erstrecken kann, (…) beschrieben.

Zur Beantwortung ihrer Fragen benötigen die Klimaforscher also lange Reihen von Messwerten, die wenigstens einen Zeitraum von 30 Jahren abdecken. Aber wie gelangt man überhaupt an Daten aus so langen Zeiträumen?

Da sind zunächst natürlich die menschlichen Wetteraufzeichnungen zu nennen, die in Deutschland bis in das frühe 18. Jahrhundert zurückreichen und in den Archiven des Deutschen Wetterdienstes (DWD) in Offenbach und dem Hamburger Seewetteramt, einer Außenstelle des Deutschen Wetterdienstes, lagern (vgl. Kap. 4). Sie bilden eine wichtige Grundlage für Rekonstruktionen und Vergleiche des aktuellen Zustands der Atmosphäre und des Ozeans in der jüngsten Zeit.

Dramatische Klimaänderungen auf unserem Planeten ereigneten sich aber auch schon vor dieser Zeit, und jedes Schulkind weiß, dass es hier in Deutschland auch einmal Eiszeiten gab, in denen die Gletscher sich von Skandinavien bis an die Mittelgebirge ausbreiteten. An die Eiszeiten schließt sich die jüngste Epoche der Erdgeschichte an, in der wir heute leben: das Holozän. Nach den Eiszeiten schmolzen die Gletscher wieder ab, und der Meeresspiegel stieg beträchtlich an. Doch dazu später mehr.

In Anbetracht dieser Erkenntnis liegt es für die Klimaforscher natürlich nahe, nach Möglichkeit die klimatische Entwicklung von den Eiszeiten bis heute zu untersuchen und zu schauen, warum sich das Klima geändert hat. Als wichtige Parameter für Klimaänderungen sind etwa Veränderungen der globalen Mitteltemperatur und der Zusammensetzung der Luft zu nennen.

Doch wie gelangen die Forscher an derartige Paläoklimawerte? Wie und woraus lässt sich das Klima aus grauer Vorzeit rekonstruieren? Auf diese Fragen gehen die verschiedenen Abschnitte im Kap. 3 ein.

> **Klimaänderungen über die Zeit**
> Im Gegensatz zu kurzzeitigen, aktuellen Wettervorhersagen beruhen die Aussagen der Klimaforschung auf langfristigen und gemittelten Wetterdaten, aus denen die Wissenschaftler Trends ableiten und diese auch mit Hilfe physikalischer Modelle in die Zukunft projizieren können. Eben diese Trends finden sich in den Projektionen des Weltklimarats für die Entwicklung des Klimas der Zukunft.

2.2   Zum Unterschied zwischen Wettervorhersagen und Klimaprojektionen

Nachdem wir den Unterschied zwischen Wetter und Klima geklärt haben, kommen wir nun zu einer Frage, die viele Menschen immer wieder ungläubig schauen lässt: Wie gelingt es den Meteorologen, mit recht hohen Genauigkeit das Wetter für bis zu zwei Wochen vorherzusagen, und wie können Klimaforscher das Klima in hundert Jahren prognostizieren?

Wie oben bereits ausgeführt, nutzt die Wettervorhersage die aktuellen Messergebnisse der physikalischen Parameter der sich aktuell in der Atmosphäre abspielenden Prozesse und verfolgt deren kurzfristige Veränderlichkeit über die Zeit. Dass das Ganze umso besser funktioniert, je besser die Datengrundlage ist – also desto genauer wird, je mehr Daten zur Verfügung stehen –, liegt auf der Hand.

2.2.1   Wettervorhersagen

„Wetterprognosen sind im mathematischen Sinne ein Anfangsproblem", erläutert Prof. Dr. Mojib Latif. Die Vorhersagemöglichkeit des Wetters resultiert folglich aus den Startwerten, also den an den Stationen abgelesenen Messwerten. In einem chaotischen System, wie der Atmosphäre, wachsen aber selbst sehr kleine Rundungs- und Messfehler schnell an und vermindern die Qualität der Vorhersage innerhalb weniger Tage. „Hinzu kommt, dass wir für eine ‚perfekte' Vorhersage exakte Messwerte von der ganzen Welt bräuchten, die dann als Anfangswerte in die Modelle zur Vorhersage einfließen würden – dass sich dieser Anspruch nicht realisieren lässt, liegt auf der Hand", ergänzt Latif.

Nun gut, aber wie machen es die Profis?

„Über unser zum großen Teil automatisiertes Stationsnetz bekommen wir permanent Meldungen über die physikalischen Parameter Temperatur, Feuchte, Windgeschwindigkeit und Niederschlag gemeldet", erläutert der Vizepräsident des Deutschen Wetterdienstes (DWD) Dr. Paul Becker. So lässt sich etwa über die Veränderung des Luftdrucks und der Windgeschwindigkeit an den Stationen entlang einer West-Ost-Strecke der Verlauf eines Tiefdruckgebietes, das von der Nordsee nach Deutschland hineinzieht, anhand der Veränderungen der physikalischen Parameter lokal genau nachvollziehen. Bei der Vorhersage der weiteren Wetterentwicklung schauen die Meteorologen dann auf die Windrichtung, das Wetterradar und den Satellitenfilm und projizieren den Verlauf des Tiefs in die nahe Zukunft.

2.2.2 Klimaprojektionen

„Bei den Projektionen des zukünftigen Erdklimas stützen sich die Wissenschaftler auf die Daten des Wetters aus der Vergangenheit (Abschn. 2.1) und projizieren sie mit den Klimamodellen unter verschiedenen Annahmen, etwa für den zu erwartenden Treibhausgasausstoß, in die Zukunft", sagt Mojib Latif. „Denn bei den Projektionen geht es in erster Linie um die langfristigen Trends, wie etwa um die Erhöhung der Temperatur oder des Meeresspiegels während dieses Jahrhunderts, und nicht um die kurzfristige Entwicklung für das nächste oder übernächste Jahr – was jedoch immer wieder von der Öffentlichkeit und der Politik unter Projektionen verstanden wird."

Bei den Annahmen, die in die Projektionen eingehen, stützen sich die Forscher auf die Beobachtungen aus der Vergangenheit. „Die Vergangenheit liefert uns schließlich mögliche Entwicklungen für den zu erwartenden Treibhausgasausstoß, mit denen wir dann die Computer der Klimarechenzentren füttern", erläutert Latif. So kommen die Szenarien des IPCC zustande. „Mal steigt der CO_2-Gehalt der Luft immer weiter an, mal beginnt er nach einiger Zeit wieder zu sinken, mal stagniert er nach ein paar Jahrzehnten", erklärt Latif.

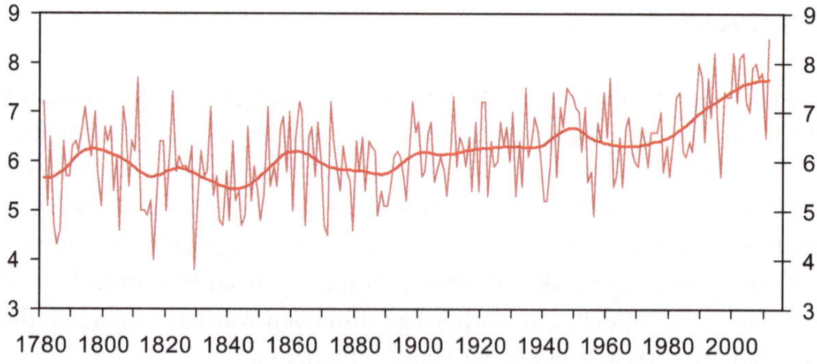

Abb. 2.1 Entwicklung der Jahresmitteltemperatur am Hohenpeißenberg von 1781 bis 2011. Y-Achse: Temperatur in Grad Celsius, X-Achse: Zeit in Zehnjahres-Schritten (Quelle: Meteorologisches Observatorium Hohenpeißenberg, © Deutscher Wetterdienst)

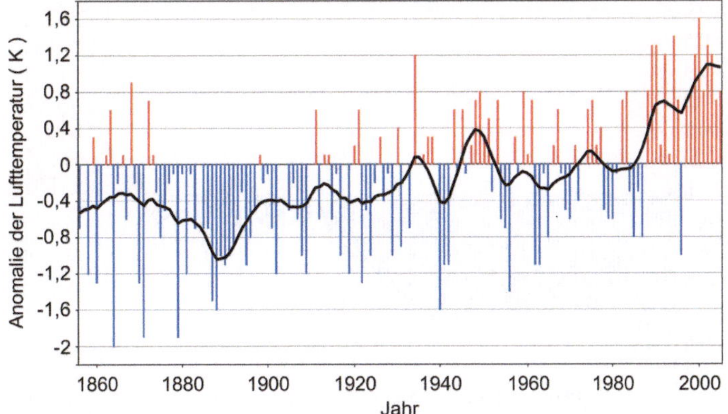

Abb. 2.2 Jahresmittel der Lufttemperatur für Deutschland. Daten: Deutscher Wetterdienst, Grafik: Potsdam Institut für Klimafolgenforschung (PIK). Die Abweichungen der Jahre 1856 bis 2005 bezogen auf den Referenzwert des Temperaturmittels des Zeitraums 1961–1990 (In der Abbildung der „Null"-Wert)

„Und das ist ja auch genau der Grund, warum wir von ‚Projektionen' zum anthropogen verursachten Klimawandel sprechen. Da wir nicht wissen, wie sich der Ausstoß an Treibhausgasen in den kommenden Jahrzehnten entwickeln wird, sprechen wir Klimaforscher eben nicht von Vorhersagen."

„Schaut man sich etwa den Verlauf der Tagesmitteltemperatur in Deutschland an (Abb. 2.1), so fällt auf, dass sie über die Zeit ansteigt", erläutert Gerhard Müller-Westermeier vom Deutschen Wetterdienst (DWD) in Offenbach. Der Meteorologe wertet die historischen Aufzeichnungen des DWD (Kap. 4) aus und nutzt sie zur Verbesserung von Klimamodellen.

Besonders deutlich zeigt sich jedoch der Trend der globalen Erwärmung, wenn man die Temperaturmittel eines Jahres auf einen Referenzwert bezieht – in diesem Fall die Jahresmitteltemperatur des Zeitraum 1961 bis 1990 – und die jährlichen Werte als Abweichung von der Referenz darstellt. So geschehen in den Abb. 2.2 und 2.3, die eindrucksvoll den Effekt des Klimawandels für Deutschland und die Welt zeigen.

Ein ähnliches Bild ergibt sich für die Entwicklung der globalen Temperatur, siehe Abb. 2.3.

Wettervorhersage und Klimaprojektion
Beide basieren auf physikalischen Rechenmodellen. Wettervorhersagen schreiben die aktuell gemessenen Veränderungen in der Atmosphäre für die kommenden Stunden und Tage fort. Klimaprojektionen nutzen langfristige Trends aus der Vergangenheit und projizieren sie mit Hilfe der Modelle in die Zukunft. Die Szenarien des Weltklimarats sind Annahmen über den zukünftigen Ausstoß von Treibhausgasen und anderen Substanzen.

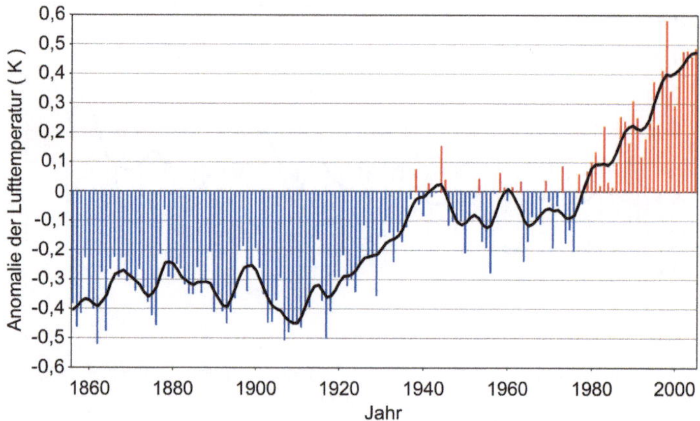

Abb. 2.3 Jahresmittel der globalen Lufttemperatur. Daten: Deutscher Wetterdienst, Grafik: Potsdam Institut für Klimafolgenforschung (PIK). Die Abweichungen der Jahre 1856 bis 2005 bezogen auf den Referenzwert des Temperaturmittels des Zeitraums 1961–1990 (In der Abbildung der „Null"-Wert)

2.3　Isotopenmessungen

Die modernen Isotopenmessungen sind für die Klimaforschung äußerst wichtig. Aus ihnen können die Wissenschaftler auf das Volumen der Eisschilde der Erde in der Vergangenheit schließen und die konkreten Temperaturen etwa des als Regen und Schnee gefallenen Niederschlags in Eis, Grundwasserkörpern und Tropfsteinen ableiten. Aus diesem Grund widme ich den Isotopen als „Alleskönnern" unter den sogenannten Klimaproxys, indirekten Anzeigern des Klimas, einen eigenen Abschnitt.

Zu den eben genannten Anwendungen kommt die massenspektrometrische Methode der Altersbestimmung von organischem Material mithilfe der sogenannten ^{14}C- oder Radiokarbonmethode.

Aber worum geht es bei den Isotopenmessungen, und was sagen sie aus?

Isotope sind generell Variationen eines Elements, die sich in der Anwesenheit oder Abwesenheit zusätzlicher Kernbausteine (meist Neutronen) unterscheiden. Geben die Atome den Kernbaustein in Form von Teilchen oder elektromagnetischen Wellen wieder ab, sind sie radioaktiv.

Welches Isotop eines Elements in eine chemische Verbindung eingebaut wird, ist abhängig von verschiedenen Parametern, wie etwa der Temperatur bei einem Phasenübergang, zum Beispiel von Wasser zu Wasserdampf beim Verdunsten. Verallgemeinernd lässt sich sagen, dass leichte Isotope bei einem Phasenübergang schneller in die nächste (flüchtige) Phase wechseln als die schweren Isotope. Doch dazu später mehr.

Den Prozess, der zur Separation zwischen den Isotopen eines Elements führt, bezeichnen Physiker als „Fraktionierung".

2.3.1 Sauerstoff-Isotopenmessungen

Bei den Isotopenmessungen, etwa an den Kalkschalen einzelliger Meeresorganismen, werden die Verhältnisse der stabilen Isotope des Sauerstoffs ^{18}O und ^{16}O gemessen. Beide Isotope sind natürliche Variationen des Sauerstoffs, die sich durch nur ihre Masse voneinander unterscheiden: Bei ^{18}O führt die Anwesenheit zweier zusätzlicher Neutronen zu einer höheren Masse als bei dem Isotop ^{16}O. In der Natur treten beide Isotope in unterschiedlichen Verhältnissen zueinander auf, was – Sie ahnen es bereits – von den klimatischen Gegebenheiten auf der Erde beeinflusst wird.

Schon den Pionieren der Methode (z. B. Shackleton u. Kennett 1975), die sich mit der Messung der Isotope an den Kalkschalen von Einzellern beschäftigten, fiel auf, dass die Verhältnisse der Sauerstoffisotope in verschiedenen Sedimentkernbereichen – und damit Bereichen unterschiedlichen Alters – unterschiedlich sind und dass es Gesetzmäßigkeiten geben muss, die den Einbau bestimmter Isotope in die Schalen steuern. Vergleicht man etwa das Verhältnis der Sauerstoffisotope einer Probe, die aus den Eiszeiten stammt, mit dem Verhältnis einer Probe von heute, so fällt auf, dass es heute mehr „leichte" ^{16}O-Isotope in den Proben gibt als während der Eiszeiten. Ein denkwürdiger Befund, der erst dann einen völlig neuen Sinn ergibt, wenn man sich die Mechanismen anschaut, die zu der unterschiedlichen Verteilung der Isotope führen.

Bis auf die freien Moleküle des Sauerstoffs in der Luft liegt auf der Erde die überwiegende Menge des Sauerstoffs molekular gebunden in Form von Wasser vor. Verdunstet Wasser, findet eine Trennung der Moleküle nach ihrer Masse statt: Wassermoleküle, die aus dem leichteren ^{16}O aufgebaut sind, verdunsten schneller als Wassermoleküle, die aus dem schwereren ^{18}O bestehen. Wasser, das aus ^{18}O-haltigen Wassermolekülen besteht, bleibt bei Verdunstungsprozessen also bevorzugt im Meer zurück, wogegen Wasserdampf mit dem leichten ^{16}O-Isotop bevorzugt als Wasserdampf in die Atmosphäre übertritt.

Bei dem Phasenübergang des Wassers von der flüssigen in die gasförmige Phase findet also eine Differenzierung der Wassermoleküle nach ihrer Masse statt: die oben erwähnte Fraktionierung. Bezogen auf die Relevanz für die Klimaforschung lässt sich aus diesem Prozess folgern, dass sich in Zeiten mit einer hohen Verdunstungsrate ^{18}O-haltiges Wasser in den Meeren anreichert und ^{16}O-haltiges Wasser in die Atmosphäre entweicht. So ist also die Menge des ^{18}O-Isotops im Meerwasser und das in den Kalkschalen gemessene Verhältnis zwischen den ^{18}O- und ^{16}O-Isotopen des Sauerstoffs ein indirektes Maß für die bei der Bildung der Kalkschale herrschenden Temperaturen.

Doch damit nicht genug: Einmal in der Atmosphäre angelangt, steigt der isotopisch leichte Wasserdampf auf und kondensiert zu Wassertröpfchen, die als Regen oder Schnee wieder auf die Erde fallen.

So erscheint der Kreislauf des Wassers und der Isotope vom Meer in die Atmosphäre und wieder zurück ins Meer doch wieder geschlossen, und die beim Verdunsten erfolgte Fraktionierung ist wieder ausgeglichen – oder? Theoretisch schon, wenn da nicht der Einfluss des herrschenden Erdklimas auf den Wasserkreislauf wäre. Denn die Niederschläge, die in Bereichen mit Eisschilden und Gletschern fallen, werden im Eis festgelegt – sie frieren sozusagen an den Gletscher an. So sammelt sich in Zeiten wachsender Gletscher und Eisschilde immer mehr leichtes ^{16}O-Wasser in den Gletschern an, und im Wasser der Ozeane bleibt immer mehr isotopisch schwereres ^{18}O-Wasser zurück.

Marine Lebewesen, wie etwa Plankton, bauen bei ihrem Wachstum Wasser und Mineralstoffe in ihr Gewebe und ihr Kalkskelett ein und konservieren damit das zu ihren Lebzeiten herrschende Isotopenverhältnis des Meerwassers, das in ihren Hartteilen problemlos die Jahrtausende überdauert.

Aus diesen Abhängigkeiten wird deutlich, dass das Verhältnis des schweren und leichten Sauerstoffs in einer Probe ein indirektes Maß für die Volumen der Eisschilde auf der Erde und damit das herrschende Klima zu den Lebzeiten des Individuums ist, dessen Hartsubstanz die Forscher gerade analysieren. Außerdem war mit dem Verhältnis der Sauerstoff-Isotopen zueinander ein Thermometer für ehemalige Temperaturen (sogenannte Paläotemperaturen) gefunden!

Grundlegende Arbeiten zur Klimageschichte des Quartärs anhand von Sauerstoff-Isotopenuntersuchungen an planktischen Foraminiferen wurden in den 1970er-Jahren von Nicholas Shackleton und James Kennett durchgeführt. Die beiden Wissenschaftler schufen damit die Grundlagen für die marine Sauerstoff-Isotopenstratigraphie und Klimatologie des Quartärs.

2.3.2 Isotope des Kohlenstoffs

Von den insgesamt fünfzehn Isotopen des Kohlenstoffs sind für die Klimaforschung die beiden stabilen Isotope ^{12}C und ^{13}C sowie das für Datierungen benutzte, radioaktive ^{14}C relevant.

Stabile Kohlenstoff-Isotope – das δ^{13}C-Verhältnis

Zusammen mit den Sauerstoff-Isotopenverhältnissen werden standardmäßig auch die Verhältnisse der ^{12}C- und ^{13}C-Isotope in den Kalkschalen der Einzeller gemessen. Das Verhältnis beider Isotope zueinander, das sogenannte δ^{13}C-Verhältnis, dient den Paläoozeanographen unter anderem als Anzeiger für die Bioproduktivität und den Nährstoffgehalt im Ozean.

Aber das δ^{13}C-Verhältnis sagt noch mehr aus: „So lassen sich etwa auch Paläotemperaturen ableiten", erläutert Dr. Joachim Schönfeld vom Kieler GEOMAR. „Die Ableitung beruht auf dem temperaturabhängigen Übergang (der Fraktionierung) von ^{13}C aus der Luft in das Meerwasser."

Ein weiterer wichtiger Aspekt des δ^{13}C-Verhältnisses ist, dass sein Verteilungsmuster einen Einblick in den Kohlenstoffkreislauf im Ozean und die Herkunft des biogenen Ausgangsmaterials (der Nährstoffe) vermittelt. Die Betrachtungen sind deshalb so wichtig, weil der CO_2-Gehalt des Ozeans direkt mit dem der Atmosphäre gekoppelt ist, und bereits kleine Veränderungen des Kohlenstoffkreislaufes im Meer können beträchtliche Auswirkungen auf den CO_2-Gehalt der Atmosphäre haben.

Aber nicht nur im Meerwasser lassen sich Isotopenverhältnisse messen – auch in der Luft: So können die Wissenschaftler anhand des δ^{13}C-Verhältnisses der heutigen Luft elementare Erkenntnisse über den gerade stattfindenden Klimawandel gewinnen.

„Besonders aussagekräftig ist die Isotopenanalyse des CO_2 der Luft und der Vergleich mit den Werten aus fossilen Brennstoffen", erläutert der Klimaforscher Mojib Latif. Fossile Brennstoffe haben ein niedrigeres δ^{13}C-Verhältnis als das Kohlendioxid in der Atmosphäre. „Das ^{13}C/^{12}C-Verhältnis unserer Luft ist in dem Maße gesunken, wie die von uns verursachten Kohlendioxid-Emissionen wuchsen. So entlarven die Kohlenstoff-Isotopenuntersuchungen ganz klar die Verbrennung der fossilen Brennstoffe durch den Menschen als Grund für den steigenden CO_2-Gehalt der Atmosphäre und den dadurch induzierten Klimawandel."

Die Verhältnisse der stabilen Kohlenstoff-Isotope liefern also auch Hinweise auf das Paläoklima. Aber woher kommt dieser Kohlenstoff? Generell sind die Kohlenstoff-Isotope Bestandteile von Nährstoffen, und nach Shackleton und Kennett (1975) resultieren Wechsel der δ^{13}C-Verhältnisse in den Schalen kalkschaliger Organismen aus physikalisch-chemischen Fraktionierungsprozessen bei der Nährstoffaufnahme aus dem Meerwasser und der Zersetzung von organischem Material. Als wesentlichen Eintragsmechanismus, gerade auch in die tieferen Wasserschichten, sieht etwa Kennett (1982) das Absterben kalkschaliger Organismen in den oberflächennahen Bereichen und die Zersetzung der Biomasse nach dem Absinken.

Um die Herkunft des Kohlenstoffs zu identifizieren, nutzen die Forscher die Tatsache, dass das δ^{13}C-Verhältnis von marinen Nährstoffen rund zwanzigmal kleiner ist – und etwa dem des Meerwassers entspricht (0 ‰ bis –1 ‰) – als das des von Land eingetragenen (terrigenen) Kohlenstoffs (–18 ‰ bis –28 ‰). So können die Forscher gut zwischen terrigen eingetragenen und marinen Nährstoffen unterscheiden.

Radioaktive Kohlenstoff-Isotope: die Radiokarbon- oder ^{14}C-Methode

Die Radiokarbonmethode ist eine etablierte Methode zur Altersbestimmung der organischen Bestandteile von Pflanzen und Tieren. Die Isotope des für die Messungen benutzten ^{14}C-Kohlenstoff-Isotops sind metastabil und geben die zusätzlichen Neutronen nach einer typischen Zeit, der Zerfallszeit, wieder ab. Bei der Altersbestimmung mit der ^{14}C-Methode wird die Menge des noch vorhandenen radioaktiven Isotops gemessen und in Beziehung zu der ursprünglichen Menge gesetzt.

Aber woher stammt der radioaktive Kohlenstoff?

Radioaktives ^{14}C entsteht durch die Reaktion der natürlichen Hintergrundstrahlung mit Stickstoffmolekülen (^{14}N) in der höheren Atmosphäre. Reagieren die Neutronen der Hintergrundstrahlung mit dem Stickstoff, verliert der Stickstoff ein Proton und wandelt sich in das radioaktive Kohlenstoff-Isotop ^{14}C um. Ist der Anteil der ^{14}C-Isotope in der Atmosphäre insgesamt auch gering, so lassen sich ^{14}C-Isotope weltweit in allen Pflanzen nachweisen, die das ^{14}C in Form von CO_2 bei ihrem Wachstum aufnehmen. Bei einer Halbwertszeit von 5730 Jahren lassen sich mithilfe der ^{14}C-Methode zuverlässige Datierungen bis zu einem Probenalter von etwa 50.000 Jahren durchführen.

Eine künstliche Quelle radioaktiver ^{14}C-Isotope waren die atmosphärischen Atombombentests der 1950er- und 1960er-Jahre. Durch sie wurde eine große Zahl von ^{14}C-Isotopen freigesetzt, die zusammen mit dem Großteil des radioaktiven Fallouts im Ozean abregneten und sich heute etwa in Korallenstöcken nachweisen lassen und – was für ein Glücksfall für die Wissenschaft – einen exakt datierbaren Konzentrationspeak und biogeochemischen Zeitmarker darstellen.

Aber auch für Fragestellungen zur Herkunft des atmosphärischen CO_2 kann der ^{14}C-Gehalt Antworten geben. Denn CO_2 ist nicht gleich CO_2: So stellte der österreichische Physiker Hans Suess in den 1950er-Jahren fest, dass bei der zunehmenden Verbrennung von fossilen Energieträgern der Anteil des $^{14}CO_2$ in der Atmosphäre abnimmt.

Die Ursache dieses Phänomens liegt in der Radioaktivität des ^{14}C begründet, denn seine Menge nimmt mit der Zeit ab. Da das organische Material der Kohle- und Öllagerstätten schon über geologische Zeiträume nicht mehr am Kohlenstoffkreislauf der Erde teilnimmt, hat es einen wesentlich niedrigeren ^{14}C-Gehalt als rezentes Material, das noch am Kohlenstoffkreislauf teilnimmt. Das beim Verbrennen fossiler Energieträger entstehende CO_2 hat dementsprechend auch einen geringeren ^{14}C-Anteil als das Kohlendioxid, das etwa beim Verbrennen von Holz im Kamin entsteht.

So führt das Verbrennen fossiler Energieträger dazu, dass der ^{14}C-Gehalt der Atmosphäre „ausdünnt". Der beschriebene Effekt ist weltweit messbar und als *Suess-Effekt* bereits in den 1950er-Jahren bekannt geworden (Suess 1955).

Mit der Messung des Suess-Effekts kann also ganz klar den sogenannten Klimaskeptikern entgegengetreten werden, die den Einfluss des Verbrennens fossiler Brennstoffe auf die Atmosphäre und deren CO_2-Gehalt abstreiten.

2.4 Isotopenthermometer

Isotopenthermometer? – na das klingt ja abenteuerlich. Kann man wirklich aus der Isotopenverteilung auf die Temperaturen vergangener Erdepochen schließen? Ja man kann, aber sehen Sie selbst.

2.4.1 Das Sauerstoff-Isotopenthermometer

Aus der Messung der Wasserstoff- und Sauerstoff-Isotopenverhältnisse und der Kenntnis der temperaturabhängigen Fraktionierungsprozesse können etwa Glaziologen die Lufttemperatur während der Entstehung von Niederschläge über einem Gletscher ableiten, und gerade bei den Untersuchungen von Eiskernen kommt diese Methode standardmäßig zum Einsatz.

„Messungen der Isotopenzusammensetzung des Wassermoleküls von Gletschereis, ^{16}O, ^{18}O sowie ^{1}H (Protium), ^{2}H (Deuterium), sind heute Standard, wenn es darum geht, Paläotemperaturen zu rekonstruieren", sagt der Glaziologe Dr. Hans Oerter vom Alfred-Wegener-Institut für Polar- und Meeresforschung in Bremerhaven.

So gibt den Glaziologen das Verhältnis der stabilen Isotope des Wasserstoffs Auskunft über die Kondensationstemperatur bei der Niederschlagsbildung, aus der sie dann die Paläokondensationstemperatur des Wasserdampfes zu Wassertropfen – und Schnee – berechnen können.

„Das Prinzip dieser Methode basiert auf der Fraktionierung der Isotope bei den Phasenübergängen des Wassers, also bei Verdunstung und Kondensation", erläutert Oerter. „Und generell gilt auch hier, dass die leichteren Isotope bevorzugt verdunsten und schwerere bevorzugt kondensieren."

Wie im Abschnitt zu den Sauerstoffisotopen dargestellt wurde, findet beim Verdunsten von Wasser eine Fraktionierung in isotopisch leichteres und isotopisch schweres Wasser statt: So ist der bei der Verdunstung entstehende Wasserdampf isotopisch leichter als das verbleibende Meerwasser.

Beim umgekehrten Prozess der Wolkenbildung (Kondensation) läuft ebenfalls ein Fraktionierungsprozess ab, nur in umgekehrter Richtung: Zuerst kondensiert das schwere ^{18}O-Isotop oder das schwerere Isotop des Wasserstoffs, das Deuterium, sodass der in der Atmosphäre verbleibende Wasserdampf isotopisch leichter ist als das Wasser in den Wolken. Dementsprechend ist der Niederschlag isotopisch schwerer als der noch in der Atmosphäre verbleibende Wasserdampf. „Kühlt Wasserdampf etwa beim Aufstieg an einem Berghang weiter ab, so wiederholt sich dieser Vorgang, und der verbleibende Wasserdampf wird isotopisch immer leichter", erklärt Oerter.

Doch Vorsicht, auch hier liegt die Tücke im Detail. Weil der Fraktionierungsprozess von der Temperatur bei der Niederschlagsbildung abhängt, verläuft er unterschiedlich, je nachdem ob es sich um adiabatische oder isobare Abkühlung handelt. „Deshalb ist die Beziehung zwischen Kondensationstemperatur und Isotopengehalt auch nicht eindeutig", meint Oerter, „sondern muss, jeweils auf das konkrete Untersuchungsgebiet bezogen, immer wieder neu bestimmt werden."

Besonders wichtig für die Bestimmung der Temperatur ist dieser Prozess in Gebieten, die ein ausgeprägtes Relief mit großen Höhenunterschieden aufweisen und in denen adiabatische und isobare Abkühlung abwechseln oder regional typisch sind, wie etwa in der Antarktis. „Im Randbereich der Antarktis, wo isobare Abkühlung vorherrschen dürfte, ergab sich für δ^{18}O ein Gradient von 1,2 ‰/K (Promille pro Grad Kelvin), über dem wesentlich höher gelegenem Inlandeisplateau unter der Bedingung einer adiabatischen Abkühlung ein Gradient von 0,7 ‰/K", so Oerter. „Mit diesen Gradienten rechnen wir dann die Änderungen des Isotopengehalts in Temperaturänderungen um."

Die Genauigkeit des Sauerstoff-Isotopenthermometers liegt bei 0,5 Grad Celsius und ist damit so hochauflösend, dass sogar kleinskalige Veränderungen der globalen Mitteltemperatur gemessen werden können.

Angegeben werden die Isotopenverhältnisse als relative Abweichung von einem internationalen Standardwert in Promille, dem sogenannten Vienna Standard Mean Ocean Water (VSMOW) – standardisiertes Meerwasser, das von der Internationalen Atomenergie-Organisation, der International Atomic Energy Agency (IAEO) in Wien verwaltet wird.

2.4.2   Das Edelgas-Isotopenthermometer

Neben den Isotopen des Wassers finden in den Geowissenschaften erfolgreiche Versuche der Paläo-Temperaturbestimmung auch etwa mit Isotopenbestimmungen an biogenem Skelettmaterial (Opal) und den Edelgasen Xenon, Krypton, Argon und Helium statt. Allen Methoden gemein ist die Nutzung temperaturgesteuerter Fraktionierungs- und Lösungsprozesse.

Aufgrund ihrer Bedeutung – auch für die Paläo-Temperaturmessung etwa in den Wassereinschlüssen von Tropfsteinen – möchte ich hier die Edelgas-Methode vorstellen.

„Grundwässer sind nicht nur wichtige Ressourcen für Tiere und Menschen, sondern auch Archive längst vergangener Umweltbedingungen", erläutert Prof. Dr. Werner Aeschbach-Hertig vom Institut für Umweltphysik an der Universität Heidelberg. „So geben die im Wasser gelösten Edelgase Auskunft darüber, wann das Wasser im Boden versickerte und welches Klima damals herrschte." Der Heidelberger Physiker forscht an der nachhaltigen Nutzung von Wasserreservoiren und beschäftigt sich mit der Rekonstruktion des Klimas der Vergangenheit.

Neben der Relevanz des Themas für die Rekonstruktion des Paläoklimas haben die Forschungen aber auch eine hohe Relevanz für die Nutzung des Grundwassers: Aus der Verweildauer des Wassers im Untergrund, also dem Wasseralter, leiten die Forscher ab, inwieweit sich eine Grundwasserressource wieder neu bildet oder es sich um fossiles Grundwasser handelt, das sich nicht selbstständig erneuert – und damit eine endliche Ressource darstellt, mit der es hauszuhalten gilt. Gerade etwa in regenarmen Regionen wie Afrika ist das ein wichtiges Entscheidungskriterium bei der Nutzung fossiler Ressourcen.

„Zudem stellen gerade alte Grundwässer für die Klimaforschung ein wertvolles Klimaarchiv dar", erläutert Aeschbach-Hertig. „So bleiben im Wasser etwa Informationen über die Paläo-Erdoberflächentemperatur erhalten, und wir können auf das Klima zur Zeit der Bildung des Wasserkörpers schließen." Derartige Informationen dienen der Verifizierung und Regionalisierung anderer Klimaparameter und helfen bei der Verbesserung von Klimamodellen.

Aber Moment – Wasser als Paläothermometer? Wie soll das funktionieren?

„Informationen über das Klima, das während der Versickerung des Wassers herrschte, erhalten wir aus der Analyse verschiedener Spurenelemente, die das Wasser beim Versickern im Boden löste", erklärt Aeschbach-Hertig.

Grundwasser bildet sich durch das Versickern von Regenwasser. Nach dem Eindringen in den Boden erreicht das ehemalige Regenwasser irgendwann eine wasserleitende Schicht, die nach unten abgedichtet ist. In der umgangssprachlich Grundwasserleiter genannten Schicht fließt das Wasser sehr langsam und teilweise über große Entfernungen.

„Beim Edelgas-Thermometer machen wir uns die Austauschprozesse des Wassers mit der Atmosphäre während der ersten Phase des Versickerns zunutze", erklärt Aeschbach-Hertig. In der obersten Bodenschicht steht versickerndes Regenwasser noch in Kontakt mit der Luft, die sich in den Poren des Bodens befindet. Abhängig von der Temperatur löst sich die Luft im versickernden Wasser, bis ein Gleichgewichtszustand erreicht wird.

„Weil die Wasserlöslichkeit von Gasen in Flüssigkeiten temperaturabhängig ist, enthalten die Gleichgewichtskonzentrationen im Wasser also eine Information über die Bodentemperatur während des Versickerns – und die liegt meist nahe beim Jahresmittel der Lufttemperatur an der Oberfläche", erläutert der Physiker.

Für die Forscher entscheidend ist, dass Edelgase im Gegensatz zu Sauerstoff keine chemischen Verbindungen mit anderen im Wasser gelösten Stoffen eingehen. „Nachdem das versickernde Wasser die Kontaktzone mit der Porenluft verlassen und den Grundwasserspiegel erreicht hat, bleiben die Edelgase in der gelösten Luft also im Wasser erhalten", führt Aeschbach-Hertig aus.

Eine Ausnahme bilden die Helium-Isotope ^{3}He und ^{4}He, die im Untergrund produziert werden und sich im Wasser anreichern. „Da die Konzentration der beiden Helium-Isotope ^{3}He und ^{4}He mit der Zeit ansteigt, dienen sie uns als eine Art Uhr für die Verweildauer des Wassers im Untergrund", so Aeschbach-Hertig. Zu den Isotopen ^{3}He und ^{4}He kommt noch das Helium-Isotop ^{4}He, das beim radioaktiven Zerfall der im Boden vorkommenden Elemente Uran und Thorium entsteht. „Die Menge an ^{4}He ist proportional zur Verweildauer des Wassers im Boden und damit seinem Alter", so Aeschbach-Hertig.

Als „Schnelltest" zur Beantwortung von hydrologischen Fragestellungen, zum Beispiel ob sich Grundwasser neu bildet, nutzen die Wissenschaftler das radioaktive Wasserstoff-Isotop ^{3}H (Tritium). Große Mengen des ^{3}H-Isotops wurden während der oberirdischen Atomwaffentests in den 50er- und 60er-Jahren des 20. Jahrhunderts freigesetzt. „Finden wir ^{3}H im Grundwasser, so ist das ein Beweis dafür, dass das Wasser nach den Atomwaffentests gebildet wurde – also maximal 60 Jahre alt ist", erklärt Aeschbach. „Für die Nutzung des Grundwasserreservoirs bedeutet das also, dass sich das beprobte Grundwasser vor kurzer Zeit gebildet hat und es sich nicht um einen fossilen Wasserkörper handelt."

Will man die Bildungszeit innerhalb der letzten 60 Jahre genauer bestimmen, so kann zusätzlich das ^{3}He-Isotop des Heliums, das beim Zerfall von Tritium entsteht, gemessen werden. Über das Verhältnis von ^{3}He und ^{3}H lässt sich das Alter auf wenige Jahre oder gar Monate genau bestimmen. Die Abschätzung der Grundwasserneubildungsrate und damit der Menge des eingetragenen Wassers erfolgt über die Zunahme des Alters mit der Tiefe oder auch einfach über die Tiefe, in die das Tritium bereits vorgedrungen ist. „Vereinfacht gilt, in je größerer Tiefe noch ^{3}H zu finden ist, desto mehr Wasser muss versickert sein", sagt Aeschbach-Hertig.

Isotopenmessungen
Bei den Ergebnissen der Isotopenmessungen werden die Fraktionierungsprozesse der Natur genutzt, um auf klimarelevante Prozesse zu schließen. Von daher sind die Ergebnisse aus den Messungen keine direkten Klimamesswerte, sondern nur deren „Stellvertreter", sogenannte Proxy-Daten, mit deren Hilfe die Forscher auf die Fraktionierungsprozesse zurückschließen können.

Ihr schneller Zugang zu weiteren Informationen:

▸ welt der physik

▸ Universität Bonn

▸ Universität Kiel

▸ Universität Kiel

Das Klima der Vergangenheit 3

Dieses Kapitel beschäftigt sich mit der Rekonstruktion des Klimas der Vergangenheit – also der Herkunft der Daten, aus denen die Wissenschaftler die jüngere klimatische Vergangenheit unseres Planeten ableiten. „Jünger" heißt in diesem Zusammenhang rund 2,5 Millionen Jahren vor heute. In dieses jüngste Kapitel der geologischen Zeitskala, das Quartär, fallen sowohl die Eiszeiten als auch die Entwicklung des Menschen.

Für die Klimaforschung ist dieses Zeitalter so wichtig, weil es ein Vielzahl relativ gut erhaltener Hinterlassenschaften – etwa der Vereisungen – gibt und weil sich in der erdgeschichtlich kurzen Zeitspanne des Quartärs das Klima mehrfach und teils extrem veränderte.

Beginnen wir unsere Betrachtungen bei den Eiszeiten. Was war das für eine Welt vor mehr als 10.000 Jahren?

Es war eine unwirtliche, eisige Periode, in der ein Zeitreisender eine gegenüber heute völlig veränderte Landschaft vorgefunden hätte: Mehr als 3000 m dicke Eisschilde bedeckten die Kontinente, und die Gletscher erstreckten sich von Skandinavien bis an die deutschen Mittelgebirge.

Auslöser der massiven Veränderungen war ein Absinken der globalen Mitteltemperatur um fünf Grad Celsius gegenüber heute (vgl. Factsheet zum Klimawandel: www.pik-potsdam.de/~stefan/.../Other/Klimawandel_fact_sheet.pdf). Das reichte aus, um den Planeten in eine Tiefkühltruhe zu verwandeln: Die polnahen Regionen waren bis weit in die mittleren Breiten hinein waren vereist, und der Meeresspiegel lag um über 100 m niedriger als heute. Das „fehlende" Wasser der Ozeane war im Eis der mehrere Kilometer mächtigen Inlandeisschilde fixiert. So kam es, dass ausgedehnte Landgebiete (die heutigen Schelfgebiete) die modernen Küstenlinien umgaben und die heutigen Küstenregionen der Nord- und Ostsee trocken lagen – und anmuteten, wie die Schelfgebiete der heutigen Antarktis. Unser Zeitreisender hätte leicht trockenen Fußes von Frankreich nach England wandern können.

Als die Eispanzer von den hohen Breiten aus vorrückten, schoben sie wie gigantische Bulldozer riesige Mengen Steine und Schutt vor sich her, schabten Täler aus und schliffen

R. Schacht, *Wann bekommen die Küstenbewohner denn nun nasse Füße?*,
DOI 10.1007/978-3-658-00327-2_3, © Springer Fachmedien Wiesbaden 2014

Felsen rund. Gewissermaßen nebenbei formten sie so die heute für das Baltikum typischen Landschaftsformen mit Moränen, Seen, moorigen Senken, sandigen Geestrücken und den markanten Förden. Typische Hinterlassenschaften der Gletscher sind etwa die imposanten Moränenrücken, die als massige Hügel mit riesigen Steinen – den Findlingen – auf den ersten Blick so gar nicht in das ansonsten sanft geschwungene Landschaftsbild des südlichen Baltikums passen wollen. Spuren der früheren Vereisung sind indes nicht nur an Land zu finden, sondern unter der heutigen Wasseroberfläche, denn auf ihrem Weg nach Süden schufen die Gletscher auch etwa die Oberflächenformen des heutigen Meeresbodens der Nord- und Ostsee.

Hört man derartige Schilderungen, denkt man unvermittelt an eine lebensfeindliche Welt – eine Eiswüste ohne jedes Leben. Doch weit gefehlt: Auch zu diesen eisigen Zeiten gab es Leben auf der Erde – an Land wie auch im Meer. Vom Eis freigegebene Skelette von Land- und Meeressäugetieren, wie Mammut-, Seehund- und Walskelette zeugen ebenso davon, wie Fischknochen und die vielen Reste wirbelloser Tiere, deren ehemaliges Außenskelette wir heute in den Ablagerungen des Meeres finden. Hinzu kommt, dass in der Seen- und Tundrenlandschaft der heutigen Nord- und Ostsee bereits Menschen lebten – steinzeitliche Jäger und Sammler, die sich trockenen Fußes von Frankreich nach England bewegen konnten.

Doch die Zeiten – und das Klima – veränderten sich: Mit dem (natürlichen) Klimawandel am Ende der letzten Eiszeit begannen die Eispanzer zu zerfallen und der Meeresspiegel stieg wieder an. Stück für Stück überflutete der Ozean die Festlandsbereiche der heutigen Nord- und Ostsee und vertrieb die steinzeitlichen Siedler aus ihren angestammten Revieren.

Die ersten menschlichen Klimaflüchtlinge Wenn man so will, waren die steinzeitlichen Bewohner des heutigen Meeresbodens der Nord- und Ostsee also die ersten menschlichen Klimaflüchtlinge, die den steigenden Fluten der Nord- und der sich gerade bildenden Ostsee weichen mussten. Das sukzessive Zurückweichen der Menschen vor den Fluten lässt sich heute eindrucksvoll an den Hinterlassenschaften der Menschen auf dem heutigen Ostseegrund nachvollziehen. So beweisen etwa die vor der Insel Pöhl gefundenen Abfolgen menschlicher Siedlungen, dass die Steinzeitmenschen vor den steigenden Fluten nach Süden auswichen und sich immer wieder neue – höher gelegene – Lagerplätze suchen mussten (vgl. Kap. 5).

Ein Schicksal, dass in den kommenden Dekaden auch einige moderne Gesellschaften ereilen wird, die in den flachen Küstenregionen der Erde leben. Das Ausmaß des sich anbahnenden Problems wird schnell klar, wenn man sich vergegenwärtigt, dass mehr als eine Milliarde Menschen in Regionen der Erde leben, die auch schon heute vom steigenden Meeresspiegel bedroht sind.

Es gehört nicht viel Phantasie dazu, sich auszumalen, welche dramatischen Entwicklungen und Folgen für die Menschheit der Klimawandel mit sich bringen wird.

Vom vermeintlich sicheren, „grünen Tisch" in Europa oder Nordamerika aus betrachtet, mag man – so zynisch diese Betrachtungsweise auch ist – derzeit noch einigermaßen beruhigt sein. Hier ist doch „alles gut" und die Probleme scheinen ja so weit weg.

Doch ist das wirklich so? Kaum beachtet wird, dass auch in Europa viele Gebiete vom steigenden Meeresspiegel unmittelbar betroffen sind, und dies nicht nur in den Niederlanden. Welche Dimension die Bedrohung konkret hat, verdeutlichen die Untersuchungen der Forscher des Kieler GEOMAR. Schätzungen der Kieler, die im Kapitel „Küste" des 2010 von der Kieler Exzellenzinitiative, dem Forschernetzwerk „Future Ocean" und der Hamburger Zeitschrift mare herausgegebene *World Ocean Review* veröffentlicht wurden, ergaben, dass bei einem Meeresspiegelanstieg von nur einem Meter allein in Europa der Lebensraum von rund 13 Millionen Menschen akut bedroht ist.

Drastische Zahlen, die das Ausmaß der heraufziehenden Katastrophe aber recht gut illustrieren – denn, als wäre der Verlust des angestammten Lebensraumes nicht schon schlimm genug, stellt sich danach die Frage, wo die Menschen bleiben sollen? Wer gibt ihnen im dichtbesiedelten Nordeuropa Land, Obdach, Trinkwasser, Essen, etc.? Kurz: Wo und von was sollen die Menschen leben, wenn ihre alte Heimat buchstäblich untergegangen ist?

Schon aus diesen wenigen Fragen ergibt sich ein umfangreicher Komplex von Fragen zur sozialen und sozioökonomischen Entwicklung der Menschheit in Zeiten des Klimawandels. Es ist zu befürchten, dass es neue Verteilungskämpfe um die sich verändernden Ressourcen geben wird – und dass die aufziehenden Probleme ohne Frage auch das Potential für bewaffnete Konflikte bergen.

Aber lassen wir unsere Vor- und Nachfahren erst einmal beiseite und schauen nach, welche Klimaaufzeichnungen es aus den Eis- und wesentlich älteren Zeiten gibt.

Da ist zunächst das größte Klimaarchiv der Erde zu nennen: der Meeresboden. Er besteht zuunterst aus einer vulkanischen Schicht, der ozeanischen Kruste, auf der sich über Jahrmilliarden alles ablagerte, was in das Meer gelangte und/oder in ihm lebte. Langsam und stetig sammelt sich immer mehr Material aus dem Meer und von Land in den Tiefen der Ozeane und bildet zum Teil mehrere Kilometer mächtige Ablagerungen auf der vulkanischen Schicht – die Meeressedimente.

Eine Schatztruhe für Klimaforscher, die aus den Schichten der Sedimente die Entwicklung der Meeresregion und des Erdklimas rekonstruieren können. Finden sich doch im Idealfall ungestörte Ablagerungen aus mehreren Millionen Jahren, die Schicht für Schicht wie die Seiten eines Buches übereinanderliegen.

3.1 Meeressedimente

Auch während der Eiszeiten gab es Leben auf der Erde, an Land wie auch im Meer. Vom Eis freigegebene Skelette von Säugetieren wie Mammut-, Wal- und Fischknochen zeugen ebenso davon wie die Reste wirbelloser Tiere, deren ehemaliges Außenskelett wir in den Ablagerungen des Meeres finden. Zu ihnen gehören die vielen Arten des einzelligen

Planktons, das heute wie damals in riesiger Zahl den Ozean bevölkert. Gerade die sogenannten Kammerlinge, die Foraminiferen, sollten einmal zu wichtigen Zeitzeugen der Klimaforschung werden. Heute wie damals lebten sie in den oberen 50 bis 200 m der Wassersäule und bildeten bei ihrem Wachstum ein artspezifisches, kalkiges Außenskelett aus. Zusammen mit den Nährstoffen nahmen sie aber auch die für ihre Lebenszeit typischen chemischen und physikalischen Signale aus ihrer Umwelt auf und speicherten sie in ihren Kalkschalen. So wurde jede einzelne Kalkschale zu einer Momentaufnahme der Umweltverhältnisse zu Lebzeiten der Individuen. Nach ihrem Absterben sanken die Foraminiferen auf den Meeresboden ab, und ihre organische Substanz löste sich auf. Die Kalkschalen hingegen überdauerten als Fossilien die Jahrtausende und wurden zu einem wichtigen Teil des größten Klimaarchivs der Erde – dem Meeresboden.

Ein gutes Beispiel für große Ansammlungen kleiner kalkschaliger Organismen am ehemaligen Meeresboden, sind etwa die so genannten Kreidefelsen, die man etwa auf Rügen oder der dänischen Insel Mön besichtigen kann. Sollten Sie einmal vor Ort sein, lohnt sich auf jeden Fall der Griff zu einer Lupe mit stärkerer Vergrößerung, mit der Sie die Kalkschalen der rund 50 Millionen Jahre alten Organismen gut betrachten können.

Schaut man sich einen Bohrkern des Meeresbodens an, so fällt seine innere Gliederung auf: die Schichtung. Jede Schicht eines Kerns ist aufgebaut aus den Hinterlassenschaften der tierischen und pflanzlichen Bewohner der Meere (biogene Komponenten) und der vom Wind oder Regen- und Flusswasser eingetragenen Sedimente von Land (terrigene Komponenten). Im Lauf der Jahrtausende wuchs das Archiv Schicht für Schicht an, und eine immer dicker werdende Wechsellagerung aus biogenen und terrigenen Sedimenten entstand. Eine Zeitmaschine für Meeresgeologen und Klimaforscher, die aus dem Auftreten und der Verteilung der Lagen auf die zu ihrer Bildungszeit herrschenden Umweltbedingungen und das Klima der Vorzeit schließen können.

Heute bilden die Foraminiferen eine rund 10.000 Arten umfassende Gruppe im Ozean und stellen eine wichtige Nahrungsquelle für größere Organismen wie Fische dar. Noch immer sind die Wissenschaftler überrascht vom Arten- und Formenreichtum der Foraminiferen und ihrer Fähigkeit, sich an die unterschiedlichsten Lebensräume anzupassen – besiedeln die Kammerlinge doch sowohl die oberen, lichtdurchfluteten Lebensräume wie auch den Boden der lichtlosen Tiefsee und sogar die Bereiche unter dem Meereis.

Aber zurück zu unserer Geschichte:

In den kühlen, nur zeitweise eisfreien Gewässern des europäischen Nordmeers blühte auch vor über 10.000 Jahren das Plankton, starb ab und sank zu Boden, wo aus den Kalkschalen der Foraminiferen eine feine Lage entstand. Da uns diese Lage noch länger beschäftigen wird, nennen wir sie der Einfachheit halber „unsere Foraminiferen".

Im Laufe der nachfolgenden Jahrtausende lebten und starben immer neue Plankton-Generationen, deren Hinterlassenschaften jeweils eine neue Lage über unseren Foraminiferen bildeten. Zu dem Material biologischen Ursprungs gesellten sich Tonminerale, die über den Wind und die Flüsse in das Meer gelangen und sich – je nach Größe und Gewicht – mehr oder minder weit von ihrem Herkunftsort entfernt im Ozean verteilen. Aber auch gröbere Partikel, wie kleine Steine und Sand, erreichen den offenen Ozean, denn – je nach Klimazone – tragen Eisberge und Flüsse sowie die Wasserfluten der Schneeschmelze ihre Fracht weit hinaus aufs Meer. Auch die von Eisbergen transportierten gröberen Partikel und kleinen Steinchen (die so genannten *Dropstones*) reihen sich ein in den „Regen" biogener und terrigener Partikel im Ozean ein, der am Meeresboden eine immer mächtiger werdende Abfolge bildet.

In der Meeresgeologie ist das Auftreten von Dropstones in den Meeressedimenten ein wichtiges Indiz für das sporadische und/oder regelmäßige Auftreten von Eisbergen in dem Seegebiet, aus dem eine Probe stammt – also ein wichtiger Parameter für die Rekonstruktion des Klimas. Hinzu kommt die Bedeutung der Mineralogie der Dropstones für die Rekonstruktion der ehemaligen Driftrichtungen von Eisbergen. Gerade im regionalen Kontext – wie etwa in der Ostsee – lassen sich häufig bestimmte Gesteinszusammensetzungen einem bekannten Herkunftsgebiet zuordnen. Wenn das klappt, ist es ein echter Glücksfall für die Paläoozeanographen, die so über die regionale Zuordnung der Dropstones den Weg der Eisberge genau rekonstruieren können.

Und mehr noch: Aus dem lagenweisen Auftreten eistransportierten Materials im Europäischen Nordmeer definierte der Hamburger Meeresgeologe Hartmut Heinrich die nach ihm benannten „Heinrich Layer", die er auf abrupte Klimaschwankungen (innerhalb von Dekaden) nach dem Ende der letzten Eiszeit zurückführen konnte.

Können Eisberge ihre Fracht leicht tausende Kilometer weit über das Meer transportieren, so nimmt die Energie der strömenden Flüsse im Bereich ihrer Mündung ins Meer rasch ab und ein Großteil der mitgeführten Sedimente lagert sich im Mündungsbereich der Flüsse ab. Hier bauen sie ausgreifende Schwemmkegel auf, in denen später der Fluss mäandriert – die Flussdeltas. Bekannte Beispiele sind das Mississippi-, das Nil- und das Ganges-Delta, die jeweils mehrere tausend Quadratkilometer umfassen.

Doch nichts auf dieser Welt währt ewig: Eine erneute Änderung des Weltklimas beendete die Eiszeiten, und die mächtigen Innlandgletscher begannen zu schmelzen. Die kontinentalen Eisschilde zerfielen und hinterließen typische Zeugnisse, wie die Toteisseen in Norddeutschland, die dadurch entstanden, dass einzelne Stücke Eis zurückblieben, deren Schmelzwasser die Seen bildete. Auch das Anfallen großer Schmelzwassermengen hatte eine massive Auswirkungen auf die vorher vom Eis geformte Landschaft. So suchten sich die Schmelzwässer einen Weg ins Meer und schufen dabei die so genannten Urstromtäler, wie etwa das Elbe- und das Odertal.

Eines der größten Flusssysteme Europas fand sich zu jener Zeit aber im Bereich des heutigen Ärmelkanals, durch den einst ein riesiger Fluss verlief, der von den Wassermassen der Seine, der Themse und des Rheins gespeist wurde.

Alles von den Gletschern und Flüssen mitgeführte, von Land stammende (terrigene) Material reihte sich in den „Regen" aus biologischen und terrigenen Komponenten im offenen Ozean ein. Schicht für Schicht wuchs so eine immer mächtiger werdende Wechsellage aus biogenen und terrigenen Sedimenten über der Lage mit „unseren Foraminiferen".

So weit, so gut – aber, wie lassen sich klimarelevante Informationen aus einem Bohrkern aus der Tiefsee gewinnen? Die Wissenschaftsdisziplin, die sich mit diesen Fragestellungen beschäftigt, ist die:

Abb. 3.1 OPD/IODP-Bohrschiff Joides Resolution (Foto: S. Kutterolf, © GEOMAR)

3.1.1 Meeresgeologie

Heute sind die Ablagerungen des Meeres Ziel vieler Forschungsfahrten und internationaler Tiefbohrkampagnen auf der ganzen Welt. Etwa des ODP („Ocean Drilling Project"), das, international besetzt und koordiniert, seit 1985 mit einem speziellen Bohrschiff, der „Joides Resolution" (vgl. Abb. 3.1) nahezu alle Ozeanregionen der Welt bereiste und wichtige Erkenntnisse für die Geologie der Erde, die Paläoklimatologie und die Meeresgeologie erbrachte. Auf der „Joides Resolution" kam eine spezielle Probennahme- und Bohrtechnik zum Einsatz, die nicht mit der universitärer Institute verglichen werden kann. Sie ist an die Methoden angelehnt, die bei der Suche nach Erdöl auf dem Ozean genutzt werden und erreichte mehrere hundert Meter Eindringtiefe in den Meeresboden.

Mit ihren Probennahmegeräten untersuchen Meeresgeologen die Sedimentschichten, um aus den Proben die Geschichte des Seegebiets und des Klimas zu rekonstruieren. Dabei nutzen sie die so genannten Sedimentkerne – Proben aus dem Meeresboden, die mit einem speziellen Probennahmegerät von einem Forschungsschiff aus genommen werden.

Probennahmegeräte, die typischerweise an universitären Einrichtungen eingesetzt werden, sind zumeist relativ simpel aufgebaut und bestehen im Wesentlichen aus einem Kernrohr aus Stahl und einem Gewichtssatz aus Blei. Bei der Probennahme dringt das Stahlrohr unter dem Gewicht des Bleis in den Meeresboden ein und „stanzt" einen Sedimentkern aus dem Boden. Um die Sedimente später wieder besser und möglichst unzerstört aus dem Stahlrohr herauszubekommen, befindet sich im stählernen Kernrohr ein Plastikrohr, der so genannte Liner, der beim Eindringen des Kernrohrs in den Boden das Sediment aufnimmt und danach leicht aus dem umgebenden Stahlrohr gezogen werden kann.

Typische Probennahmegeräte der Meeresgeologie, die weltweit eingesetzt werden, sind zum Beispiel das Schwerelot, bei dem ein rundes Stahlrohr als Kernrohr dient und das Kastenlot, bei dem ein zweiteiliger, verschraubter Blechkasten an die Stelle des stählernen Rohres tritt. Je nach Beschaffenheit des Meeresbodens lassen sich mit beiden Methoden relativ unproblematisch über zehn Meter lange Proben – die so genannten Sedimentkerne – aus dem Meeresboden entnehmen.

An Bord: Probennahme in der Meeresgeologie

Um einen Eindruck über das Geschehen an Bord eines Forschungsschiffes bei der Entnahme von Sedimentkernen zu vermitteln, möchte ich in den folgenden Absätzen das typische Prozedere der Probennahme an Bord eines deutschen Forschungsschiffs schildern:

Nach dem Erreichen der Probennahme-Position stoppt das Forschungsschiff auf dem offenen Ozean und ein Team aus Wissenschaftlern und Bordangehörigen bringt das Kerngerät (in diesem Fall ein Schwerelot, vgl. Abb. 3.2) aus. Mit äußerster Vorsicht hantieren die Männer der Besatzung mit dem tonnenschweren Gerät auf den – mal mehr und mal weniger schwankenden – Planken des Schiffes. Ist es einmal über Bord, wird es an einem langen Stahlseil in die Tiefe gelassen und es vergeht eine gute Stunde, bis es den Meeresboden erreicht und der Fahrtleiter das Kommando zum Lösen der Windenbremse gibt. Jetzt drückt sich das Kernrohr unter der Masse des Gewichtssatzes in den Meeresboden. Nach wenigen Augenblicken gibt der Fahrtleiter das Kommando, das Gerät wieder an Bord zu holen und die Winde beginnt das Stahlseil wieder einzuholen.

Gute zwei Stunden lang läuft die Winde des Arbeitskrans mit nahezu voller Drehzahl, bevor sich endlich der Gewichtssatz unter der Wasseroberfläche abzeichnet. „Es dauert eben seine Zeit, bis man einen mehrere Tonnen schweren *Sedimentkern* vom Grund des Ozeans wieder an Bord hat", sagt der Fahrtleiter der Expedition, der wissenschaftliche Direktor des Instituts für Geowissenschaften der Universität Kiel, Dr. Friedrich Werner.

Ein Handzeichen zum Kranführer führt zum Drosseln der Hievgeschwindigkeit des Krans und die Rolle mit dem Stahlseil dreht sich von nun an deutlich langsamer. Endlich durchbricht der Gewichtssatz des Schwerelots die Wasseroberfläche. Stück für Stück wird das zehn Meter lange Stahlrohr unter dem Gewichtssatz sichtbar. „Eine Banane?" lautet die erste, bange Frage des Fahrtleiters. Entspanntes Aufatmen nach der Antwort des Bootsmanns: „Nein, nein, alles gut!"

Mit der lax klingenden Frage nach der gebogenen Südfrucht ist jedoch ist keine Frucht gemeint, sondern sie bezieht sich auf den Zustand des Stahlrohrs, in dem das erhoffte Sediment steckt. Ist es noch gerade oder krumm wie eine Banane? Die Frage des Fahrtleiters ist berechtigt, denn schon der äußere Zustand des Rohrs erlaubt erste Rückschlüsse auf den Untergrund, in den es eingedrungen ist und auf die zu erwartende Qualität des Kerns. So ist ein verbogenes Rohr ein Indiz auf eine unerwartet harte Lage oder ein Hindernis – etwa einen großen Stein – im Untergrund, mit dem das Stahlrohr beim Eindringen in den Boden kollidierte. Ein gerades Kernrohr hingegen ist ein Indiz für ein weitgehend ungestörtes Eindringen des Rohrs in den Untergrund und lässt auf eine gute Füllung des Kerns mit Sediment hoffen.

Abb. 3.2 Einholen eines Schwerelots im Flachwasserbereich eines Fjordes auf Spitzbergen (Foto: R. Schacht)

Das Schwerelot pendelt in der Luft und der Ausleger des Krans schwenkt langsam ein. Vorsichtig bugsiert der Bootsmann das Gerät auf die Planken des Schiffes und sichert es gegen unbeabsichtigtes Wegrollen. Jetzt schlägt die Stunde der Forscher und Studenten, die – etwa als studentische Hilfskraft, Diplomand oder Doktorand –

mit an Bord sind. Stück für Stück ziehen sie den Liner aus dem Kernrohr und zersägen ihn in Meterstücke, die, mit Ausnahme weniger Stücke, gleich an Bord geöffnet werden (vgl. Abb. 3.3) den Rest der Schiffsreise in klimatisierten Transportkisten verbringen. Sie werden erst in den Laboren der heimischen Institute wieder hervorgeholt und bearbeitet.

Abb. 3.3 Öffnen eines Schwerelots (Foto: J. Steffen, © GEOMAR)

Nur wenige exemplarische Sedimentkerne werden bereits an Bord zu einer ersten Bearbeitung geöffnet. Dazu transportieren die Forscher die ausgewählten Meterstücke in das so genannte Nasslabor des Schiffes und sägen die Wand des Liners vorsichtig der Länge nach auf. Möglichst ohne Schaden an seiner Füllung anzurichten, teilen sie den Sedimentkern in eine Archiv- und eine Arbeitshälfte. Die Archivhälfte bleibt unangetastet, dient als Backup und als Material für eventuell folgende, zukünftige Untersuchungen und wird luft- und wasserdicht verschlossen in eine Transportkiste gelegt.

An der Arbeitshälfte beginnen jetzt die sedimentologischen und mikrobiologischen Arbeiten, an deren Anfang stets die akribische Dokumentation und makroskopische Beschreibung der Sedimente der Arbeitshälfte steht. Von der Farbe und den Farbwechseln bis zum Durchmesser der Sedimentpartikel ist alles wichtig. Deuten doch Material- und Farbwechsel auf Änderungen des Ablagerungsmilieus, des Sauerstoffanteils, auf das Auftreten von Bodenströmungen oder auf später stattfindende Prozesse im Meeresboden hin.

Nach der makroskopischen Beschreibung werden in regelmäßigen Abständen Proben aus der Arbeitshälfte genommen. Je mehr Auffälligkeiten – wie Wechsel in der Korngröße, der Farbe und des Materials – sich abzeichnen, umso enger wird das Beprobungsintervall gewählt. Die Anzahl der genommenen Proben ist immens und erreicht nicht selten Hundert und mehr pro Kernstück. Parallel zur Beprobung laufen weitere Untersuchungen zur Aufnahme der mechanischen und chemischen Parameter (wie etwa Scherfestigkeit und pH-Wert) des Sediments. Zusätzlich werden mikroskopischen Untersuchung durchgeführt, um unter anderem die Reste des Planktons zu identifizieren und zuzuordnen. So hoffen die Forscher bereits an Bord erste Hinweise auf die Entstehungsprozesse der beprobten Schichten und eine vorläufige zeitliche Einordnung der Sedimente zu bekommen.

Dazu fertigen die Sedimentologen schon an Bord eine erste, noch grobe zeitliche Einordnung des Kerns in die geologische Zeitskala (die Stratigraphie) an, mit der die erbohrten Schichten mit anderen, bereits bearbeiteten, Sedimentkernen des Seegebiets korreliert werden können. „Die zeitliche Einordnung der Schichten erlaubt im besten Fall die überregionale Verfolgung einzelner Schichten und bildet das erste, noch grobe Gerüst für die Ableitung der Entstehungsgeschichte des Meeresgebietes, aus dem der Sedimentkern stammt", erläutert Werner.

Wichtige Hinweise für das Klima der Vorzeit, die sich aus den Sedimentkernen ergeben, sind etwa das Auftreten wärme- und kälteliebender Tierarten, das Auftreten eistransportierten Materials und das Verhältnis des groben Materials (der so genannten Grobfraktion: größer als 63 µm (ein µm entspricht einem Tausendstel-Millimeter)) zum feinen Material: der so genannten Feinfraktion (kleiner als 63 µm).

So lässt sich etwa aus dem Verhältnis von Fein- und Grobfraktion der von Land stammenden (terrigenen) Komponenten (Steine, Ton) eine Aussage treffen, wie weit vom Festland entfernt die Ablagerungsraum war – denn dominiert die Feinfraktion mit Ton und Silt, kann davon ausgegangen werden, dass keine größeren Mengen Material von Land bis zur Position gelangten und die Probenposition weit entfernt von den Liefergebieten des Sediments – und damit wahrscheinlich im offenen Ozean lag.

Finden sich in der Grobfraktion viel mehr Foraminiferen als etwa Steinchen, gilt dasselbe. Dominieren bei den Foraminiferen dann auch noch die wärmeliebenden Arten, kann man auf warmes Wasser schließen. Das Auftreten von Dropstones hingegen ist ein eindeutiges Anzeichen für den Einfluss schwimmender Eisberge.

Wieder im heimischen Institut angekommen, bringen die Forscher die Arbeitshälften der Sedimentkerne in das Nasslabor und die Archivhälften in das Kernlager des Instituts.

Im den Nasslaboratorien der Institute starten jetzt die eigentlichen Arbeiten an der Arbeitshälfte des Kerns und die Aufbereitung der Proben. Dabei werden nicht nur die gleichen physikalischen, biologischen und chemischen Parameter gemessen wie an Bord, sondern auch weiter reichende Untersuchungen angestellt, die das Sediment exakt beschreiben und die Ergebnisse auch im internationalen Kontext nachvollziehbar und vergleichbar machen. Aus der Vielzahl der im heimischen Labor zu erhebenden Parameter sei hier noch die Bestimmung des Gehaltes an organischem Kohlenstoff und des so genannten Kalziumkarbonatgehalts der Proben genannt. Hierbei handelt es sich um den Kalkgehalt einer Probe,

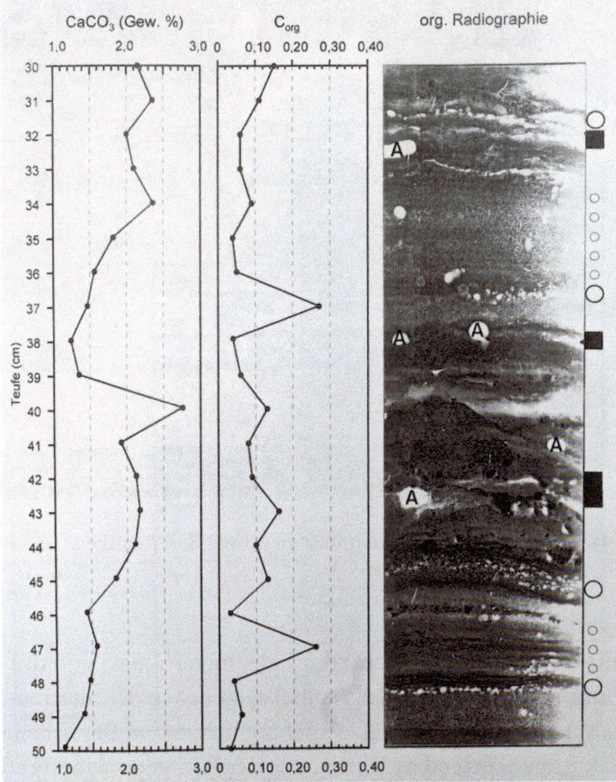

Abb. 3.4 Beispiel für die Schichtung eines Sedimentkerns. Anhand des Positivs einer Röntgenaufnahme eines Kerns (Abb.: R. Schacht)

der unter anderem direkt mit dem Auftreten kalkschaliger Organismen korreliert ist, also ein Maß für den biogenen Anteil des Sediments ist. Dieser wiederum dient als Indikator für die Bioproduktivität des Seegebiets, die umso höher ist, je besser die Lebensbedingungen sind – oder waren.

Zusätzlich macht sich ein Team von Spezialisten daran, hauchdünne Scheiben aus dem Kern zu entnehmen, die später geröntgt werden sollen – die so genannten Radiographien. In den Röntgenaufnahmen zeigen sich unter anderem Lagen von kleinen Dropstones, Gasblasen sowie Wühl- und Fressbauten von Tieren, die auf den Sauerstoffgehalt des Bodenwassers und die Lebensumstände im Meeresboden schließen lassen.

Feine Strukturen, wie einzelne Lagen gröberer Sedimentkörner und Dropstones, geben den Sedimentologen Hinweise auf Extremereignisse (wie etwa die Heinrich Layer), die sich eventuell über einen größeren Bereich hinweg mit anderen Sedimentkernen korrelieren lassen.

Die Abb. 3.4 illustriert die Schichtung eines Sedimentkerns an dem Beispiel eines Kernabschnitts aus einem Fjordsystem in Nordwestspitzbergen, die im rechten Drittel besonders deutlich in der Radiographie (dem Positiv eines Röntgenbildes des Sedimentkerns) wird. In den X/Y-Diagrammen neben der Radiographie finden sich die Messergebnisse des Ge-

Abb. 3.5 Beispiel für Schichtung an einem Sedimentkern aus dem Pazifik (Foto: S. Kutterolf, © GEOMAR)

haltes (in Gewichtsprozent) des Kalziumkarbonats und des organischen Kohlenstoffs. Die Röntgenaufnahme (Radiographie) zeigt neben der internen Schichtung des Meeresbodens das sporadische Auftreten kleiner Steinchen und Bereiche mit Gasblasen. „A" steht für Artefakte, die während der Entnahme des Röntgenpräparats aus der Arbeitshälfte entstanden sind. Die Kreise und Kästchen am rechten Rand der Radiographie beziehen sich auf spezielle Beobachtungen in der Radiographie, auf die in der Originalarbeit gesondert eingegangen wird. In unserem Kontext haben sie keine Bewandtnis – daher gehe ich nicht weiter auf sie ein.

Die Abb. 3.5 zeigt Schichtungen am Beispiel eines Sedimentkerns aus dem Pazifik.

„Was für ein irrer Aufwand", mag man denken. Was sollen all diese aufwendigen Messungen und Probennahmen? Die Antwort ist ebenso einfach wie allumfassend: Es geht darum, in den Sedimentkernen einzelne Abfolgen zu finden, die sich durch ihre ganz individuelle Kombination von Parametern nachvollziehbar definieren lassen. Schließlich entspricht jede dieser Abfolgen einem bestimmten Ablagerungsmilieu, das einem bestimmten Zustand der Umwelt – und damit des Klimas – zugeordnet werden kann.

So zeigen etwa große Mengen wärmeliebender, subpolarer Foraminiferen über einer Abfolge mit polaren Foraminiferen, dass sich die Lebensumstände und die Wassertemperaturen in der Zeit zwischen den Abfolgen geändert haben müssen und das Wasser, in dem die subpolaren Foraminiferen lebten, wärmer war als zuvor. Da die Proben aus einem Seegebiet im offenen Ozean stammen – und nicht aus der heimischen Badewanne, in der wir die Wassertemperatur nach Belieben ändern können – müssen großräumig wirkende Prozesse, wie Änderungen der atmosphärischen und ozeanischen Zirkulation dafür verantwortlich sein, wenn sich in einem Seegebiet die Wassertemperatur ändert. Und – Sie ahnen es schon – beide Prozesse werden vom Weltklima gesteuert.

Stück für Stück tragen die Sedimentologen und Mikropaläontologen die Ergebnisse ihrer Untersuchungen zusammen und gewinnen ein detailliertes Bild von den klimatischen Verhältnissen an der Probenlokation und deren Veränderungen über die Zeit. Meeresgeologen, die sich mit der Entstehungsgeschichte der Meeresablagerungen befassen, erforschen den Ozean und das Klima der Vergangenheit – sie betreiben Paläoozeanographie und Paläoklimatologie.

Über Vergleiche des Befundes einer Kernlokation mit denen benachbarter Kernpositionen ergibt sich ein detailliertes Bild der Entwicklungsgeschichte eines Meeresbereiches. Korreliert man die lokalen Befunde nun großräumig auch mit denen von Land und von anderen Meeresgebieten, so kann in einem weiteren großen Schritt auf die Klimaentwicklung einer Hemisphäre und sogar der ganzen Erde geschlossen werden.

> **Meeressedimente**
> Der Meeresboden ist das größte Klimaarchiv der Erde. Anhand der Sauerstoffisotope kalkschaliger Organismen und dem Auftreten (oder auch Fehlen) bestimmter Sedimentlagen lassen dich detaillierte Aussagen zum Klima der Vergangenheit treffen.

3.2 Warven

Eine noch höhere Detaildichte und zeitliche Auflösung als in Meeressedimenten finden sich in den Sedimenten von Seen, in denen die Ablagerung über lange Zeiträume hinweg vielfach ungestört verlaufen konnte. Über die Zeit bauten sich am Grund der Seen mächtige Sedimentpakete aus den Hinterlassenschaften der Seebewohner (etwa Fische, Amphibien und Algen, etc.) und den vom Ufer her eingetragenen Materialien (wie etwa Sand, Vulkanasche, etc.). Aufgrund der relativ kleinen Mengen des Eintrags bildeten – und bilden – sich Jahr für Jahr feine Lagen (vgl. Abb. 3.7 und 3.8), die Forschern als Warven bezeichnen, und mit denen sie jahresgenau in die Vergangenheit zurückgehen können. So verwundert es nicht, dass eines der Hauptarbeitsgebiete der Wissenschaftler des Geoforschungszentrums Potsdam (GFZ), die sich mit der Entschlüsselung der Klimainformationen aus Warven beschäftigen, in den Seen der Vulkaneifel, den Maaren, liegt (vgl. Abb. 3.6).

Die Potsdamer Forscher um Prof. Dr. Achim Brauer arbeiten an den feingeschichteten Sedimenten, den Warven, die sich in den ab- und zuflusslosen Gewässern bilden und können mit ihrer Hilfe jahrgenau in die Vergangenheit zurückgehen.

„Warventone sind rhythmische Ablagerungen in Seen und stehenden Gewässern, die einen saisonalen Aufbau zeigen", erläutert der Geologe Brauer vom GFZ. „So können Geologen und *Limnologen* jahresgenau in die Vergangenheit zurückgehen und auf das während der Ablagerung herrschende Klima schließen."

Abb. 3.6   Das Team Brauers bei Kernentnahme-Arbeiten auf dem Meerfelder Maar (Foto: A. Brauer, © GFZ)

Die Jahresschichtung in den Warven entsteht folgendermaßen: Schichten mit gröberen Sedimentpartikeln bilden sich, wenn die Fluten der alljährlichen Schneeschmelze die größeren Partikel in den See transportieren und eine Lage mit gröberen Partikeln bilden. Im Sommer, wenn das Transportmedium Wasser weniger wird – oder ganz ausbleibt – lagern sich nur die feinkörnigen Partikel (wie etwa Tonminerale) und Reste des in der Wassersäule lebenden Planktons, wie etwa den Kieselalgen (den Diatomeen) ab (vgl. Abb. 3.7). Ein typischer jahreszeitlicher Wechsel mit dessen Hilfe die Forscher durch Abzählen jahresgenau in die Vergangenheit zurückgehen können.

Auch hier sind es gerade die Algen, die den Klimaforschern wichtige Informationen liefern: „Sie blühen zu verschiedenen Zeiten im Jahr und erlauben zum Teil sogar eine jahreszeitliche Auflösung in den einzelnen Schichten", sagt Brauer.

Aber aus den Ablagerungen konnten die Wissenschaftlern noch mehr Informationen gewinnen: So lassen sich etwa aus der Mächtigkeit der Warven und deren Wiederholung Veränderungen des Klimas ablesen und aus der Menge und Mächtigkeit des in den Warven abgelagerten Sediments auf die Menge des ehemaligen Transportmediums – Schmelzwasser – oder auch über die Menge biogenen Materials auf die Bioproduktivität der Organismen im See.

Auch die Regelmäßigkeit der Warvenabfolge ist für die Forscher ein Indiz für Veränderungen der Umwelt. So stehen gleichmäßig ausgebildete Warven für einen mehrere Jahre andauernden, gleichmäßigen Zyklus der Jahreszeiten mit einem regelmäßigen Jahresgang der Sedimentation.

„Verändert sich die Mächtigkeit der Warven, so muss ein äußeres Ereignis der Auslöser gewesen sein", sagt Brauer. Nimmt etwa die Menge des biogenen Eintrags der Warven

Abb. 3.7 Diatomeenwarven mit einer Hochwasserlage aus dem Lago Grande di Monticchio aus der Endphase der letzten Warmzeit, ca. 115.000 Jahre alt (Foto: A. Brauer, © GFZ)

Abb. 3.8 Regelmäßige Kalzitwarven aus dem Lago Grande di Monticchio aus der Anfangsphase letzten Warmzeit, ca. 127.000 Jahre alt (Foto: A. Brauer, © GFZ)

über die Zeit zu, so lässt das auf eine sukzessive Verbesserung der Lebensumstände für das Plankton schließen, was auf eine Erwärmung des Klimas hindeutet. Nimmt dagegen die Menge des von Land eingetragenen (terrigenen) Materials zu, so ist das ein Hinweis auf stärkere Erosions- und Transportprozesse im Frühjahr, die auf Jahre mit einem höheren Niederschlag hindeuten. Bei ihren Untersuchungen nutzen die Forscher auch mikroskopische Methoden, um die so genannte Mikrofazies der Sedimente zu erforschen. Ein weiterer Schwerpunkt der Forschungen liegt in der Untersuchung der Sedimentpartikeln und Fossilien – wie Kieselalgen und Ostracoden.

Einen Spezialfall stellen Lagen aus vulkanischer Asche dar, die – wie in den Seen in der Eifel – einerseits im Sediment prominent sind und sich andererseits über große Gebiete hinweg verfolgen lassen.

„Aber aus Warven lassen sich noch mehr Informationen ziehen", sagt Brauer. So laufen am GFZ Untersuchungen an Warven-Zeitreihen mit dem Ziel Schwankungen im Erdklimasystem mit Perioden von Dekaden bis 10.000 Jahren wiederzufinden – darunter auch die Sonnenfleckenzyklen. „Dazu untersuchen wir Bohrkerne mit organischen Warven aus den Maaren der Eifel", erläutert Brauer. „Da diese Seen keine Zu- und Abflüsse haben, konnte hier die Sedimentation über die Jahrtausende ungestört ablaufen – ideale Bedingungen für Bildung ungestörter Warven, mit denen wir weit in die geologische Vergangenheit zurückkommen", so Brauer. „Der längste bisher bekannte Zeitraum, der von Warven abgedeckt ist, beträgt rund 100.000 Jahre." Der betreffende Sedimentkern (vgl. Abb. 3.8) wurde in Italien im See Lago Grande die Montichio gewonnen. „Die ältesten Warven aus Seen nördlich der Alpen stammen aus dem ‚Holzmaar' in der Eifel und seine Warven reichen bis in eine Zeit vor 23.000 Jahren vor heute zurück", erläutert Brauer.

Bei der Datierung der Ablagerungen nutzen die Forscher das Abzählen von Lagen und – gerade in der Eifel – das Auftreten von Lagen mit vulkanischem Material in den Sedimenten. „Gute Referenzpunkte für die zeitliche Einordnung der Sedimente sind die Spuren von zwei Vulkanausbrüchen in der Eifel", erklärt Brauer. „In unserem Gebiet sind dies sind die acht Zentimeter dicke Lage des Laacher See-Ausbruchs in der Osteifel vor 12.880 Jahren und die zwei Millimeter dünne Aschelage des jüngsten deutschen Vulkans, dem Ulmener Maar, das vor 11.000 Jahren entstand."

Auch die Versuche die lokalen Daten aus der Eifel in einen globalen Kontext zu stellen, waren erfolgreich. „So lassen sich etwa die Befunde aus den Maaren gut mit denen aus Ozeansedimenten korrelieren und auch die Vergleiche vulkanischer Aschen – etwa mit denen aus Eisbohrkernen – zeigen eine gute Übereinstimmung", sagt Brauer.

Zu welcher Detailgenauigkeit die Warven-Untersuchungen der Potsdamer Forscher führen, zeigen exemplarisch die Forschungsergebnisse aus der Epoche der *„Jüngeren Dryas"* – einer 1100 Jahre andauernden Periode mit einer stärkeren Abkühlung nach dem Ende der letzten Eiszeit (ca. 12.700 bis 11.600 Jahre vor heute). „Unsere Untersuchungen an den Sedimenten aus den Eifel-Maaren belegen für den Zeitraum der jüngeren Dyas, dass es damals in der Eifel durchschnittlich 4–5 °C kälter und wesentlich stürmischer war als heute", erläutert Brauer.

Warven
Anhand von Sedimentkernen aus Seen können Geologen und Limnologen jahrgenau in die Vergangenheit zurückgehen und über den Fossiliengehalt (Tiere und Pflanzen) das Klima eines jeden Jahres rekonstruieren.

Ihr schneller Zugang zu Informationen:

▶ Ein guter Überblick zur Maar-Entstehung und den Forschungen der Arbeitsgruppe Brauer in den Seen der Eifel findet sich auf den Internetseiten des Maarmuseums: http://www.maarmuseum.de

3.3 Dendrochronologie

Eine andere, klassische Methode der Rekonstruktion von Klimadaten aus der Vergangenheit ist die Untersuchung von Baumringen – die Dendrochronologie.

Jeder kennt sie, die unterschiedlich stark ausgeprägten Ringe, die sichtbar werden, wenn ein Baum gefällt oder ein Ast abgeschnitten wird – und jedem Schulkind ist bekannt, dass es sich um Wachstumsringe der Pflanze handelt.

„Jeder Ring entspricht einem Wachstumszyklus des Baumes", sagt Prof. Dr. Dieter Eckstein vom Von Thünen Institut für Forstgenetik (vTI) an der Universität Hamburg. „Jahresringe sind Hinweise auf die unterschiedlichen Wachstumsphasen eines Baumes und treten dann auf, wenn es mehrere Phasen mit unterschiedlichen Wachstumsbedingungen, wie etwa die Jahreszeiten in den gemäßigten Breiten, gibt." So steht ein dicker Ring für die Wachstumsphase, in der es gute Wachstumsbedingungen, wie Licht, Wärme und Feuchtigkeit gibt – also in der Regel den Sommer. Und ein dünner Ring steht für die Zeit, in der es weniger Licht, Wärme und für die Pflanze verfügbares Wasser gibt – die Ruhephase der Pflanze im Winter. „Die unterschiedliche Dicke der Wachstumsringe des Sommers, ist ein Indikator für das herrschende Klima"; sagt Eckstein. „Generalisierend kann man sagen, dass die Ringe umso dicker werden, je besser die Wachstumsbedingungen, also das Angebot an Licht, Wasser und Wärme waren. So können die Dendroökologen aus der Mächtigkeit der Jahresringe Rückschlüsse auf das Klima zu Lebzeiten des Baumes ziehen."

Doch Vorsicht: Diese charmante Methode der jahrgenauen Klimarekonstruktion hat auch ihre Tücken! „Sie funktioniert an Bäumen, die aus Gebieten außerhalb der Tropen stammen, denn im Gegensatz zu den Bäumen der gemäßigten, kalten und polaren Klimazone, bilden Bäume in den Tropen keine Jahresringe aus" führt Eckstein aus. „Die in den Tropen über das ganze Jahr hinweg gleichmäßig ausgeprägten Wachstumsbedingungen führen zu einem kontinuierlichen Wachstum und die Ruhepause der Pflanze, die in unseren Breiten im Winter liegt, entfällt."

Und was hat es mit den undeutlich ausgeprägten Ringstrukturen in Tropenhölzern auf sich, die bei genauerem Hinsehen auffallen? Also doch Jahresringe? „Nein, nein", schmunzelt Eckstein, „Die feinen Ringstrukturen von Tropenhölzern, sind keine Jahresringe, sondern gehen auf individuelle Wachstumsschübe und Ruhepausen zurück, die der Biorhythmus des einzelnen Baumes vorgibt. Für die klassischen dendrochronologischen Methoden sind Tropenhölzer damit ungeeignet."

Und wie lässt sich fossiles Holz datieren? „Da ist zunächst die etablierte ^{14}C-Methode, mit der man radiometrisch das absolute Alter biogenen Materials ermitteln kann", sagt Eck-

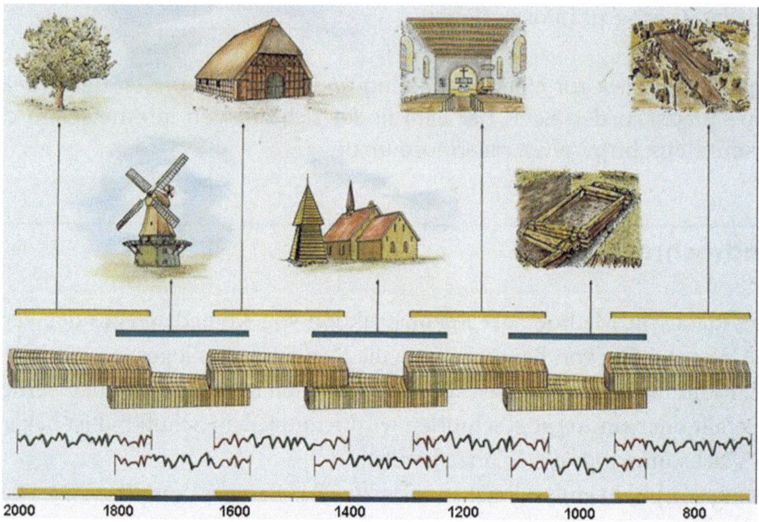

Abb. 3.9 Schematische Darstellung der Arbeitsweise der Überbrückung in der Dendrochronologie (Grafik: © Thünen Institut für Forstgenetik, Hamburg)

stein. „Hinzu kommt, dass man natürlich auch aus der Anzahl der Jahresringe das Alter eines Baumes bestimmen kann."

Die Kombination beider Methoden ermöglicht den Wissenschaftlern, lange dendrochronologische Zeitreihen zu erarbeiten, indem sie die Wachstumsringe unterschiedlich alter Bäume korrelieren (vgl. Abb. 3.9). So konnten die Forscher mit Baumringen den Zeitraum bis 10.000 Jahre vor heute – also dem Ende der Eiszeiten – abbilden.

Neueste Methoden der Dendrochronologie bei Tropenhölzern beziehen Isotopenuntersuchungen an den Hölzern ein und liefern erstaunliche Ergebnisse. So konnten im Oktober 2012 Wissenschaftlern des Geoforschungszentrums Potsdam (GFZ) mit Hilfe der Sauerstoffisotope die Niederschlagsdynamik im weltgrößten Flusssystem, dem Amazonas, für die jüngere Vergangenheit nachvollziehen.

„Sauerstoffisotope in Bäumen sind ein hervorragendes Archiv der Niederschlagsdynamik im Amazonasgebiet", heißt es in der Pressmitteilung des GFZ vom 2.10.2012. Da Tropenhölzer keine Jahresringe ausbilden, ist eine Rekonstruktionen der Klimaverhältnisse durch die Messung der Jahrringbreite oder Holzdichte nicht möglich. „Die Bestimmung der Verhältnisse der stabilen Sauerstoffisotope (δ^{18}O) erweist sich als neuer Parameter für die Erfassung der Dynamik des Wasserkreislaufs in tropischen Regenwaldgebieten und kann damit die in tropischen Gebieten die klassischen Methoden der Dendrochronologie ersetzen."

Bei der Sauerstoffisotopenmethode untersuchten die Forscher um Dr. Gerhard Helle vom GFZ, Bäume der „Spanischen Zeder" (*Cedrela odorata*) aus Bolivien und stellten fest, dass sie die Isotopenzusammensetzung des Regens im Amazonasgebiet konservieren.

Da die Isotopenverhältnisse wiederum von der Niederschlagsmenge über dem Amazonasbecken gesteuert werden, geben die Baumringe die Dynamik des Niederschlags der Vergangenheit mit bisher unerreichter Genauigkeit wieder.

So ließen sich mit den Untersuchungen an 150-jährigen Bäumen sogar bekannte Extremereignisse – wie etwa das vom Klimaphänomen El Niño im Jahr 1926 hervorgerufene Tiefst-Wasserstand des Amazonas – nachweisen. Und obwohl der aktuelle Datensatz noch relativ kurz ist, sehen die Potsdamer über das 20. Jahrhundert hinweg einen Anstieg der Sauerstoffisotopenwerte, der mit der Beobachtung eines leichten Anstiegs der Abflussraten des Amazonas korreliert werden kann. „Beides geht sehr wahrscheinlich auf eine Intensivierung des Wasserkreislaufs zurück", analysiert Helle und blickt in die Zukunft: „Um sicher zu gehen müssen wir allerdings weitere Untersuchungen an zusätzlichen Standorten im Amazonasbecken durchführen. Wir haben unsere jetzige Methode zu einem neuartigen Verfahren der kombinierten Isotopenanalyse von Sauerstoff und Kohlenstoff in Jahrringen weiterentwickelt, die sich mit ihrer hohen zeitlichen Auflösung gut dafür eignet."

Dendrochronologie
Mit Baumringen können Dendrochronologen jahresgenau in die Vergangenheit zurückgehen und über die Dicke der Ringe detaillierte Informationen zum Klima während der Wachstumszeit der Bäume gewinnen. Mit der Kombination klassischer dendrochronologischer Methoden und der Sauerstoffisotopen-Methode scheinen die Forscher einen neuen Weg gefunden zu haben auch Tropenhölzer für die Dendrochronologie nutzbar zu machen.

Ihr schneller Zugriff auf Informationen:

▸ Entstehung von Jahresringen

▶ Jahresringe und Tropenhölzer

▶ Originalartikel zur Sauerstoffisotopenmethode aus Südamerika

3.4 „Tropfsteine" – Speläotheme

Ähnlich wie Bäume weisen auch Stalagmiten und Stalaktiten in Tropfsteinhöhlen, die umgangssprachlich Tropfsteine – und fachlich korrekt Speläotheme – genannt werden, eine Schichtung auf, deren Dicke der Menge des eingetragenen Materials pro Zeiteinheit entspricht. Tropfsteine treten weltweit in den Höhlen in kalkhaltigem Gestein auf.

„Wir sehen Speläotheme als hochauflösende Zeitfenster des Quartärs, denen eine große Bedeutung bei der Erforschung der regionalen Paläoumwelt- und Klimabedingungen zukommt", führt der Leiter der Arbeitsgruppe für Quartärforschung der Universität Innsbruck, Prof. Christoph Spötl aus. „Speläotheme sind ideale Studienobjekte für Klimaforscher, weil sie in einem, über lange Zeiträume hinweg stabilen und vor Erosion und Verwitterung gut geschützten Bildungsmilieu entstanden sind – ein wesentlicher Vorteil gegenüber den sedimentären und biogenen Klimaarchiven an der Erdoberfläche. Sie sind gleichsam natürliche Klimastationen gut geschützt unter der Erde."

Um eine Idee zu bekommen, welche Informationen Forscher aus den Speläothemen für die Klimaentwicklung ziehen können, muss man sich klarmachen, wie Tropfsteine entstehen: Regenwasser nimmt an der Erdoberfläche und insbesondere im Erdreich CO_2 auf und bildet Kohlensäure. Während des Versickerns löst das saure Wasser das umgebende Kalkgestein an und nimmt die gelösten Bestandteile entlang von Klüften und Rissen mit in die Tiefe, in der sich in Karstregionen häufig Hohlräume finden – die *Karsthöhlen* (vgl. Abb. 3.10).

Abb. 3.10 Ein Blick in eine Karsthöhle mit den typischen Stalagtiten an der Höhlendecke (Foto: R. Schacht)

Beim Übertritt der Lösung in die Höhle entgast das CO_2, die Lösung wird übersättigt und die gelösten Stoffe fallen als Mineral (Kalzit ($CaCO_3$)) aus. Tropfen für Tropfen und Schicht für Schicht wachsen so über Jahrtausende die typischen Sinterformationen, die man in den Tropfsteinhöhlen bewundern kann: Stalagmiten vom Höhlenboden nach oben und Stalaktiten vom Höhlendach nach unten.

Sägt man die – teils äußerst bizarren – Gebilde senkrecht zu ihrer Längsachse durch, so offenbart sich ihr geschichteter Aufbau (vgl. Abb. 3.12), der dem eines Baumstammes ähnelt: Dicke und dünne Lagen aus mal gleichmäßig, mal ungleichmäßig farbigen Schichten, wechseln miteinander ab. Wie bei Bäumen lässt sich auch bei vielen Tropfsteinen eine Jahresschichtung ableiten.

Für die Klimaforschung relevante Erkenntnisse ergeben sich aus der Dicke der einzelnen Schichten, den Verhältnissen der Sauerstoff- und Kohlenstoffisotope zueinander, dem

Abb. 3.11 Forschungs- und Probennahmearbeiten in der „Märchenhöhle" bei Innsbruck (Foto: C. Spötl, © Uni Innsbruck)

Auftreten von Edelgasen und Einschlüssen, wie etwa Blütenpollen. Abbildung 3.11 zeigt Probennahmenarbeiten in einer Höhle.

Aber der Reihe nach:

Die Mächtigkeit einer Tropfsteinschicht ist mit der Menge an Wasser, das den Kalk in die Höhle transportierte, korreliert. Dass diese Menge von den meteorologischen Parametern des Gebietes, wie etwa Niederschlag, und damit vom jeweils herrschenden Klima der Region abhängt, liegt auf der Hand. So bringen etwa im Mittelmeerraum die Regenfälle des Frühjahrs größere Mengen Niederschlag als der trockenere Sommer. In unseren Breiten fällt der meiste Niederschlag im Sommerhalbjahr, wobei die Sommertemperaturen ihn größtenteils verdunsten lassen, bevor er versickert. Entsprechend dieser Verteilung geben die Schichten mancher Tropfsteine den Wechsel der Jahreszeiten wieder und zeigen auch die Unterschiede zwischen feuchten und trockenen Jahren. „Da die unterirdische Reise des Niederschlagwassers je nach Tiefe der Höhle oft eine lange Zeit beansprucht, lässt sich in vielen Tropfsteinen kein saisonales Signal mehr erkennen", schränkt Spötl ein. Eine Differenzierung der Jahreszeiten ist also nur in Höhlen möglich, die maximal wenige Meter unter der Erdoberfläche liegen. „Umgekehrt hat diese oft lange Reise des Regenwassers durch das Gestein auch seine Vorteile", erläutert Spötl. „So werden die hochfrequenten Signale herausgefiltert und Tropfsteine zeigen den Verlauf des Klimas in geglätteter Form über viele Jahrtausende".

Neben der Mächtigkeit einzelner Schichten nutzen die Wissenschaftler bei ihren Forschungen an Speläothemen vor allem die stabilen Isotope des Sauerstoffs (vgl. Abschn. 2.3) und des Kohlenstoffs (^{12}C und ^{13}C). Es sind die Fraktionierungsprozesse in den isotopisch leichten und schweren Variationen des Kohlenstoffs, die bei den Lösungs- und im Fällungsprozessen von Kalzit an den Tropfsteinen stattfinden, die Rückschlüsse auf die klimatischen Bedingungen in der Vergangenheit zulassen.

So erforschte der Umweltphysiker Ulrich Neff (2001) an der Ruprecht-Karls-Universität Heidelberg in seiner Dissertation unter anderem die Fraktionierungsprozesse, die bei der

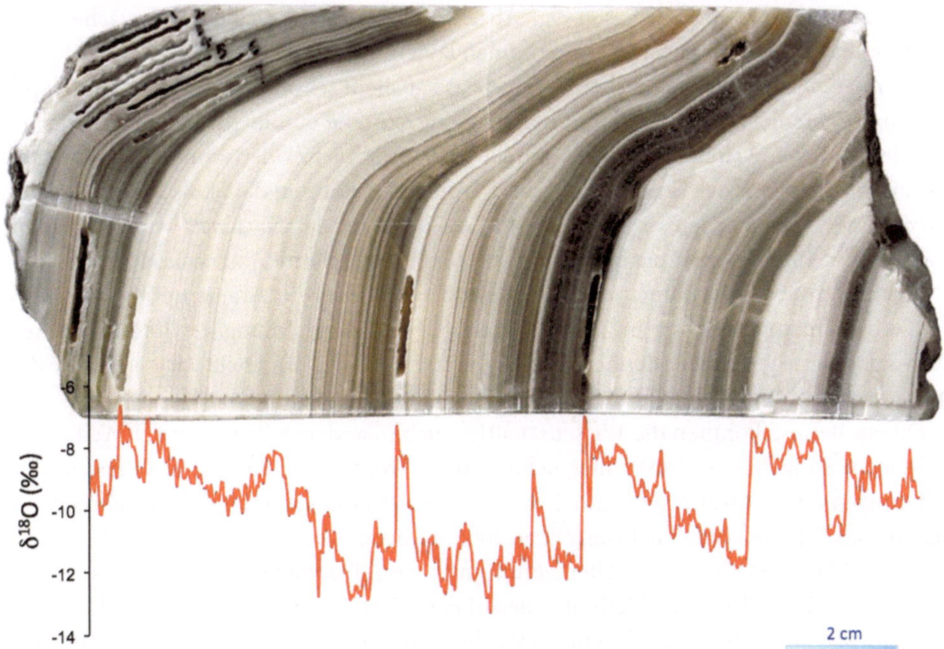

Abb. 3.12 Längsschnitt durch einen Stalagtiten mit zugehöriger δ^{18}O-Kurve (Foto: C. Spötl, © Uni Innsbruck)

Bildung von Speläothemen eine Rolle spielen. Er beobachtete, dass die schwereren Isotope allgemein eine niedrigere Mobilität haben als leichtere. Und das hat unmittelbare Folgen für den Ablauf chemischer Reaktionen, für die die Mobilität der beteiligten Isotope eine entscheidende Größe ist – schwere Isotope kollidieren weniger oft mit potentiellen Bindungspartnern als leichtere. Sein Fazit ist, dass leichtes ^{12}C schneller in Lösung geht als das schwerere ^{13}C. Im Umkehrschluss gilt, dass das schwerere ^{13}C auch als erstes eine Verbindung mit Kalzium (Ca) eingeht und als Kalziumkarbonat (Kalzit $CaCO_3$) wieder aus der Lösung ausfällt. Bei seinen Untersuchungen von Speläothemen im Oman konnte der Heidelberger zeigen, dass der Monsun von der Sonnenaktivität gesteuert ist.

Andere Aspekte, die die Fraktionierungsprozesse der Isotope bestimmen, liegen in der Höhle selbst. So beeinflusst die Temperatur in der Höhle das Isotopenverhältnis ebenso wie die Menge des in die Höhle tropfenden Wassers. Hinzu kommt der Einfluss der Vegetation in der Höhle und die CO_2-Konzentration in der Höhlenluft. Als Konsequenz dieser Vielzahl höhleninterner Parameter geht jeder Bestimmung klimarelevanter Parameter in Tropfsteinhöhlen stets eine aufwendige Erforschung der Höhle selbst voraus (Höhlenmonitoring).

Weitere wichtige Parameter der Speläothemforschung sind der Gehalt an Spurenelementen (Mg, Sr, U), sowie die Isotopenzusammensetzung von Mikromengen an ehemaligem Tropfwasser, das in die Calcitkristalle eingeschlossen ist. Hinzu kommen Messungen der Konzentrationen von Edelgasen (vgl. Abschn. 2.4.2), aus der sich die Oberflächentemperaturen des Niederschlagswasser bestimmen lassen.

Aber neben allen geochemischen Parametern hat allein schon das Auftreten von Tropfsteinen in einem Gebiet für die Klimaforschung entscheidende Konsequenzen, denn: „Höhlen sind keine isolierte Gebilde, sondern stehen in mehr oder weniger ausgeprägter Kommunikation mit der Erdoberfläche und Tropfsteine können daher als Zeitzeugen der Vorzeit angesehen werden", erläutert Spötl. „Allein schon der Nachweis von Tropfsteinwachstum in einem Gebiet hat bereits eine paläoklimatologische Aussagekraft."

So ergaben etwa Detailuntersuchung in Tropfsteinhöhlen in Arabien und Israel, dass sich zu regelmäßigen Zeiten im Quartär die Lage und Ausdehnung der Intertropischen Konvergenzzone gegenüber der heutigen Lage verschoben hat und heute aride Gebiete damals mit mehr Niederschlag bedacht wurden.

Diesen Befund konnten die Wissenschaftler auch in anderen Regionen der Welt nachvollziehen: So ließen sich aus Untersuchungen an Tropfsteinbildungen in Ostasien Veränderungen des Monsunregens und des Einflusses der Sonne auf das Klima während der letzten 10.000 Jahre vor heute (Wang et al. 2005) belegen.

Die etablierte Methode der Altersbestimmung von Tropfsteinen ist die massenspektrometrische Uran-Thorium-Methode, die auf dem Zerfall radioaktiven Urans (U^{234} und U^{238}) zu Thorium (Th^{230}) und seinen anschließenden weiteren Zerfall basiert. Aus dem Verhältnis von Uran zu seinem Zerfallsprodukt Thorium, lassen sich Speläotheme bis etwa 600.000 Jahre vor heute datieren, das ist gut das Zehnfache der bekannten Radiokarbon-Methode (welche für die Tropfstein-Datierung aus methodischen Gründen nicht verwendet wird).

> **Tropfsteine**
> In Tropfsteinen finden sich weitgehend ungestörte Hinweise auf das Klima der Vergangenheit. Über die Untersuchung ihres geschichteten Aufbaus lassen sich detaillierte Aussagen über die Lage und die etwaige Schwankungen von Klimazonen treffen.

Ihr schneller Zugang zu weiteren Informationen:

▶   Überblick über die Uran-Thorium-Methode

3.5 Eisbohrkerne

Neben den Sedimentkernen aus dem Ozean und aus Seen sind Eisbohrkerne aus den Gletschern und Eisschilden der Welt eine einzigartige Fundgrube für Klimaforscher, weil in den Luftblasen des Eises kleine Mengen der Atmosphäre längst vergangener Zeiten konserviert sind. Schaut man sich einen Eisbohrkern einmal genauer an, so fallen dem Betrachter neben den kleinen Blasen auch eine interne Schichtung des Kerns auf, die an Sedimentkerne aus der Tiefsee erinnert. Jede dieser Schichten entspricht den Ablagerungen einer Saison – und auch hier gilt: Je tiefer eine Jahresschicht im Eis liegt, desto älter ist sie.

Auch bei Eiskernen ist die Dicke der Jahresschichten generell ein direktes Maß für die Menge des Niederschlages – so sind sie umso dicker, je mehr Niederschlag als Schnee gefallen ist.

Doch ist auch bei der Interpretation der Daten aus dem Eis Vorsicht geboten: Älteres Eis wird durch das überliegende immer weiter zusammen- und zur Seite gedrückt und die unteren Schichten werden immer dünner. Um Rückschlüsse aus der Dicke der Schichten auf die Niederschlagsmenge zu ziehen, müssen die Forscher entsprechende Korrekturen anbringen, um auf die ursprüngliche Dicke der Schicht zurückzuschließen. Lässt sich in den oberen, noch weitgehend undeformierten Eisschichten noch eine zeitliche Auflösung von Monaten erzielen, so nimmt die Auflösung der Eiskernarchive nach unten hin ab und die zeitliche Auflösung beträgt nur noch Jahre bis Jahrzehnte. „Aus der Schichtsdicke und Dichte berechnen wir den so genannten Wasserwert einer Schicht" erläutert Oerter. „Erst in tieferen Schichten muss dann auch noch die Ausdünnung durch horizontale Verformung berücksichtigt werden."

Die wichtigsten Informationsquellen für Klimaforscher sind aber ohne Zweifel die Luftblasen im Eis. In ihnen stecken winzige Mengen der Luft, die beim Fallen des Schnees die Erde umgab. Doch auch hier müssen die Forscher vorsichtig sein, denn bei den Umformungsprozessen des Schnees zu Gletschereis werden die Luftblasen von Eis umgeben, das älter ist als die eingeschlossene Luft.

Anhand der Luftblasen können die Forscher zum Beispiel direkt die Zusammensetzung der Atmosphäre zu Christi Geburt analysieren und die Mengen an Treibhausgasen, Aerosolen und Rußpartikeln von vor 2000 Jahren mit den heutigen vergleichen. Dank neuester Laboranalytik lässt sich mit Hilfe der Luftbläschen aus dem Eis die Zusammensetzung der Atmosphäre fast eine Million Jahre zurück verfolgen.

Bei den neuesten Untersuchungen aus dem Inlandeis der Antarktis konnten die Forscher die Zusammensetzung der in den Luftbläschen gespeicherten Atmosphäre bis 800.000 Jahre zurück bestimmen (EPICA-Projekt (European Project for Ice Coring in Antarctica)) (vgl. Abb. 3.13)! Zum Vergleich: Im Gegensatz zu dem fast eine Million Jahre alten Eis der Antarktis konnte auf Grönland bisher Eis mit einem maximalen Alter von „nur" rund 123.000 Jahren erbohrt und klimatisch interpretiert werden. „Wobei die tiefsten Schichten des Eises auf Grönland verfaltet sind und es darunter auch noch älteres Eis geben könnte", sagt Oerter.

Abb. 3.13 EPICA-Eisbohrkern aus einer Tiefe von ca. 2650 m, ca. 100 m über dem Felsuntergrund. Der Eisbohrkern wird in Ein-Meter-Stücke zersägt. In dieser großen Tiefe ist das Eis kristallklar, wie aus dem durchscheinenden Sägeblatt zu erkennen ist. Die Größe der Eiskristalle erreicht fast den Durchmesser des Eiskerns von 10 cm. (Foto: Oerter, © AWI)

3.5.1   Luftbläschen als Klimaarchive

Um zu verstehen, wie die Luftblasen (vgl. Abb. 3.14) und die Schichtung in das Eis kommen, muss man sich vergegenwärtigen, wie Gletschereis überhaupt entsteht. Ein Gletscher entsteht überall dort, wo über einen langen Zeitraum hinweg mehr Schnee fällt, als abtaut und sich so mehrere Meter dicke Pakete aus Schnee aufbauen können. Eine Schicht aus frisch gefallenem Neuschnee hat einen Luftanteil von über 90 %. Mit jeder neuen Schneeflocke, die auf die erste Neuschneeschicht fällt, erhöht sich der Druck auf den unten liegenden Schnee, und der ehemals lockere Schnee wird zusammengepresst. Mit dem steigenden Druck „setzt" sich der Schnee und beginnt sich langsam zu Firnschnee umzuformen. Dabei verliert er einerseits Luft (Firnschnee hat nur noch einen Luftanteil von rund 50 %), und die Schneekristalle formen sich zu körnigem Eis um. Neu fallender Schnee erhöht den Druck auf die darunterliegenden Schnee- und Firnschneebereiche und presst sie immer weiter zusammen. Dabei sinkt der Luftanteil auf unter 20 %.

So entsteht sukzessive ein luftundurchlässiges Gletschereis, dessen Luft sich zwischen den Eiskristallen in kleinen Bläschen sammelt und komprimiert wird. Komplett von der Außenwelt abgeschirmt, kann es dort die Jahrtausende weitgehend unverändert überdauern. „So kommt es, dass das Eis neben einer Luftblase ist stets älter ist als die Luft in der Blase", erklärt der Glaziologe Dr. Hans Oerter vom Alfred-Wegener-Institut für Polar- und Meeresforschung (AWI) in Bremerhaven.

Winzige Fragmente der Atmosphäre der Urzeit

„Eiskerne sind ein phantastisches Klimaarchiv", erläutert Oerter. Die Sauerstoff- und Wasserstoff-Isotopenverhältnisse im Eis geben den Forschern Informationen über die Temperatur bei der Niederschlagsbildung, und die eingeschlossenen Aerosole (vgl. Abb. 3.14) weisen auf Staubstürme und Vulkanausbrüche hin. „Auf diese Weise können

Abb. 3.14 Das Eis wird mit zunehmender Bohr-Tiefe immer transparenter. Bis in 1000 m Tiefe erscheint das Eis als Folge der Luftblasen, die man hier gut erkennen kann, milchig grau. Unterhalb von 1200 bis 1300 m Tiefe ist das Eis transparent wie Plexiglas (Foto: Kipfstuhl, © AWI)

wir etwa die Menge von Treibhausgasen und auch die Sauerstoffkonzentration der uralten Atmosphäre direkt aus den Lufteinschlüssen im Eis messen", erläutert Oerter. „Und die Luft aus dem Eis ist wie eine natürliche Zeitmaschine, die uns direkt in die Atmosphärenchemie der Vergangenheit blicken lässt."

So weit, so gut, möchte man sagen, aber wie kann man Eis datieren? Da wäre zunächst einmal die Zählung der Jahresschichten in den Eisbohrkernen, die die Forscher jahresgenau in die Vergangenheit zurückbringt. In Grönland konnten die Glaziologen bisher einzelne Eisschichten bis etwa 24.000 Jahre zurückzählen und auswerten. Auch in der Antarktis laufen derartige Untersuchungen, wobei die niedrige Akkumulationsrate des Schnees die Arbeiten dort ungleich schwieriger macht als in Grönland.

Um nun zuverlässig und einigermaßen schnell eine Datierung der Eiskerne zu ermöglichen, greifen die Glaziologen auf die Zusammensetzung der Luft zurück. „Bei der Messung der Klimagase aus den Luftbläschen fiel auf, dass es zu bestimmten Zeiten charakteristische Schwankungen der Konzentration des Klimagases Methan in der Atmosphäre gab, die global gleichzeitig auftraten", erklärt Oerter. Kombiniert man nun die Konzentrationsschwankungen des Methans mit anderen Methoden, wie etwa der Sauerstoffisotopen-Methode, können die Forscher die Konzentrationsschwankungen auch zeitlich einordnen.

„Doch auch hier ist Vorsicht geboten", sagt Oerter. „Aufgrund der Fraktionierung bei der Verdunstung und der Anreicherung des „leichten" ^{16}O im Eis zeigen die Sauerstoffisotopenkurven aus dem Eis einen entgegengesetzten Verlauf zu denen aus den Sedimentkernen. Außerdem kommt gerade bei großen Gletschern, etwa in Grönland und der Antarktis, auch noch der Effekt der Temperaturfraktionierung bei der Schneebildung hinzu, den wir bei unseren Ergebnissen auch berücksichtigen müssen."

Die Pressemitteilung des AWI vom 1. März 2013 beschäftigt sich mit der Analyse der im Eis eingeschlossenen Luft und den Paläotemperaturen: „Eiskerne belegen gleichzeitigen Anstieg von Kohlendioxid und antarktischer Temperatur am Ende der letzten Eiszeit":

(…) Beim Übergang von der letzten Kalt- zur jetzigen Warmzeit vor 20.000 bis 10.000 Jahren ist der Kohlendioxidgehalt in der Atmosphäre zeitgleich mit der antarktischen Temperatur angestiegen. Zu diesem Schluss kommt ein europäisches Forscherteam, das das Alter der eingeschlossenen Luftblasen im antarktischen Eisbohrkern EPICA Dome C neu bestimmt hat. (…)

Aus bisher gewonnenen Eisbohrkernen konnte so die natürliche Variabilität des Treibhausgases Kohlendioxid und der antarktischen Temperatur während der vergangenen 800.000 Jahre bestimmt werden. (…)

Bei ihren Untersuchungen stellten die Forscher fest, dass nach dem aktuellen Stand des Wissens ältere Altersberechnungen der eingeschlossenen Luft in Eiskernen zu ungenau sind. Mit Hilfe von Isotopenmessungen starteten die Forscher Reanalysen an „alten" Eiskernen und fanden heraus, das der Kohlendioxidgehalt der Atmosphäre während des Übergangs von der letzten Kalt- zur Warmzeit vor 20.000 bis 10.000 Jahren „gleichzeitig" mit der antarktischen Temperatur angestiegen ist.

„Wir beschreiben den zeitgleichen Anstieg der antarktischen Temperatur und des globalen atmosphärischen Kohlendioxidgehalt während des letzten Übergangs von Kalt- zu Warmzeit. Diese Gleichzeitigkeit legt nahe, dass es starke Rückkopplungsmechanismen gibt, die beide Klimavariablen miteinander verbinden. Wichtig ist hierbei, dass unsere Studie nur Details über die Gleichzeitigkeit dieser beider Variablen zeigt. Wenn wir vollständig verstehen wollen, wie das Ende der letzten Eiszeit stattgefunden hat, benötigen wir darüber hinaus Daten über Temperaturänderungen in anderen Teilen der Erde und müssen sie unseren Ergebnissen zeitlich zuordnen. Für diese letztendliche Interpretation sind nicht nur andere Klimazeitreihen, sondern auch Klimamodelle notwendig", so AWI-Physiker Köhler.

Eisbohrkerne

Eisbohrkerne sind ideale Klimaarchive. Sie speichern nicht nur Teile der Uratmosphäre als kleine Gasbläschen und Aschenlagen längst vergangener Vulkanausbrüche, sondern geben über ihre Isotopenzusammensetzung auch Informationen über Paläotemperaturen. Über das Abzählen der Jahreslagen des Eises gelangen die Forscher jahrgenau bis zu einem Alter von rund 800.000 Jahren in die Vergangenheit zurück.

Ihr schneller Zugang zu weiteren Informationen:

▶   Glaziologie für Anfänger

▸ Zum EPICA-Projekt

3.6 Vulkane und Meteoriteneinschläge

Bei einem Buch über das Klima und klimarelevante Prozesse darf natürlich auch ein Abschnitt über Vulkane und Meteoriteneinschläge nicht fehlen, schließlich haben beide Naturphänomene deutliche Spuren im Klima der Erdgeschichte hinterlassen.

Es sind sicherlich einige der spektakulärsten klimarelevanten Ereignisse auf unserem Planeten – und das gleich aus mehreren Gründen:

Einmal werden bei beiden Ereignissen durch die plötzlich frei werdende Energie große Mengen an Auswurfmaterial in die Atmosphäre befördert, die dann – je nach Beschaffenheit – in die unterschiedlichen Stockwerke der Atmosphäre gelangen und dort die Menge der eingestrahlten Sonnenenergie verringern. Von besonderer Wichtigkeit und Klimawirksamkeit sind Schwefelsulfate, die – wie Aschepartikel – einmal die Atmosphäre „dimmen" und andererseits einfallendes Sonnenlicht wieder in den Weltraum reflektieren. Aber auch der immense Ausstoß von CO_2 und anderer vulkanischer Gase hatte in der Erdgeschichte einen kurzzeitigen, aber zum Teil erheblichen Einfluss auf das regionale und manchmal auch das globale Klima unseres Planeten.

Zusätzlich zu dem ausgeworfenen Material kommt die Menge der frei werdenden Energie, die – einer Bombenexplosion gleich – im Falle eines Vulkanausbruchs leicht eine ganze Region und im Falle eines großen Meteoriteneinschlags sogar den ganzen Planeten verwüsten kann.

Bezogen auf die Erdgeschichte sind beide Phänomene aber nur kurzzeitige Ereignisse, die jedoch – wie etwa im Fall großräumiger plattentektonischer Ereignisse und des Einschlags großer Himmelskörper – großen Einfluss auf die Gestalt der Erde und den Verlauf der Evolution nehmen können bzw. bereits genommen haben. Doch nicht jeder Vulkanausbruch hat Auswirkungen auf das globale Klima!

3.6.1 Vulkanismus

Jeder kennt sie, die feuerspeienden Berge mit ihren typischen Formen (vgl. Abb. 3.15 und 3.16) und oft einem Krater anstelle einer Kuppe. Immer wieder liest man von drama-

Abb. 3.15 Vulkanlandschaft auf Lanzarote (Foto: R. Schacht)

Abb. 3.16 Vulkan Teide zwischen den Wolken beim Anflug auf Teneriffa (Foto: R. Schacht)

tischen Abkühlungen des Klimas, einem Jahr ohne Sommer, Wolken aus Vulkanasche, die rund um den Globus ziehen. Von einem ganz besonderen Reiz sind auch die fantastischen Bilder, die Forscher, Fotographen und TV-Teams von Ausbrüchen mit nach Hause bringen. Man muss also neidlos anerkennen: Vulkane haben ihren ganz eigenen – manchmal auch durchaus morbiden – Reiz.

Was die Entstehung der verschiedenen Vulkantypen und deren Einordnung in das Konzept der Plattentektonik angeht, möchte ich an dieser Stelle nicht all das wiederholen, was andere Autoren bereits geschrieben haben, sondern auf die einschlägige Literatur zum Vulkanismus verweisen. Ein umfangreiches, schon fast enzyklopädisches Werk, ist der Band „Vulkanismus", des bekannten Kieler Vulkanologen Prof. Dr. Hans Ulrich Schmincke, das 2000 in der Wissenschaftliche Buchgesellschaft Darmstadt erschienen ist. Hier findet sich eine umfassende Zusammenfassung zum Stand der Forschung.

Bei meinem Betrachtungen zum Vulkanismus möchte ich mich auf die Auswirkung von Vulkanausbrüchen auf das Klima beschränken und an einigen Beispielen zeigen, wie und warum Vulkanausbrüche das Klima lokal und zum Teil auch global beeinflussen können.

Also: Wie und wodurch beeinflussen Vulkanausbrüche das Klima?

Wie in den einleitenden Bemerkungen bereits dargestellt, werden bei Vulkanausbrüchen unterschiedlich große Mengen festen und gasförmigen Materials ausgeworfen, die zum Teil bis in die hohen „Atmosphärenstockwerke" (die Stratosphäre) gelangen können. Je nach den physikalischen und chemischen Eigenschaften des Auswurfmaterials verbleibt es dort und im unteren Stockwerk der Atmosphäre (der Troposphäre) über einen unterschiedlich langen Zeitraum.

Fallen Aschen und kleinere Gesteinspartikel in der Regel schnell wieder auf den Erdboden, können gerade die vulkanischen Schwefel-Aersole deutlich länger in der Stratosphäre verbleiben. Was den Klimaeffekt von Vulkanen angeht, schreibt die Physikerin Dr. Claudia Timmreck, die sich am MPI-M mit der Klimawirksamkeit von Vulkanen befasst, im Jahresbericht der Max-Planck-Gesellschaft 2011:

> Der Klimaeffekt von Vulkanen resultiert vor allem aus den Emissionen von schwefelhaltigen Gasen, aus denen sich Aerosolpartikel bilden, deren Konzentration das stratosphärische Hintergrundaerosol um mehrere Größenordnungen übertreffen kann.

Aha, es sind also insbesondere die schwefelhaltigen Gase, die Einfluss auf das Klima haben. Doch dazu später mehr. Demnach sind aber auch nicht alle Vulkanausbrüche klimarelevant. Was passiert also bei einem Vulkanausbruch und was sind die klimarelevanten Parameter eines Ausbruchs?

Fangen wir auch bei der Beantwortung dieser Frage ganz von vorne an:

Bei einem Vulkanausbruch gelangt geschmolzenes Gestein (Magma) an oder in die Nähe der Erdoberfläche. Die jeweiligen Vulkantypen variieren je nachdem, ob das Magma die Erdoberfläche durchstößt oder im Untergrund steckenbleibt („platznimmt") oder auch mit Grundwasser in Berührung kommt.

Geologen und Vulkanologen können aus den Gesteinen ablesen, ob das Magma in der Erde stecken blieb (dort „platznahm") oder an der Erdoberfläche ausfloss.

Typische Gesteine, die an der Erdoberfläche bei einem Vulkanausbruch austreten sind die so genannten Vulkanite – wie etwa Basalte, die beispielsweise von Hawaii oder aus Italien (z. B. Vesuv) bekannt sind. Je nach Chemismus fließen sie bei einem Ausbruch mehr oder minder dünnflüssig (vgl. Abb. 3.17) den Hang des Vulkans herab und bilden dabei

Abb. 3.17 Dünnflüssiges Lava auf Lanzarote (Foto: R. Schacht)

häufig typische Fließstrukturen aus. Enthält das Magma beim Durchbruch zur Erdoberfläche viele Gase, ist die Eruption des Vulkans in der Regel explosiver als bei dünnflüssigen Magmen, wie etwa auf Hawaii. Typische Hinterlassenschaften gashaltiger Magmen (oder auch Magmen, die unter Wasser ausgeflossen sind) sind beispielsweise die porösen Bimssteine, die auf dem Meerwasser schwimmen und die Felder von kleinen Bimssteinbomben (Lapilli), die etwa auf den Kanarischen Inseln zu bewundern sind.

Doch längst nicht alle Magmen erreichen die Erdoberfläche. Magma, dass in der Erdkruste steckengeblieben ist und dort erstarrte – also keinen klassisch geformten Vulkan bildete – sind die Plutone, die aus typischen Gesteinen (den Plutoniten), wie etwa Graniten bestehen.

Ein klassisches Beispiel für einen großen Pluton – also einen großräumigen Gesteinskörper, der aus Plutoniten besteht – aus dem Norddeutschen Raum ist der Brockengranit des Harzes.

Eine Besonderheit stellen die vulkanischen Bildungen in der deutschen Vulkan-Eifel, die Maare, dar. Sie bildeten sich, als aufsteigendes Magma mit Grundwasser in Berührung kam, das dann plötzlich verdampfte und zu einem hochenergetischen Ausbruch führte. Im Gegensatz zu „klassischen" Vulkanen, die mehr oder minder geschmolzenes vulkanisches Gestein fördern, traten bei den Maaren lokal große Mengen Wasserdampf und vulkanischer Tuffe aus, die sich in der Regel nahe des Durchbruchs des Wasserdampfs durch die Erdoberfläche ansammelten und einen Ringwall bildeten. Typische Erscheinungsformen dieser Art von Vulkanismus sind etwa die 75 nachgewiesenen Maare der Eifel, die einen Durchmesser zwischen 50 und 2000 m aufweisen.

„Mit Ausnahme des Laacher-See-Vulkans hatte aber keiner der insgesamt rund 500 Eruptionsstätten in der Eifel eine Klimarelevanz", sagt der Geograph Dr. Andreas Schüller vom Natur- und Geopark Vulkaneifel GmbH. „Förderten die Maar-Ausbrüche zwar auch lokal bedeutende Mengen Tephra (vulkanische Aschen und Bomben variabler Größe) und Gas, so war ihr Einfluss auf das Klima nur regional begrenzt. Zu gering ist die Energie der Maar-Ausbrüche, als dass sie Auswurfsmaterial bis in die hohe Atmosphäre schleudern könnten, und dort den Strahlungshaushalt der Erde verändern."

Der Kieler Vulkanologe Prof. Dr. Hans-Ulrich Schmincke untersuchte den Vulkanismus in der Eifel intensiv und konnte folgende Ausbruchsgeschichte rekonstruieren (vgl. Schmincke 2012) : Er beschreibt, dass sich vor rund 13.000 Jahren in rund drei Kilometern Tiefe Magma angesammelt hatte, in das immer mehr Gase eindrangen – was dazu führte, dass sich die Dichte des Magmas verringerte. Als das Magma beim weiteren Aufstieg dann mit Grundwasser in Berührung kam, vollzog sich ein mächtiger Ausbruch, dessen Eruptionssäule Auswurfmaterial und Aerosole in die Stratosphäre schleuderte und weiten Teilen Europas einen Ascheregen bescherte.

Besonders augenfällig wird der Unterschied zwischen dem Laacher-See-Vulkan und den anderen vulkanischen Eruptionsstätten in der Eifel, wenn man sich die Abschätzung der Menge des Auswurfmaterials anschaut: Wurden bei allen Eruptionen in der Eifel rund 2,5–3 km^3 Material ausgeworfen, so waren es allein beim Laacher-See etwa 6,5 km^3.

Einen Überblick über die Entstehung der Vulkanlandschaft in der Eifel und der Entstehungsprozesse der einzelnen Maare finden Sie auf den Internetseiten des Natur- und Geoparks Vulkaneifel sowie im Buch „Vulkane der Eifel" von Hans-Ulrich Schmincke (Schmincke 2012), das bei SPRINGER-SPEKTRUM erschienen ist.

Klimaeffekte/-relevanz von Vulkanausbrüchen

Was den Klimaeffekt von Vulkanausbrüchen angeht, schreibt die Physikerin Dr. Claudia Timmreck vom MPI-M im Jahresbericht der Max-Planck-Gesellschaft:

> Der Klimaeffekt von Vulkanen resultiert vor allem aus den Emissionen von schwefelhaltigen Gasen, aus denen sich Aerosolpartikel bilden, deren Konzentration das stratosphärische Hintergrundaerosol um mehrere Größenordnungen übertreffen kann. Stratosphärische Aerosole beeinflussen das globale Klimasystem auf vielfältige Weise. Sie haben einen direkten Strahlungseinfluss, indem sie die einfallende solare Strahlung streuen und die Wärmestrahlung der Erde absorbieren. Als Folge davon kommt es zu einer Erwärmung der aerosolenthaltenden Schichten in der Stratosphäre und einer Abkühlung der bodennahen Luftschichten und des Ozeans. An den Oberflächen der vulkanischen Aerosolteilchen finden außerdem heterogene chemische Reaktionen statt, die zu einer Chloraktivierung und damit zu einem Abbau der Ozonschicht führen.

Aha, einen nennenswerten Einfluss auf das globale Klimasystem haben also nur hochexplosive Vulkanausbrüche, bei denen Aschen und Sulfat-Aerosole bis in die oberen Stockwerke der Atmosphäre gelangen. Einmal hier angelangt beeinflussen sie im Falle einer großflächigen Verteilung sogar das globale Klima, indem die feinen Partikel und Sulfat-

Aerosole die Sonneneinstrahlung vermindern und Teile der einfallenden Sonneneinstrahlung zurück ins All zurück reflektieren.

In Folge explosiver Vulkanausbrüche, die Sulfat-Aerosole bis in die Stratosphäre transportieren, sanken zum Teil auch global die Temperaturen und in den Jahren nach einem großen Ausbruch konnten deutlich kühlere Sommer beobachtet werden. Ein prominentes Beispiel ist das so genannte „Jahr ohne Sommer", des Jahres 1816. Schuld daran war der Ausbruch des indonesischen Vulkans Tambora, ein Jahr zuvor, dessen Explosion so heftig war, dass von dem ehemals knapp 4000 m hohen Vulkan bei der Explosion die oberen 1000 m weggesprengt wurden. Abschätzungen des Ausbruchsgeschehen gehen von rund 150 km^3 Magma, Asche, Gesteinstrümmer und Gase aus, die große Teile Sumatras unter einer 1,5 m mächtigen Ascheschicht versinken ließ. Rund 10.000 Menschen verloren bei der Explosion ihr Leben.

Eine gelungene Zusammenfassung zum Tambora, dem Ausbruchsgeschehen und dessen Folgen (u. a. für die damaligen Menschen vor Ort) findet sich beispielsweise auf der Internetseite vulkane.net und auf Wikipedia http://de.wikipedia.org/wiki/Tambora.

Von besonderer Relevanz für den Einfluss des Ausbruches des Tambora auf das globale Klima war offenbar auch seine geographische Lage in der Nähe des Äquators. Aerosole und Aschen, die in Äquatornähe in die hohe Atmosphäre gelangen, können mit Hilfe der globalen Windsysteme schnell über die Hemisphären verteilt werden.

Neuere Forschungen an Schwefelsulfaten (u. a. Cole-Dai 2010) belegen die wichtige Rolle der von Sulfat-Aerosolen auf das Klimasystem in Abhängigkeit vom jeweiligen Atmosphärenstockwerk. So wird der vulkanisch ausgestoßene Schwefel im unteren Atmosphärenstockwerk, der Troposphäre, innerhalb weniger Tage zu Schwefelsäure umgebaut, die mit dem Regen ebenfalls innerhalb weniger Tage die Atmosphäre wieder verlässt. In den höheren Stockwerken der Atmosphäre, der Stratosphäre, dauert der Prozess der Schwefelsäurebildung dagegen jedoch mehrere Wochen und Monate. Dementsprechend lange verbleiben die Schwefelsulfate in der hohen Atmosphäre und beeinflussen die Menge des einfallenden Sonnenlichts. Cole-Dai folgert für die Langzeitwirkung auch großer Vulkanausbrüche insgesamt aber nur ein paar Jahre.

Den immer wieder postulierten Zusammenhang zwischen Vulkanausbrüchen und dem El-Niño-Effekt im Pazifischen Ozean kann Cole-Dai statistisch nicht nachvollziehen. Die von solch gigantischen Eruptionen wie die des Tambora von 1815 ausgelöste globale Abkühlung berechnete Cole-Dai mit drei bis fünf Grad Celsius.

Neue Forschungsergebnisse von Dr. Claudia Timmreck vom MPI-M in Hamburg (Timmreck 2011) zur Klimawirksamkeit der Sulfat-Aerosole in der hohen Atmosphäre, die von großen Vulkanausbrüchen (Supervulkane) ausgestoßen wurden zeigen, dass mikrophysikalische Prozesse bei extrem großen Eruptionen zur Bildung sehr großer Teilchen führen, die ihrerseits relativ schnell wieder aus der Atmosphäre ausfallen. „Berücksichtigt man diesen Umstand in Modellsimulationen, ist der berechnete Klimaeinfluss großer Vulkaneruptionen geringer als bisher vermutet", sagt die Physikerin und Leiterin des Projekts „Supervulkane" am MIP-M.

In Ihrem Beitrag zum Jahrbuch 2010/2011 der Max-Planck-Gesellschaft (Timmreck 2011), schreibt die Physikerin:

> Sehr große Vulkaneruptionen werden mit globalen Klimaveränderungen, biotischen Umwälzungen, und für die Toba-Eruption vor 74.000 Jahren, auch mit einem „Beinahe-Aussterben" der Menschheit in Verbindung gebracht. Eine der größten Unsicherheiten in der Berechnung des Klimaeffektes ist die zeitliche Entwicklung der Aerosolgrößenverteilung. Mikrophysikalische Prozesse führen bei extrem großen Eruptionen zur Bildung sehr großer Teilchen, die relativ schnell aus der Atmosphäre ausfallen. Berücksichtigt man dies in Modellsimulationen, ist der berechnete Klimaeinfluss geringer als bisher vermutet.

Toba-Eruption und Toba-Katastrophentheorie

Der Supervulkan Toba liegt auf Sumatra – einer der aktivsten Subduktionszonen der Erde. Bei einem großen Ausbruch vor 72.000 bis 74.000 Jahren hinterließ er einen Einsturzkrater (eine Caldera) mit den gigantischen Ausmaßen von rund 100 km Länge und rund 30 km Breite. Abschätzungen der Auswurfmasse ergaben, dass rund 2100 km^3 Asche, Gestein und Gas gefördert wurden, die bis in die Stratosphäre aufstiegen.

Eine schöne Zusammenfassung des Ausbruchsgeschehens und einen „Steckbrief" des Toba findet sich in Internet unter http://www.vulkane.net/vulkanismus/katastrophen/toba.html.

Hinsichtlich der von Stanley Ambrose von der University of Illinois 1998 vorgestellten Toba-Katastrophentheorie (vgl. z. B.: http://de.krzaq.net/Toba_catastrophe_theory) ist zu bemerken, dass die Eruption die damalige Weltbevölkerung offenbar dramatisch reduzierte und eine globale Abkühlung von rund drei Grad Celsius gebracht haben soll. Was die globalen Auswirkungen des Ausbruchs angeht, sind sie nach wie vor Gegenstand der wissenschaftlichen Diskussion. So sind zwar im Grönländischen Eis deutliche Hinweise auf den Ausbruch zu finden, im Antarktischen hingegen lange Zeit nicht. Neueste Untersuchungen von Svensson et al. (2012) deuten aber auch Hinweise im Eis der Antarktis hin.

Anmerkung:

Das Auffinden von Spuren einer Eruption in den Eiskörpern beider Hemisphären ist der wissenschaftliche Beweis dafür, dass eine Eruption eine globale Größenordnung erreicht hat. Finden sich nur in einem Eiskörper Spuren eines großen Ausbruchs, erreichte er also keine globale Dimension. Mögliche Erklärungen dafür wären, dass die Eruption entweder nicht genug Schwefel-Aerosole in die Stratosphäre empor schleuderte, um eine globale Abkühlung zu bewirken oder dass die Aerosolpartikel zu schnell aus der Atmosphäre ausfielen.

Ein Beispiel von permanentem Vulkanismus findet sich in den Bereichen, in denen Magma permanent oder über einen langen Zeitraum hinweg aus dem Erdinneren nach oben drängt. Typische Regionen sind die Mittelozeanischen Rücken und die so genannten Rifts oder auch „rift valleys", wie etwa der Afrikanische Grabenbruch im Südosten Afrikas, bei denen das Kilimandscharo- und das Mount-Kenya-Massiv sowie einige der tiefsten Seen der Erde entstanden. In den rift valleys führen die aufsteigende Magmen aus dem Erdmantel zum Aufschmelzen, Dehnen und schließlich Aufbrechen der kontinentalen Kruste des afrikanischen Kontinents.

Eine spezielle, vulkanisch hoch aktive Nahtstelle zwischen zwei ozeanischen Platten sind die *Mittelozeanischen Rücken*. Sie bilden die längsten Gebirgsketten der Erde und stellen den größten zusammenhängenden Vulkankomplex des Planeten dar. Wie der Name schon sagt, treten sie vielfach in der Mitte der Ozeane auf. Sie liegen in Bereichen, an denen fortwährend Magma aus dem Erdmantel nach oben drängt, im Zentralbereich zwischen den Platten an den Meeresboden gelangt, wo sich permanent neue, ozeanische Kruste bildet. Eine Folge des Prozesses ist, dass die permanent neu gebildeten Ozeanbodenstücke an ältere „angeschweißt" werden und die Ozeane sich sukzessive verbreitern: der Prozess des *Seafloor Spreading*. Die Geschwindigkeit, mit der das passiert, ist hoch variabel und variiert von einigen Millimetern bis zu einigen Zentimetern pro Jahr. Verallgemeinernd kann man – etwa für den Atlantik – annehmen, dass sich der Ozean ungefähr mit der Geschwindigkeit verbreitert, mit der unsere Fingernägel wachsen.

Wie explosiv die beim Ausfließen von Magma entstehenden Vulkane sind, hängt wesentlich von der Lokation der Vulkane ab. Treten die Vulkane unter Wasser aus, wie bei den Mittelozeanischen Rücken, entstehen typische „Landschaftsformen" mit schwarzen und weißen Rauchern, aber wir bekommen von dem permanenten Vulkanismus am Meeresboden nur wenig mit. Ein Ausnahme sind die Vulkane auf Island. Hier durchstößt der Mittelozeanische Rücken des Nordatlantiks die Wasseroberfläche und formt eine Insel mit aktiven Vulkanen. Welchen massiven Einfluss allein die Asche isländischer Vulkanausbrüche auf Nord- und Mitteleuropa hat, konnte in jüngster Zeit beobachtet werden, als der Luftraum über Nordeuropa wegen befürchteter Schäden an Flugzeugtriebwerken zeitweise weitgehend gesperrt werden musste.

Die Klimarelevanz des Auswurfmaterials und der Aerosole eines Vulkans an den plattentektonischen Spreizungszonen ist eher gering, da sie meist nicht die Stratosphäre erreichen. Hinsichtlich des Austritts von Klimagasen sind sie dagegen als relevant einzustufen. Ein gutes Beispiel auf dem indischen Subkontinent ist der Deccan-Vulkanismus, der zur ausgehenden Kreidezeit nicht nur riesige Mengen Magma, sondern auch große Mengen an Kohlendioxid und Kohlenmonoxid förderte und auch mit dem Aussterben der Dinosaurier in Verbindung gebracht wird.

Supervulkane

Immer wieder geistern sie durch die Presse und werden meist mit den düstersten Szenarien verglichen: Supervulkane. Aber was soll manch sich nun wirklich darunter vorstellen und welche Wirksamkeit auf das Klima haben Supervulkaneruptionen?

„Als Supereruptionen bezeichnet man extrem große Vulkanausbrüche, die mehr als 1015 kg Material (~150-mal die Masse der Pinatubo-Eruption) emittieren", erläutert Timmreck. In einem Beitrag für das 2011er Jahrbuch des MPI erläutert sie, dass Supereruptionen mit einer mittleren Häufigkeit von 1,4 Ereignissen pro eine Million Jahre doch recht selten sind. Typischerweise treten sie in Gebieten von Subduktionszonen und kontinentalen Hot Spots auf. Aktive Vulkane, die auch heutige Supereruptionen produzieren können, sind z. B. das Yellowstone-Vulkansystem und die Phlegräischen Felder westlich von Neapel.

Die Auswirkungen vulkanischer Supereruptionen sind für die unmittelbar angrenzenden Gebiete katastrophal. Sogenannte pyroklastische Ströme können zehntausende von Quadratkilometern mit dicken heißen Ascheschichten bedecken, unter denen kein Leben mehr möglich ist. Supereruptionen haben jedoch nicht nur regionale Auswirkungen sondern können auch für eine globale Abkühlung von mehreren Grad sorgen, mit weitreichenden klimatologischen Konsequenzen.

„Eine der wissenschaftlich interessantesten Supereruptionen ist die Young Toba Tuff (YTT) Eruption vor 74.000 Jahren, die auch im Zusammenhang mit einem Flaschenhals in der menschlichen Entwicklung diskutiert wird", sagt Timmreck. „Der Grad der globalen Abkühlung nach der YTT ist jedoch unbekannt. Frühere Atmosphären-Ozeanmodelle berechneten eine dekadische Abkühlung von mehr als 10 Kelvin im globalen Mittel. Diese Ergebnisse erscheinen jedoch widersprüchlich zur hohen Überlebensrate von Säugetieren in Südostasien."

„Für den Klimaeffekt von Vulkaneruptionen ist die Menge der stratosphärischen Schwefelemission von zentraler Bedeutung", schreibt Timmreck. „Für die YTT variiert diese Berechnung um mehr als eine Größenordnung (zwischen dem 10- und 360-fachen der Schwefelemission der Pinatuboeruption)."

Pinatubo

Der explosive Ausbruch des Pinatubo am 12. Juni 1991 war einer der größten Vulkanausbrüche des 20. Jahrhunderts (vgl. http://www.vulkane.net/vulkanismus/katastrophen/pinatubo.html). Der Pinatubo liegt im Zentrum der Philippinen-Insel gut 100 km von der Hauptstadt Manila entfernt. Nach 611 Jahren der Ruhe starben bei seinem Ausbruch fast 900 Menschen. Zu der schieren Wucht der Explosion, bei der rund 500 m seiner Kuppe weggesprengt wurden, kamen so genannte pyroklastische Ströme, die eine verheerende Wirkung auf die Umgebung hatten. Bei der Eruption gelangten nach Satellitenmessungen 17 bis 20 Megatonnen Schwefel in die Stratosphäre und verursachten eine globale Abkühlung von rund einem halben Grad Celsius.

Neben der Menge des ausgestoßenen Schwefels bei der Pinatobu-Eruption sieht Timmreck gerade die Größenverteilung des vulkanischen Aerosols als entscheidend für den Klimaeffekt an. „Eine erhöhte stratosphärische Schwefelkonzentration führt zu einem Anwachsen der Teilchen", schreibt Timmreck und ergänzt: „Große Partikel haben (…) andere Strahlungseigenschaften als die kleineren Hintergrundaerosolteilchen und fallen zum anderen schneller aus der Atmosphäre aus, was direkte Auswirkungen auf den vulkanischen Strahlungsantrieb zur Folge hat." Nach Timmreck ist die sich zeitlich verändernde Größenverteilung der Aerosolpartikel in den bisherigen Berechnungen des Klimaeffektes der YTT nicht berücksichtigt worden und könnte ein wesentlicher Grund dafür sein, dass die globale Abkühlung früherer Berechnungen sehr hoch ausfällt.

Um herauszufinden, wie groß der Klimaeffekt tatsächlich war, führten die Hamburger Forscher Erdsystemmodellsimulationen zur YTT durch, die zeigten, dass die globale Oberflächentemperatur und der global gemittelte Niederschlag in den ersten neun Jahren nach der Eruption signifikant abnahmen. „Die maximale globale Abkühlung beträgt für das Ensemblemittel 3,5 K, schwankt aber in den Einzelsimulationen je nach Anfangsbedingungen zwischen 3,8 und 3,1 K", erläutert Timmreck.

Besonders interessant für die MPI-M-Forscher war die Temperatur- und Niederschlagsentwicklung nach der YTT-Eruption über dem indischen Subkontinent, die direkt das Leben der Menschen in der Region beeinflusste. „Zwar zeigen unseren Erdsystemsimulationen über Indien eine deutliche Temperaturabnahme, doch liegen die absoluten Temperaturen auch weiterhin im zweistelligen Bereich", erläutert Timmreck. „Auffällig ist, dass die Temperaturanomalien im Sommer in den ersten zwei Jahren nach der Eruption im Bereich der natürlichen Variabilität bleiben und erst danach signifikant abnehmen." Ein Grund dafür könnte laut Timmreck sein, dass in den beiden ersten Sommern reduzierte Wolken und Niederschlagsbildung den negativen Strahlungsflussanomalien entgegenwirken, da sie zu einer reduzierten Verdampfung und zu weniger Reflektion von solarer Strahlung führen. „Nach drei Jahren ist die Niederschlagsanomalie allerdings nicht mehr von der natürlichen Variabilität zu unterscheiden", sagt die Physikerin. „Es dominiert wieder die strahlungsbedingte Abkühlung, die zu niedrigeren Sommertemperaturen in den folgenden Jahren führt."

Große submarine Vulkanausbrüche

Aber nicht nur an Land gab es große Vulkanausbrüche, sondern auch im Ozean. Eines der größten submarinen Lava-Plateaus findet sich nordöstlich von Samoa im Pazifischen Ozean: das Manihiki-Plateau. Es ist gerade in das Zentrum wissenschaftlicher Neugier von Forschern des Kieler GEOMAR gerückt:

So heißt es in der Pressemitteilung des GEOMAR vom 12.11.2012:

Eine etwa 120 Millionen Jahre alte untermeerische Lava-Hochebene sorgt für Diskussionen unter Meeresgeologen: Das Manihiki-Plateau am Boden des Westpazifiks, bis zu vier Kilometer hoch und mit einer Grundfläche etwa so groß wie Frankreich. Über welchen Zeitraum bildete es sich? Entstand die Erhebung zusammen mit den beiden benachbarten Lavaplateaus,

Ontong Java und Hikurangi, während eines gigantischen vulkanischen Ereignisses? Woher stammen diese gewaltigen Mengen an Lava? Die Expedition SO225 mit dem deutschen Forschungsschiff SONNE (21. November 2012 bis 5. Januar 2013) soll helfen, unter anderem diese Fragen endgültig zu beantworten. Sie findet im Rahmen des vom Bundesministerium für Bildung und Forschung geförderten Projekts MANIHIKI II statt, das GEOMAR Helmholtz-Zentrum für Ozeanforschung Kiel und Alfred-Wegener-Institut für Polar- und Meeresforschung (AWI) gemeinsam durchführen.

„Falls alle drei Plateaus gleichzeitig entstanden sind, wäre innerhalb weniger Millionen Jahre nahezu ein Prozent der Erdoberfläche mit Lava bedeckt worden. Aber trotz der gewaltigen Größe dieses vulkanischen Ereignisses wissen wir bisher kaum etwas über den Aufbau der Plateaus", betont Prof. Dr. Kaj Hoernle, Projektleiter von MANIHIKI II am GEOMAR. Der massive Vulkanismus muss einerseits Auswirkungen auf Meeresströmungen und die Umwelt gehabt haben. Anderseits könnte er auch zur Bildung größerer mariner Lagerstätten geführt haben. Je mehr wir über die Entstehung dieser Plateaus erfahren, desto besser verstehen wir das System Erde.

Derzeit (Mitte November 2012) läuft eine Expedition des GEOMAR zum Manihiki Plateau mit dem deutschen Forschungsschiff „Sonne", bei der die beteiligten Wissenschaftler mit seismischen und sedimentologischen Methoden die Geschichte des gigantischen Ausbruchs erforschen wollen. Ein spezieller Aspekt der Expedition wird der Einsatz eines ferngesteuerten Unterwasserroboters, eines ROVs (**R**emote **O**perating **V**ehicle), mit dem die Forscher „unter Sicht" Schicht für Schicht des Vulkans erkunden wollen.

Erhöht der Klimawandel die Gefahr von Vulkanausbrüchen?

Eine weitgehend unerforschte Gefahr, die von der globalen Erwärmung ausgeht, ist die mögliche Zunahme von Vulkaneruptionen unter den Eisschilden der Erde, über die ich 2008 in der überregionalen Tageszeitung DIE WELT und im Wissenschaftsmagazin „Bild der Wissenschaft" berichtete:

„Unter dem Eis erwachen die Vulkane":

Die Klimaerwärmung lässt nicht nur die Eiskappen der Erde abschmelzen, sondern macht auch Vulkanausbrüche in einigen Regionen immer wahrscheinlicher. Zu diesem Schluss kommen Geophysiker von der Universität Leeds und der Universität Island, die Magmabewegungen unter dem größten Gletscher Islands studieren, der Vatnajökull-Eiskappe.

Seit sechzehn Jahren beschäftigt sich die isländische Geophysikerin Carolina Pagli mit der Beobachtung der Vulkane unter dem Eis ihrer Heimatinsel. Wie alle Gletscher der Erde ist auch das Vatnajökull-Eisfeld, massiv von der globalen Erwärmung betroffen und verliert pro Jahr rund fünf Kubikkilometer Eis – im Lauf des zwanzigsten Jahrhunderts rund zehn Prozent seiner gesamten Masse.

Doch neben den hohen Abschmelzraten bereitet den Forschern jetzt ein weiteres Phänomen Sorgen: „Stand das Gewicht der Eiskappe bisher mit dem Druck des von unten aufsteigenden Magmas im Gleichgewicht, so gerät es jetzt zusehends außer Balance", erläutert die Geowissenschaftlerin in der amerikanischen Fachzeitschrift Journal of Geophysical Research.

Und das hat weitreichende Folgen, denn das aufsteigende Magma erwärmt den Gletscher von unten her. Dabei wird zusätzliches Eis aufgeschmolzen, was zur weiteren Gewichtsabnahme des Gletschers führt. Das freigesetzte Schmelzwasser sammelt sich in Vertiefungen und Kratern und formt einen See, dessen Wasserspiegel – vom schmelzenden Eis genährt – immer höher steigt bis er überläuft oder der Rand des Sees zerbricht.

Nach dem Bruch eines Randes oder dem Überlaufen des Sees wird das Schmelzwasser schlagartig freigesetzt und bahnt sich als eine alles vernichtenden Lawine aus Wasser, Eis und Geröll seinen Weg – ein Ereignis, das Geowissenschaftler als Gletscherlauf bezeichnen. „Ein Gletscherlauf stellt eine der größten Gefahren eines Vulkanausbruchs unter dem Eis dar", erläutert der Vulkanologe Hans-Ulrich Schmincke vom GEOMAR, Kiel.

Andererseits steigt auch die Gefahr eines explosiven Ausbruchs, wenn das Schmelzwasser in die Magmakammer des Vulkans eindringt. Gelangt das Wasser mit Magma in Berührung, so verdampft es schlagartig und es könnte zu einer ähnlichen Reaktion wie bei einem plötzlich geöffneten Druckkochtopf kommen. „Mit abnehmender Eismächtigkeit wird ein Ausbruch des Vulkans immer wahrscheinlicher," befürchtet die Pagli.

Ein Befund, der Schmincke nicht sonderlich erstaunt: „Bohrkerne geben uns Hinweise auf eine gesteigerte vulkanische Aktivität nach dem Abschmelzen der Gletscher der Eiszeiten."

Wie unberechenbar und schnell sich die Verhältnisse an Vulkanen verändern und welche bösen Überraschungen Ausbrüche unter Gletschereis zu bieten haben, zeigte im Herbst 1996 der Ausbruch des Grimsvötn-Vulkans unter dem Vatnejökull-Eisschild.

Ende September 1996 begannen seismische Aktivitäten die Erde unter der 600 m dicken Eiskappe zu erschüttern. Am 29. September folgte die Eruption, bei der rund 700 Millionen Kubikmeter Asche ausgeworfen wurden.

Über einer vier Kilometer langen und zwei Kilometer breiten Spalte schmolz das austretende Magma 5000 m^3 Gletschereis pro Sekunde auf. Satellitenmessungen des Deutschen Zentrums für Luft- und Raumfahrt (DLR) in Köln zeigten, dass sich die Breite der Spalte im Laufe des Ausbruchs von zwei auf fünf Kilometer vergrößerte (vgl.: Pressemitteilung des DLR Nummer 27/96). Rund drei Milliarden Kubikmeter Schmelzwasser sammelten sich in einem Kratersee. Stündlich erhöhte sich die Gefahr eines Gletscherlaufs.

Nach einer siebentägigen Ruhepause erwachte der Vulkan erneut und eine Flanke des Sees zerbrach. Eine Lawine aus rund zweieinhalb Kubikkilometern Wasser, Eis und Gestein ergoss sich talwärts. „Um acht Uhr morgens schoss eine Flutwelle unter dem Gletscher hervor, die das tieferliegende Gebiet drei bis fünf Meter hoch überflutete und die im Gebiet befindlichen Hochspannungsleitungen und Straßen zerstörte", heißt es in einem Bericht des DLR.

Auf seinen Höhepunkt erreichte der Gletscherlauf einen Abfluss von rund 45.000 m^3 Wasser pro Sekunde. Zum Vergleich: Die Wasserführung des Rheins in der Höhe Emmerichs beträgt zu Zeiten normaler Pegelstände etwa 2500 m^3 pro Sekunde. Während des zweiundfünfzig Stunden dauernden Naturschauspiels wurden zweihundert Tonnen schwere Eisblöcke ins Tal gerissen und die 600 m lange Brücke über den Gletscherbach des Vatnejökulls von der Flut weggespült.

Welche Folgen ein Ausbruch mit einem Gletscherlauf auch weit über die unmittelbar betroffene Region hinaus haben kann, zeigten Warnungen isländischer Wissenschaftler an die internationalen Hochseefangflotten, die vor der Küste Islands kreuzten. Sie wurden umgehend angewiesen ihre Grundschleppnetze einzuholen. Forscher und Behörden fürchteten, dass der Gletscherlauf auch so genannte Trübeströme (Wassermassen, mit einem hohen Anteil Schlamm und aufgeschwemmten Gesteinsmaterials) in das Meer entlassen könnte, die mit einer Geschwindigkeit von über einhundert Kilometer pro Stunde den Kontinentalhang hinabfließen und in der Lage sind, ein Fischereischiff am Schleppnetz in die Tiefe zu ziehen. Die rechtzeitigen Warnungen der Behörden konnten aber den Verlust an Menschenleben und Material verhindern.

Einige Tage später beruhigte sich der Vulkan wieder und die seismischen Aktivitäten ließen nach. Der durch den Gletscherlauf angerichtete wirtschaftliche Schaden wurde auf rund 28 Millionen Dollar geschätzt.

Von einem Ausbruch auf der Vulkaninsel im europäischen Nordmeer wäre aber nicht nur Island, sondern auch das europäische Festland betroffen. Das bekannteste Beispiel eines Vulkanausbruchs, dessen Folgen auf der ganzen Welt zu spüren waren, ist die Laki-Eruption – eine der größten überlieferten Vulkaneruptionen der Menschheitsgeschichte. Am 8. Juni 1783 begann eine Serie von Ausbrüchen entlang der so genannten Laki-Spalte auf Island. Sie dauerte rund acht Monate an. Zeitzeugen berichteten von mehreren hundert Meter hohen Lavafontänen. Die Gas- und Aschenwolken des Ausbruchs verteilten sich rund um die Erde, was verheerende Folgen insbesondere für die Bevölkerung Islands und Englands hatte. Über den britischen Inseln wurde die Eruptionswolke als „Höhennebel" sichtbar und vergiftete rund 25.000 Menschen – meist Feldarbeiter, die die Gase der Wolke einatmeten. In ganz Europa kam es zu Missernten.

Wie weit der Einfluss des Loki-Ausbruchs reichte, belegen die Aufzeichnungen des französischen Gelehrten Constantin Volnay (1757 bis 1820). Seinen Beobachtungen zufolge gab es in den Jahren 1783 und 1784 eine dramatische Trockenheit am Nil, der rund fünfzehn Prozent der Bevölkerung zum Opfer fielen.

Dieses Ereignis wird mit dem Prozess verknüpft, dass sich das vulkanisch geförderte Schwefeldioxid in der Atmosphäre mit Wasser verbindet und zu Schwefelsäure umwandelt. Die Schwefelsäure-Partikel blockieren und reflektieren das einfallende Sonnenlicht und können zu einer globalen Abkühlung führen, die eine Umverteilung der Niederschläge nach sich zieht.

Die geographische Verteilung von Vulkanen unter Eisdeckung zeigt, dass die Gefahr klimatisch ausgelöster Vulkanausbrüche ein weltweites Problem werden könnte. Pagli schätzt, dass auch die Vulkane Alaskas, auf der Inselgruppe der Aleuten, Kamtschatka, in Feuerland und in der Antarktis betroffen sein könnten.

Auch neueste Untersuchungen des Kieler GEOMAR deuten in die gleiche Richtung: Offenbar begünstigt der Klimawandel die Ausbruchswahrscheinlichkeit von Vulkanen.

So heißt es in der Presseerklärung des GEOMAR vom 12.12.2012:

Für die Dörfer der näheren Umgebung war der Ausbruch des philippinischen Vulkans Pinatubo 1991 eine Katastrophe. Doch sogar im fernen Europa konnte man die Folgen noch spüren. Denn der Vulkan schleuderte Unmengen an Asche und anderen Partikel hoch in die Atmosphäre. Das Sonnenlicht wurde dadurch stärker als üblich reflektiert. Für die ersten Jahre nach der Eruption sanken die globalen Temperaturen um ein halbes Grad (… Celsius …). Immer wieder greifen Vulkane so zumindest kurzfristig in das Klima ein. Dass umgekehrt das Klima auch Vulkanausbrüche auf globaler Skala und über größere Zeiträume systematisch beeinflussen kann, ist jedoch völlig neu. Forscher des Geomar Helmholtz-Zentrums für Ozeanforschung Kiel und der Harvard University im US-Bundesstaat Massachusetts haben jetzt anhand größerer Vulkanausbrüche rund um den Pazifik während der vergangenen 1 Million Jahre deutliche Hinweise für diesen Zusammenhang gefunden. (…)

Dass (…) das Klima auch Vulkanausbrüche auf globaler Skala und über größere Zeiträume systematisch beeinflussen kann, ist jedoch völlig neu. Forscher des Geomar Helmholtz-Zentrums für Ozeanforschung Kiel und der Harvard University im US-Bundesstaat Massachusetts haben jetzt anhand größerer Vulkanausbrüche rund um den Pazifik während der vergangenen 1 Million Jahre deutliche Hinweise für diesen Zusammenhang gefunden. (…)

Grundlage für die Entdeckung waren Arbeiten des Kieler Sonderforschungsbereichs (SFB) 574 in dem über zehn Jahre lang die Vulkane Zentralamerikas intensiv erforscht wurden. „Unter anderem haben wir anhand von Aschelagen im Meeresboden die Geschichte der Vulkanausbrüche dort für die vergangenen 460.000 Jahre rekonstruiert", erklärt der Vulkanologe Dr. Steffen Kutterolf vom GEOMAR. (…)

Schon zu Beginn der Untersuchungen fielen ihm und seinen Kollegen besondere Muster in der zeitlichen Verteilung der Eruptionen auf: „Es gab Epochen, in denen wir deutlich mehr große Eruptionen fanden als in anderen", sagt Kutterolf (…).

Bei einem Vergleich mit der Klimageschichte ergab sich eine verblüffende Übereinstimmung. Die Phasen hoher vulkanischer Aktivität folgten jeweils mit leichter Verzögerung auf schnelle, globale Temperaturanstiege und damit verbundenen schnellen Eisschmelzen. Um diese Entdeckung auf eine breitere Basis zu stellen, überprüften Dr. Kutterolf und seine Kollegen noch weitere Bohrkerne aus dem gesamten Pazifikraum. Sie wurden im Rahmen des internationalen Integrated Ocean Drilling Program (IODP), beziehungsweise seiner Vorgänger-Programme gewonnen und decken rund eine Million Jahre Erdgeschichte ab. „Tatsächlich fanden wir auch in diesen Kernen das gleiche Muster", sagt die Geophysikerin Dr. Marion Jegen vom GEOMAR, die ebenfalls an der aktuellen Studie mitwirkte.

Zusammen mit Kollegen der Harvard-University machten sich die Kieler Geologen und Geophysiker anschließend auf die Suche nach einer möglichen Erklärung. Sie fanden sie mit Hilfe geologischer Computermodelle. „In Phasen der Klimaerwärmung schmelzen die Gletscher auf den Kontinenten relativ schnell ab. Gleichzeitig steigt der Meeresspiegel. Das Gewicht, das auf den Kontinenten lastet, wird also in kurzer Zeit kleiner, das auf den ozeanischen Erdplatten größer. Dadurch steigen die Spannungen im Erdinneren und in der Erdkruste öffnen sich mehr Wege, an denen Magma aufsteigen kann", erklärt Dr. Jegen.

Die Abkühlungen am Ende der Warmphasen liefen dagegen viel langsamer ab, deshalb bauten sie im Untergrund nicht so große Spannungsänderungen auf. „Wenn man den natürlichen Klimazyklen folgt, befinden wir uns aktuell eigentlich am Ende einer Warmphase. Deshalb ist es vulkanisch ruhiger. Wie sich die von Menschen verursachte Erwärmung auswirken wird, kann man bei dem derzeitigen Forschungsstand noch nicht absehen", sagt Dr. Kutterolf. Jetzt müsse man die Untersuchungen mit größerer zeitlicher Auflösung präzisieren, um die Prozesse im Erdinneren noch besser zu verstehen.

Eine empfehlenswerte Zusammenfassung der Geschehnisse am Grimsvötn-Vulkan und am Vatnajökull sowie eine Chronik der immer wiederkehrenden Ausbrüche auf Island findet sich auf WIKIPEDIA. Die Links finden Sie am Ende des Abschnitts.

Das hohe gesellschaftliche und wissenschaftliche Interesse an der Klimarelevanz von Vulkanausbrüchen zeigen immer wieder Beiträge zu dem Thema in den Leitmedien der Republik, wie etwa der Süddeutschen Zeitung (SZ). Besonders plakativ erscheinen dabei natürlich die Katastrophen der Urzeit, wie etwa das Aussterben der Dinosaurier. Einen neuen Ansatz findet die SZ vom 22. März 2013, die sowohl den Beginn der Ära der Dinosaurier, als auch deren Ende in den Kontext von Vulkanausbrüchen stellt:

(…) Die Vorherrschaft der Dinosaurier auf der Erde endete nicht nur vor 66 Millionen Jahren mit einem Massenaussterben – sie begann auch mit einem solchen Ereignis. Und zwar vor ziemlich genau 201 Millionen Jahren, als mehrere gigantische Vulkanausbrüche einen dramatischen Klimawandel auslösten.

Ein dramatischer Klimawandel löschte vor 201 Millionen Jahren etwa die Hälfte aller Tier- und Pflanzenarten aus, verursacht durch mehrere gigantische Vulkanausbrüche. (…)

Wie Wissenschaftler jetzt berichten, hing das Artensterben offenbar mit gigantischen Vulkanausbrüchen zusammen, die einen Klimawandel auslösten. (…)

Offenbar lösten die riesigen Mengen von vulkanischer Asche und Kohlendioxid, die damals in die Atmosphäre gelangten, einen Klimawandel aus. Auf eine Zeit tiefer Temperaturen folgte eine globale Erwärmung. Die Umweltbedingungen auf dem damaligen Riesenkontinent Pangäa änderten sich so dramatisch, dass viele Arten nicht damit fertig wurden. (…)

Vulkanausbrüche

Insbesondere explosive Vulkanausbrüche haben das Potential – zumindest temporär – das globale Klima zu beeinflussen, da sie Auswurfmaterial und Schwefelaerosole in die Stratosphäre transportieren, die den Strahlungshaushalt der Erde beeinflussen. Hinzu kommt der immense Ausstoß von vulkanischen Gasen, die zu einem beträchtlichen Teil klimarelevant sind.

Neueste Untersuchungen zur zeitlich-klimatischen Taktung von Vulkanausbrüchen legen einen Zusammenhang zwischen einem sich erwärmenden Erdklima und Vulkanausbrüchen nahe. Wie sich der anthropogen verursachte Klimawandel auf die Tätigkeit von Vulkanen auswirkt, bleibt derzeit noch abzuwarten.

Ihr schneller Zugang zu weiteren Informationen:

▸ Natur- und Geopark Vulkaneifel

▸ Maarmuseum

▸ Zum Tambora-Ausbruch

▸ Ausbrüche auf Island: Grimsvötn-Vulkan und Vatnajökull

▶ Originalbeitrag in der Süddeutschen Zeitung zur Verbindung von Vulkanausbrüchen mit dem Aussterben der Dinosaurier

3.6.2 Meteoriteneinschläge

Kollisionen von Himmelskörpern mit der Erde sind sicherlich die katastrophalsten Ereignisse für das Leben und das Klima auf unserem Planeten. Aus der Erdgeschichte sind einige Kollisionen überliefert, von der die Entstehung des Mondes durch eine Kollision mit einem anderen Planeten und der Meteoriteneinschlag am Ende der Kreidezeit, der das Aussterben der Dinosaurier verursachte, sicherlich die bekanntesten sind. Insgesamt sind bisher rund 150 Einschläge auf der Erde dokumentiert.

Sind die Spuren solcher Einschläge (aus dem Englischen übernommen: Impacts) – wie etwa das Nördlinger Riess – schon an Land selten, so sind sie auf den Meeren, die immerhin rund ¾ der Oberfläche unseres Planeten bedecken, so gut wie unbekannt.

Eine seltene und trotzdem relativ unbekannte Ausnahme war der 1997 von Forschern des AWI entdeckte, erste Meteoriteneinschlag im Ozean, der vor rund 2,15 Millionen den südlichen Ozean (d. h. in den Gewässern nahe der Antarktis) erschütterte.

Wurde bereits früher bereits ein Meteoriteneinschlag im Pazifik vermutet, so konnte ein internationales Forscherteam mit 13 AWI-Wissenschaftlern anhand seismischer und meeresgeologischer Untersuchungen belegen, dass der sogenannte „Eltanin"-Asteroid mit über 1000 m Durchmesser und einer Geschwindigkeit von etwa 70.000 Stundenkilometern in das gut 5000 m tiefe Bellingshausenmeer südwestlich von Chile gerast war.

In der Pressemitteilung des AWI vom 26. November 1997 berichtet einer der involvierten Wissenschaftler von den Folgen des Impacts:

„Die Sprengkraft entsprach etwa 100 Gigatonnen TNT", rechnet der Geologe Rainer Gersonde vom AWI vor. „Das entspricht etwa fünf Millionen Hiroshima-Bomben." Die rund 250 m mächtige Sedimentschicht am Meeresboden wurde zerstört und über 300 km weit umgelagert. Sedimentfragmente, Wasserdampf und Meteoritsplitter wurden dabei über 100 km hoch in die Atmosphäre geschleudert. Auch die Kontinente blieben mit Sicherheit nicht verschont von diesem Ereignis. Es entwickelten sich kilometerhohe Wellen, sogenannte Tsunamis, die sich mit etwa 200 Stundenkilometern über die Weltozeane ausbreiteten und bei Erreichen der Küsten immer noch einige Hundert Meter Höhe hatten.

Dass das „Eltanin"-Ereignis auch für das Klima nicht ohne Folgen geblieben sein dürfte, liegt auf der Hand. Gersonde: „Es ist anzunehmen, daß über einen längeren Zeitraum nach dem ‚Eltanin'-Einschlag Staub und Wasserdampf in der Atmosphäre blieben und die Sonneneinstrahlung auf die Erde reduziert haben." Es wird weiter vermutet, daß Klimaänderungen zu jener Zeit, die bereits länger bekannt aber unerklärt waren, mit dem Einschlag im Pazifik in direktem Zusammenhang stehen könnten.

Ein Meteorit von nur rund einem Kilometer Durchmesser entfesselt die Sprengkraft von und fünf Millionen Hiroshima-Bomben – wow, was für ein Ereignis! Und das bei einem (im Vergleich zur Größe der Erde) doch relativ kleinen Himmelskörper. Wie muss es erst zugegangen sein, als am Ende der Kreidezeit der Meteorit im Golf von Mexiko eingeschlagen ist und das Ende der Ära der Dinosaurier einleitete?

In den 1990er Jahren wurde ein 200 km breiter Krater – der Chicxulub-Krater – unter der Küste des Golfs von Mexiko gefunden, der mit dem Meteoriteneinschlag in Verbindung gebracht wird, der vor 65 Millionen Jahren das Massenaussterben am Ende der Kreidezeit auslöste und die Dinosaurier auslöschte: Nahe der Halbinsel Yucatán schlug ein gewaltiger Meteorit von rund zehn Kilometern Durchmesser und nahezu 100.000 km pro Stunde ein. Die Folgen müssen entsprechend verheerend gewesen sein und reichen von einer Flutwelle, die um die ganze Erde lief, bis zu gewaltigen Mengen Staub und Gesteinsbrocken, die von der Wucht des Aufpralls auch in die hohen Stockwerke der Atmosphäre transportiert wurden und die Erde wahrscheinlich schockartig abgekühlte.

Heute glauben viele Paläontologen dennoch, dass die Folgen eines einzelnen Einschlags nicht ausreichen würden, um die Dinosaurier auszulöschen und gehen davon aus, dass mehrere Gründe für das Aussterben der Dinosaurier verantwortlich waren. Vielleicht gab es noch weitere Meteoriteneinschläge – schließlich wurden noch mehrere Krater gefunden, die auf eine ganze Serie von Meteoriteneinschlägen am Ende der Kreidezeit hindeuten. Aber es gibt auch noch andere mögliche Ursachen, wie Vulkanausbrüche und die plattentektonischen Veränderungen jener Zeit, im Zuge derer sich etwa Afrika von Südamerika trennte und der Südatlantik entstand.

So sieht etwa der Paläontologe PD Dr. Michael Prauss von der Freien Universität den Einschlag nur das letzte katastrophale Ereignis in einer Kette von beträchtlichen Umweltstörungen, maßgeblich verursacht wahrscheinlich durch die über einige Millionen Jahre anhaltende Aktivität des Deccan-Vulkanismus auf dem indischen Kontinent. Wie gewaltig die damals ausgetretenen Lavamengen waren, verdeutlichen Schätzungen anhand der noch erhaltenen *Flutbasalte*: auf einer Fläche von mehr als 500.000 km^2 finden sich mehr als mehr als 500.000 km^3 Ablagerungen eines dünnflüssigen basaltischen Lavas, das bei plattentektonische Prozessen aus Spalteneruption floss. Die vulkanischen Ablagerungen erreichen eine Mächtigkeit von rund zwei Kilometern. Zu den schieren Mengen der Lava kamen aber auch noch die Mengen klimarelevanter Gase, der nach Berechnungen von Forschern der Princeton University (Gerta Keller 2011) um den Faktor zehn größer war, als der bei dem Impaktereignis vor Yukatan.

Wie auch immer: Am Beispiel der heiß diskutierten Gründe für das Aussterben der Dinosauriern sieht man sehr schön, dass es zu einfach ist, monokausal nach einem Grund zu fahnden. Offenbar addierten sich zum Ende der Kreidezeit verschiedene Faktoren und führten unter anderem zum Aussterben der größten Echsen, die die Erde bisher bewohnten.

Die größte Kollisionen eines kosmischen Körpers mit der Erde war aber wahrscheinlich der Zusammenstoß mit dem marsgroßen Planeten Theia in der Frühzeit des Sonnensystems, vor etwa viereinhalb Milliarden Jahren. Es wird davon ausgegangen, dass Theia bei dem Zusammenstoß zerstört wurde und große Mengen Gestein von der Erde in den Weltraum geschleudert wurden, aus denen sich dann schließlich der Erd-Mond bildete. Soweit zur Theorie, zu der es – wie bei jeder Theorie – Argumente dafür und dagegen gibt. Da es von der damals noch jungen Erde mit Ausnahme der gebänderten Eisenerze (Alter ca. 3,8 Milliarden Jahre), die auf ersten freien Sauerstoff hinweisen, kaum Klimainformationen gibt, sei dieser Impact hier nur der Vollständigkeit halber erwähnt. Den Link zu einem recht guten Überblicksbeitrag auf „Raumfahrer.net" finden Sie am Ende dieses Abschnitts.

Zur Klimarelevanz von Impact-Ereignissen

Impact-Ereignisse sind glücklicherweise recht selten und ihre Spuren verschwinden vielfach in den Ozeanen oder werden an Land von der Erosion beseitigt. Aber wie ist denn nun um die Klimarelevanz der Einschläge bestellt?

So schnell und einfach die Frage formuliert ist, so schwierig ist es eine einigermaßen umfassende Antwort darauf zu geben. Spannende Erkenntnisse brachte schließlich eine Rundfrage beim Forschungszentrum der Bundesrepublik Deutschland für Luft- und Raumfahrt, dem DLR:

Offenbar ist es bisher selbst für den bekanntesten Fall eines Impacts – den Chicxulub Meteoriten – noch nicht entschieden, wie dessen Klimafolgen konkret aussahen. Zu schwierig ist es sowohl, die Folgen durch der beim Impact freigesetzten Klimagase und/oder Aerosole zu quantifizieren. Gleiches gilt für nur sehr schwer greif- und messbare Dinge wie die kurzzeitige Aufheizung der Atmosphäre unmittelbar nach dem Einschlag. Ein gutes Beispiel ist aber auch die Frage nach den klimarelevanten Aerosolen, die auch Aschen sein könnten, die als Folge der Brände nach dem Impact bis in die Stratosphäre gelangten.

Ein weiterer offener Punkt ist der Transportmechanismus der Aerosole: Wurden sie nach dem Einschlag rein ballistisch oder auch über den Wind über den Globus verteilt? Hinzu kommt die noch offene Frage der Residenzdauer von Aerosolen in der Atmosphäre, die von verschiedenen Autoren in Verbindung mit Einschlag an der K/T-Grenze (Kreide-Tertiär-Grenze) untersucht wurde. Wenig eingegrenzt ist hierbei auch die Menge, Größenverteilung und Herkunft der Aerosole: Waren es primär Kondensate oder Schmelztropfen des Impacts? Während die großen Körner eines Impacts (ca. 100 µm) typischerweise nur Wochen in der Stratosphäre verbleiben, sind kleinere (Nanoskalen) deutlich langlebiger. Ihr Anteil ist jedoch bisher unbekannt.

Verkompliziert werden die Untersuchungen zur Klimawirksamkeit von Meteoriteneinschlägen noch dadurch, dass die Art und Menge der freigesetzten Klimagase stark von der Beschaffenheit des vom Meteoriten getroffenen Areals abhängt. Wurde etwa ein sedimentäres Ziel getroffen, oder ein granitischer Festlandsbereich – oder stürzte der Himmelskörper gar in den Ozean? Außerdem sind die Mechanismen der Dekomposition und Rückreaktionen der Gase (SO_2, SO_3) bislang nur wenig erforscht, was zur Folge hat, dass auch die Abschätzung der freigesetzten Menge Klimagase, mit einer Unsicherheit um mehrere Größenordnungen behaftet ist.

Einen speziellen Aspekt bei Impact-Ereignissen sehen die Pfaffenhofener in der Freisetzung größerer Mengen von Stickoxiden (NOx), die einen massiven Einfluss auf Lebewesen haben – und die auch ein Teil der Hypothesen zum Massensterben an der K/T-Grenze sind. NO_x ist ein farb-, geruch- und geschmackloses Gas, das sich in der Umgebungsluft langsam zu Stickstoffdioxid NO_2 umwandelt und ein Blutgift, dass zu Lähmungserscheinungen führen kann.

Ein anderes, berühmtes Beispiel für einen Himmelskörper, der fast mit der Erde kollidierte ist der Tunguska-Meteorit, der am 30. Juni 1908 in Sibirien nahe des Flusses Podkamennaja Tunguska niederging. Es gab eine oder mehrere Explosionen, deren Wucht die Bäume der Taiga großflächig umknickte. Einer der mysteriösesten Befunde des Ereignisses ist, dass bis heute keine Spuren eines Himmelskörpers gefunden werden konnten. So ist für Spekulationen Tür und Tor geöffnet – und auch heute, über einhundert Jahre nach dem Ereignis blühen die wildesten Theorien, die von außerirdischen Todesstrahlen und dem Versagen eines UFO-Triebwerks bis hin zu einem Eismeteoriten reichen, der kurz über dem Erdboden explodierte.

Wobei das sibirische Impact- (oder muss man sagen „Fast"-Impact?) Ereignis schon einige Merkwürdigkeiten aufweist, die bis heute Anlass zu allerlei Spekulationen auch in der Wissenschaftscommunity geben. Sicherlich eine der seltsamsten Erscheinungen waren leuchtende Nachtwolken nach dem Impact. Als mögliche Erklärung für deren Entstehen vermuten einige DLR-Wissenschaftler Wasserdampf in der Stratosphäre durch einen Kometen. Andere Forscher gehen von Staub aus der Fragmentierung eines in die Atmosphäre eintretenden Asteroiden aus. Eine dritte Fraktion deutet das Ereignis als Summe hochkomplexer Vorgänge bei der Ausgasung von Staub (Transpiration) aus dem Meteoriten in der Stratosphäre.

Neben diesen wissenschaftlich fundierten Erklärungsversuchen ist das Internet ist voll von den abenteuerlichsten Theorien zur Tunguska-Katastrophe. Fantastischer Lesestoff für lange Winterabende.

Ein empfehlenswerter Artikel anlässlich des 100. Jahrestages des Ereignisses findet sich auf dem Internetblog SciLogs, dessen Link Sie am Ende des Abschnitts finden.

Aktueller Bezug

Am 15.02.2013 ereignete sich ein Meteoriteneinschlag am Ural, bei dem offenbar mehrere Menschen und einige Häuser beschädigt wurden.

Einen guten Überblick zu dem Ereignis und der Terminologie von Himmelskörpern (Meteorit, Asteroid, …) finden Sie auf den Internetseiten der Wochenzeitung DIE ZEIT: ZEIT-ONLINE: http://www.zeit.de/wissen/meteorit-russland-uralgebirge-verletzte-2.

Eine Abschätzung der Größe und der Sprengkraft des Meteoriten (nach seriösen Schätzungen immerhin ca. 33 Hiroshimabomben) und der verursachten Schäden findet sich bei der Süddeutschen Zeitung unter: http://www.sueddeutsche.de/wissen/meteor-ueber-russland-sprengkraft-von-hiroshima-bomben-1.1603167.

Eine Einschätzung zum Thema der Bedrohung der Erde durch Meteorite fand sich am 21. März in der Online-Ausgabe der Wissenschaftsseite der Süddeutschen Zeitung. Hier wurde der Chef der NASA wie folgt zitiert:

> Als dem Chef der Raumfahrtbehörde NASA jetzt im US-Kongress die Frage gestellt wurde, was sich gegen Asteroiden auf Kollisionskurs mit der Erde tun ließe, war seine Empfehlung: „Beten."

Meteoriteneinschläge

Der Einfluss kosmischer Impact-Ereignisse auf das Klima der Erde war immens. Zu den Beeinflussungen des Strahlungshaushaltes kommen die immensen Verwüstungen durch die Umwandlung der Bewegungsenergie in Wärme und Deformation beim Einschlag des Himmelskörpers. Abschließend bleibt festzustellen, dass vieles bisher ungeklärt ist.

Ihr schneller Zugang zu weiteren Informationen:

▶ Süddeutsche Zeitung: Da hilft nur beten

▸   Kollision Erde und Theia

▸   zur Tunguska-Katastrophe

3.7   Permafrostböden

Permafrost – das klingt irgendwie nach Tiefkühlkost – und ganz so falsch ist die Assoziation nicht. Bei den Permafrost-Gebieten handelt es sich um Bereiche der Erde, deren Böden permanent – und meist schon seit der letzten Eiszeit – gefroren sind. Wie nicht anders zu erwarten, liegen die meisten Flächen in den arktischen Regionen Russlands (Sibirien) sowie in Kanada und den USA (Alaska). Insgesamt nehmen sie nahezu ein Viertel der Landmasse nördlich des Äquators bis etwa zum 50. Breitengrad ein.

Zu den arktischen Regionen kommen aber auch noch die Regionen der Hochgebirge (wie etwa Alpen und Himalaya aber auch Anden), deren Jahresmitteltemperatur permanent unter null Grad Celsius liegt – oder besser gesagt lag – denn auch hier hinterlässt die globaler Erwärmung Spuren. Doch dazu später mehr.

Ein Überblick zum Permafrost, dessen Entstehung, Verbreitung, etc. befindet sich auf den Seiten des Hamburger Bildungsservers.

Die Bedeutung des Permafrostes für das Klima der Erde ist immens, da gerade in den obersten drei Metern der Böden riesige Mengen Kohlenstoff in Form fossiler Böden sowie von Öl und Hydraten gebunden sind.

Im Vorwort der AWI Publikation „Polarforschung", Nr. 81-1 (2011) beschreiben Prof. Hans-Wolfgang Hubberten und Lutz Schirrmeister der Bedeutung des Permafrostes wie folgt:

Im Zuge der aktuellen Klimadiskussion um die Auswirkungen der globalen Erwärmung nimmt das Thema Permafrost – der ähnlich wie Gletschereis und polare Meereisdecken, ein Ergebnis langfristiger, kontinuierlich kalter Klimabedingungen ist – seit einigen Jahren einen immer wichtigeren Raum ein.

(…)

Waren in der Vergangenheit die schmelzenden Gletscher und die Inlandseiskappen Grönlands und der Antarktis und der damit verbundene Meerspiegelanstieg im Zentrum der öffentlichen Diskussion, (…) so gilt den Auswirkungen des tauenden Permafrosts auf die lokale Umwelt und auf das globale Klimasystem in jüngster Zeit ein zunehmendes Interesse.

Permafrost, dauerhaft gefrorener Untergrund – immerhin 25 % der globalen Landoberfläche – wird wärmer und taut. Dies wurde in Mitteleuropa im Jahrhundertsommer 2003 zum Beispiel durch den spektakulären Felssturz am Matterhorn öffentlich wahrgenommen. Vor allem aber die mit dem tauenden Permafrost verbundene Zunahme der Emission von Treibhausgasen in die Atmosphäre, was wiederum zu einem weiteren Anstieg der Erderwärmung führen kann, hat in der Öffentlichkeit eine wachsende Aufmerksamkeit an der Permafrostforschung geweckt.

Da die Verbreitung der größten Gebiete sich auf die Landareale rund um den arktischen Ozean konzentriert, sind diese von der globalen Erwärmung massiv betroffen. Gleiches gilt für den Permafrost in den Hochgebirgsregionen.

Als besonders kritisch wird ein Auftauen des Permafrostes gesehen, da beim Auftauen freiwerdende Klimagase zu einem weiteren, massiven Schub beim Klimawandel führen könnten. Hinzu kommt noch der Rückkopplungseffekt – dass freiwerdendes CO_2 und Methan aus den oberen Regionen des Permafrostes zu einer Erwärmung führen, die auch tiefere Regionen des über 1000 m mächtigen, gefrorenen Bodens auftauen lassen, die dann noch mehr Klimagase freisetzen.

In einer Pressemitteilung des AWI vom 21.11.2012 werden die neuesten Forschungen aus den Permafrostgebieten des AWI in Potsdam vorgestellt, die im Rahmen des Umweltprogramms der Vereinten Nationen (UNEP) durchgeführt wurden:

Die bis zu 1500 m tief gefrorenen Böden in der Arktis, Sibirien und in Hochgebirgsregionen wie der Zugspitze gehören zu den größten Kohlenstoffspeichern der Erde. Schätzungen zufolge enthalten sie rund zweimal so viel Kohlenstoff, wie sich derzeit in der Atmosphäre befindet.

Taut nun dieser Untergrund aus Eis und Erde, wird ein Prozess eingeleitet, wie ihn Gärtner vom eigenen Komposthaufen (… her …) kennen. Bakterien und Mikroorganismen beginnen, einen Großteil der im Boden enthaltenen Tier- und Pflanzenreste abzubauen. Dabei wandeln sie deren organisch-gebundenen Kohlenstoff in Methan oder Kohlendioxid um. Beides sind Treibhausgase, welche die Erderwärmung verstärken und auf diese Weise das Abtauen des verbliebenen Permafrostbodens vorantreiben. Wissenschaftler bezeichnen diesen sich selbst verstärkenden Prozess als Permafrost-Rückkopplungseffekt.

Welches Ausmaß diese Rückkopplung jedoch annehmen wird, kann bisher nur geschätzt werden. Gewiss ist jedoch: Sie darf von niemandem unterschätzt werden: „Die Bedeutung des Permafrostes für das globale Klima und das Leben der Menschen in der Arktis und den Gebirgen ist viel zu lange vernachlässigt worden. Jetzt ist die Zeit gekommen, dass auch die politischen Entscheidungsträger sich mit dieser Problematik auseinandersetzen und sie ernst nehmen", sagt Hugues Lantuit von der Außenstelle des AWI in Potsdam.

> Die (…) Empfehlung des neuen UNEP-Reports zielt deshalb auf die Entwicklung konkreter Anpassungsstrategien ab. „Staaten, die wie Russland, Kanada, China oder die USA über große Permafrost-Gebiete verfügen, sollten anfangen, mögliche Risiken, Schäden und Kosten eines großflächigen Tauprozesses abzuschätzen und zu erfassen", so Hugues Lantuit. Bisher gibt es laut Bericht nämlich nur eine Handvoll Studien, die sich mit dem Thema Folgekosten beschäftigen. Dabei sei jetzt schon abzusehen, dass in Zukunft die Zahl der Schäden an Häusern, Straßen, Wasserleitungen und anderer Infrastruktur deutlich steigen werde.

Zu den in der Pressemitteilung beschriebenen Folgen des Auftauens der arktischen Permafrostböden kommt gerade auch in den Hochgebirgsregionen ein weiterer Aspekt: Wie Zement hält der gefrorene Boden den Fels sowie die Geröll- und Schutthalden zusammen. Taut der Permafrost auf, geht die Bindewirkung des Eises verloren und große Bereiche werden instabil. In Folge der Instabilität können vermehrt Bergstürze sowie Hang- und Bodenrutschungen auftreten, die auch Siedlungen und Wintersportorte in und an den Gebirgen bedrohen.

OK, soweit zur Theorie, aber wie sieht es vor Ort in Sibirien aus?

„Seit 20 Jahren untersuchen die Forscher des AWI Potsdam den Permafrostboden (vgl. Abb. 3.18) der Insel Samoylov im sibirischen Lenadelta", erläutert Lantuit, der erst Mitte 2012 von der letzten Expedition nach Sibirien wieder nach Deutschland zurückkehrte. Vor Ort nutzen die AWI-Forscher Bohrlöcher, in denen sie Profile von Temperatursensoren und so genannte Chambers (Boxen) anordnen. Messen die Forscher die Temperaturen im Bohrloch direkt, so versuchen sie mit den Boxen an der Erdoberfläche und in der Auftauschicht freiwerdendes Gas aufzufangen, das später analysiert wird. „Hinzu kommt der Einsatz von so genannten Eddy Covariance Türmen, die Gas-Flüsse im Boden automatisch quantifizieren und die auch Flussrichtung des Gases bestimmen", ergänzt Lantuit.

Die bisherigen Ergebnisse der AWI-Forscher unterstreichen die Wichtigkeit der Permafrostböden für die Entwicklung des globalen Klimas der Zukunft: „Vor Ort konnten wir beobachten, dass die Auftautiefe des Permafrostes zunimmt und Mikroben, die bereits bei der Bildung des Permafrostes vor über 10.000 Jahren im Boden lebten, wieder reaktiviert werden. Bei der dann beginnenden biologischen Umsetzung des organischen Materials im aufgetauten Boden werden die Klimagase CO_2 und Methan frei."

Droht dem Weltklima jetzt eine zusätzliche, sprunghafte Verschlechterung durch noch mehr Treibhausgase – sind die auftauenden Permafrostböden also eine tickende Zeitbombe? „Bedingt", sagt Lantuit. „Einerseits führen die freigesetzten Klimagase zu einer Verstärkung der globalen und lokalen Erwärmung, die dann auch wieder zu einem weiteren Auftauen des Permafrostes führt. Andererseits konnten wir aber auch einen so genannten Vegetationseffekt beobachten: Die arktische Flora nutzt das freiwerdende CO_2 zur Photosynthese und entzieht es wieder der Luft und dem Porenwasser."

Also scheinen die gerade laufenden Prozesse im Permafrost eine „Gleichung mit vielen Unbekannten" zu sein. „Ja, richtig ist, dass wir gerade erst beginnen die Prozesse und ihre Rückkopplungen zu verstehen und dass es noch viel Forschungsbedarf gibt", sagt Lantuit. „Aber ganz wichtig festzuhalten ist, dass die Klimagase aus dem Permafrost nicht wie bei

Abb. 3.18 vermittelt ein Bild von den Verhältnissen in Sibirien, verdeutlicht die Mächtigkeit des sibirischen Permafrosts und zeigt dessen Formenreichtum (Fotos: H. Lantuit, © AWI Potsdam)

einer Bombe, d. h. auf einmal freigesetzt werden, sondern dass der Prozess langsam von statten geht."

Also Entwarnung? „Nur bedingt", sagt Lantuit. „Einmal zeigen unsere Forschungen, dass der Vegetationseffekt offenbar nur einer von mehreren Effekten ist, der den Rückkopplungseffekt – zumindest teilweise – kompensiert. Andererseits unterstreichen unsere Ergebnisse aber auch, wie wichtig es ist, dass die jetzt laufenden Prozesse im Permafrost noch stärker als bisher in die Klimamodelle des IPCC einbezogen werden, um besser abschätzen zu können, was wann passiert und welche Auswirkungen es hat."

Permafrostböden

Die Permafrostböden nehmen rund ein Viertel der globalen Landmasse ein und sind der größte Kohlenstoffspeicher im Boden.

Das Auftauen der Permafrostböden setzt bisher im Boden gebundene Treibhausgase frei und multipliziert die Ursachen und Auswirkungen des Klimawandels. Allerdings laufen die Prozesse auf einer langen Zeitskala und die Interaktionen – zum Beispiel mit der lokalen Flora – sind noch nicht ausreichend verstanden, um eine abschließende Bewertung der Klimawirksamkeit abzugeben.

In den Hochgebirgsregionen verlieren die Berghänge durch das Auftauen des Permafrostes ihren Halt und Hangrutschungen bedrohen sowohl die Touristenorte als auch die Städte.

Ihr schneller Zugang zu weiteren Informationen:

▶   Beitrag zum Permafrost auf dem Hamburger Bildungsserver

▶   Interview zum Auftauen des Permafrosts mit Leiter der AWI-Forschungsstelle Potsdam, Prof. Dr. Hans-Wolfgang Hubberten

Das Klima der Neuzeit

4

Im vorigen Kapitel haben wir gesehen, wie sich das Klima der jüngeren Erdgeschichte rekonstruieren lässt. Aber wie steht es mit den Hinweisen auf klimatische Veränderungen und Untersuchungen des Klimas der Neuzeit – also den Zeitraum, aus dem menschliche Hinterlassenschaften und Klimaaufzeichnungen überliefert sind?

Wie man sich leicht vorstellen kann, sind die bewussten und unbewussten Überlieferungen aus rund einer Million Jahren Menschheitsgeschichte, aus denen Forscher auf das damals herrschende Wetter bzw. Klima schließen können, äußerst vielschichtig – und bezieht man den bekanntesten Vertreter unserer frühesten Vorfahren aus der Gattung *Australopithecus afarensis*, „Lucy", mit ein, erweitert sich dieser Zeitraum sogar auf 3,7 bis 2,9 Millionen Jahre. Die Hinweise aus dieser Epoche reichen von archäologischen Zeugnissen wie menschlichen Knochen, Grabbeilagen, Höhlenmalereien, Speise- und Getreideresten aus menschlichen Siedlungen über Notizen aus Klöstern, Schiffstagebüchern und den ersten systematischen Wetteraufzeichnungen bis hin zum Aufbau des engmaschigen Netzes von hochmodernen, vollautomatisierten Mess- und Sendestationen und den Wettersatelliten.

Schon aus dieser immer noch unvollständigen Aufzählung lässt sich erahnen, was für einen riesigen Schatz an Wetterbeobachtungen unterschiedlichster Art und Herkunft der Mensch in seiner Geschichte hinterlassen hat – und ständig neu produziert. Deren Auswertung ist jedoch mit allerlei Schwierigkeiten behaftet. Beispielsweise haben sich im Lauf der Zeit sowohl die Systematik als auch die Messmethodik stark verändert, sodass die historischen Daten nicht ohne Weiteres direkt mit den heutigen vergleichbar sind. So sind etwa die Aufzeichnungen von den Mönchen des Mittelalters nur über orts- und zeitspezifische Korrekturen mit den heutigen zu vergleichen, zu stark variieren allein schon die Ableseabstände und Berechnungsmethoden etwa der Tagesdurchschnittstemperatur – selbst wenn sie von einem Ort stammen.

Hinzu kommen die individuelle Wahrnehmung des jeweiligen Beobachters und die Art seiner Niederlegung von Wetterdaten. Denn vor der Erfindung exakter Messgeräte mussten Wetterphänomene, wie etwa die Windstärke, abgeschätzt werden. Und vor der Normie-

R. Schacht, *Wann bekommen die Küstenbewohner denn nun nasse Füße?*,
DOI 10.1007/978-3-658-00327-2_4, © Springer Fachmedien Wiesbaden 2014

rung der Aufzeichnungen wurden die Beobachtungen so notiert, wie es dem einzelnen Beobachter sinnvoll und praktikabel erschien.

Nicht zu vergessen bei der Bewertung aller Chroniken sind aber auch die immensen Technologiesprünge, etwa im Bereich der Mikroelektronik, die sich in ähnlicher Weise auch auf die Methodik der Wetterbeobachtungen übertragen lassen. So gab es in der Entwicklung der Messmethoden und -instrumente riesige Entwicklungssprünge, die von der Abschätzung etwa der Windgeschwindigkeit mit Hilfe der Beaufort-Skala im 19. Jahrhundert bis hin zu den äußerst präzise arbeitenden, computergesteuerten Instrumenten in den modernen, automatischen Wetterstationen und den meteorologischen Satelliten reichen. „Wobei gerade etwa die Abschätzung der Windgeschwindigkeit mit Hilfe der Beaufort-Skala einen hohen Grad an Genauigkeit erreichte", ergänzt Dr. Birger Tinz vom Seewetteramt Hamburg. „Und das gilt umso mehr, je geübter die Beobachter im Umgang mit der Skala sind beziehungsweise waren."

Zur Illustration der Entwicklungsschritte in der Meteorologie sei hier daran erinnert, dass das Thermometer erst im Jahr 1592 von Galileo Galilei erfunden wurde und bis zu einer industriellen Fertigung – und damit weiten Verbreitung – noch rund 250 Jahre vergingen. Das erste Barometer erfand Galileis Schüler Evangelista Torricelli im Jahr 1643, und nur fünf Jahre später konnte der französische Physiker Blaise Pascal durch Vergleichsmessungen auf einem hohen Turm und am Boden beweisen, das der Luftdruck mit der Höhe abnimmt. Erst allmählich erkannten die frühen Meteorologen, dass das Wetter von den großräumigen Prozessen in der unteren Atmosphäre, der sogenannten Troposphäre (bis in ca. 10.000 m Höhe), beeinflusst wird. Mit zunehmender Beschäftigung mit den Phänomenen in der Atmosphäre wurde den Wissenschaftlern klar, dass es eines großräumigen Beobachtungsnetzwerkes bedarf, um die Prozesse im Einzelnen verstehen zu können. So war es nur folgerichtig, dass auf Geheiß des toskanischen Großherzogs Ferdinand II. im Jahr 1654 das erste Netz von Wetterstationen eingerichtet wurde, das bis 1670 in Betrieb war.

Das erste Beobachtungsnetz in Deutschland wurde 1780 von der Pfälzischen Meteorologischen Gesellschaft, der Societas Meteorologica Palatina, aufgebaut, das später einmal zum Vorbild aller modernen Netzwerke werden sollte. Mit der Einrichtung des Netzes wurden auch die Ablesezeiten der Messungen – um sieben, 14 und 21 Uhr – standardisiert, die als „Mannheimer Stunden" auch heute noch Gültigkeit besitzen. Am Sitz der Societas Meteorologica Palatina in Mannheim richteten die frühen Meteorologen auch das erste Archiv für Wetterbeobachtungen ein, in dem sie alle Aufzeichnungen von den Stationen sammelten.

Das Beobachtungsnetz der Societas Meteorologica Palatina ging 1795 in Betrieb und umfasste schließlich 39 Stationen rund um den Globus: von Nordamerika, Grönland, Nord- und Mitteleuropa bis nach Russland. Heute gelten die Aufzeichnungen als das erste globale Wetter- und Klimaarchiv überhaupt.

Die historischen Daten zusammenzutragen, aufzuarbeiten und schließlich in eine von Computern lesbare und damit auch etwa für Klimamodelle verwendbare Form zu bringen, ist auch heute noch eine manuell zu erledigende Herkulesaufgabe, die die Mitarbeiter der Abteilung Klimaservices des Deutschen Wetterdienstes (DWD) wohl noch einige Jahre beschäftigen wird – und die sicherlich noch manche Überraschung birgt. „Hinzu kommt die aufwendige Methode der Zusammenführung von Daten aus den verschiedenen Jahrhunderten, denn gerade wenn man etwa Daten aus dem Mittelalter mit denen von heute vergleichen will, geht das nur in den seltensten Fällen Eins zu Eins", erläutert der Meteorologe Gerhard Müller-Westermeier vom Deutschen Wetterdienst (DWD) in Offenbach, der sich mit der Analyse und der Zusammenführung von historischen und aktuellen Daten beschäftigt. So haben etwa Änderungen der Bebauung und des Baumbestandes einen erheblichen Einfluss auf die meteorologischen Parameter der Windgeschwindigkeit, Temperatur und Feuchte des Gebietes, in dem die Messapparatur steht. „Bei der Zusammenführung der Daten beziehen wir daher – soweit möglich – Änderungen der Bebauung et cetera mit ein", sagt Müller-Westermeier. So entsteht in mühevoller Kleinarbeit ein standortspezifischer Korrekturfaktor, mit dem die Mitarbeiter des DWD Abweichungen, etwa durch eine Änderung der Bebauung, aus den Daten herausrechnen.

Aber auch das ist noch nicht alles: So werden zur Bestimmung der Tagesdurchschnittstemperatur an einem Ort typischerweise die Messwerte, die zu den Mannheimer Stunden erhoben wurden – also die von sieben, 14 und 21 Uhr –, addiert, wobei der 21-Uhr-Wert zweimal in die Rechnung mit eingeht, und dann die Summe durch vier geteilt.

Ermittlung der Tagesdurchschnittstemperatur an einem Ort

Messzeitpunkt (in UTC) (Mannheimer Stunden)	Messwert (in °C)
7:00 Uhr	12,00
14:00 Uhr	21,00
21:00 Uhr	14,50
21:00 Uhr	14,50
	Summe: 62,00

Dividiert durch 4 ergibt sich in diesem Beispiel eine Tagesdurchschnittstemperatur von 15,5 °C.

„Bei vielen historischen Daten fehlt die Messung von 21 Uhr", sagt Müller-Westermeier, „und dann müssen wir je nach Messreihe und -ort die Formel für die Tagesdurchschnittstemperatur neu bestimmen."

Eine der längsten und vollständigsten Messreihen der Welt ist die des ältesten Bergobservatoriums der Welt am Hohenpeißenberg südwestlich von München. Seit dem 1. Januar 1781 werden dort kontinuierlich meteorologische Messungen vorgenommen. „Das Observatorium Hohenpeißenberg wurde 1781 formell als Station der Societas Meteorologica Palatina gegründet und gehörte als Außenstelle zum Mutterkloster Rottenbuch",

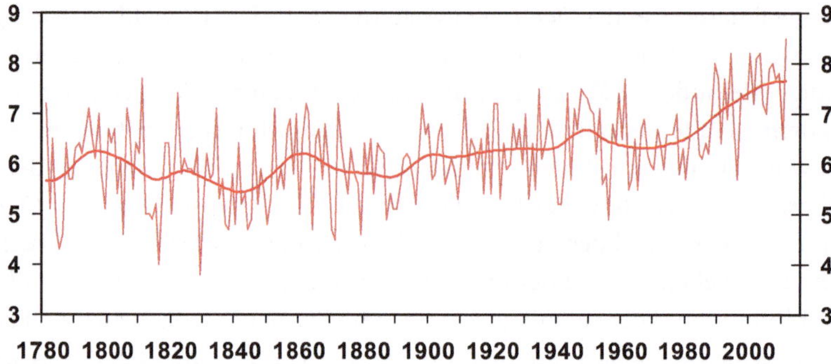

Abb. 4.1 Entwicklung der Jahresmitteltemperatur am Hohenpeißenberg vom Beginn der Messungen im Jahr 1781 bis 2011, Y-Achse: Temperatur in Grad Celsius, X-Achse: Zeit in Zehnjahres-Schritten (Quelle: Deutscher Wetterdienst, Meteorologisches Observatorium Hohenpeißenberg © DWD)

erklärt der heutige Leiter des Observatoriums Dr. Wolfgang Fricke. Die Societas selbst wurde bei ihrem Aufbau von dem Mannheimer Abt Johann Jakob Hemmer geführt und umfasste 39 Stationen in ganz Europa, in Grönland und Nordamerika. Nach und nach rüstete Hemmer die Stationen mit einheitlichen Beobachtungsgeräten aus, standardisierte das Beobachtungskonzept und veröffentlichte die Ergebnisse schließlich in den *Mannheimer Ephemeriden*. Doch was ist so besonders an der 980 m hoch gelegenen Station im Voralpenland?

„Der Hohenpeißenberg ist die einzige Station aus dem Netz der Societas Meteorologica Palatina, an der nahezu unterbrechungsfrei seit 1781 meteorologische Beobachtungen vorgenommen werden", erläutert Fricke, dessen Observatorium sich insbesondere durch seine freie Lage und eine nahezu unverändert gebliebene Bebauung gegenüber anderen Observatorien auszeichnet. „So weisen unsere langen Messreihen eine hohe Homogenität auf und sind nicht durch Zunahme der Bebauung in der nahen Umgebung oder durch Wärmeinseleffekte (vgl. Kap. 7) gestört", erklärt Fricke. Die Güte der Daten hat aber auch mit der geographischen Lage des Observatoriums zu tun: „Aufgrund seines Standorts auf einem den Alpen vorgelagerten, fast tausend Meter hohen Inselberg ist das Observatorium auf dem Hohenpeißenberg für meteorologische Beobachtungen besonders gut geeignet, da die Station etwa nachts aus der bodennahen Kaltluft herausragt und kleinräumige Effekte – wie etwa von Siedlungen und Tälern – keine Auswirkungen haben", erläutert Fricke. „So lassen sich natürliche Schwankungen von anthropogen verursachten trennen."

Wie man sich leicht vorstellen kann, sind derartig lange und kontinuierliche Datensätze für die Klimaforschung „Gold" wert – reichen sie doch von der Zeit vor der industriellen Revolution bis in die Gegenwart. Die Veränderung der Jahresmitteltemperatur am Hohenpeißenberg über die Jahrhunderte zeigt die Abb. 4.1.

Wie unschwer zu erkennen ist, ist das Zusammentragen und Auswerten von historischen Messwerten eine echte Sisyphusaufgabe, mit der sich unter anderem auch die Meteorologen Dr. Birger Tinz und Wolfgang Gloeden vom Seewetteramt Hamburg neben ihre eigentlichen Arbeit beschäftigen – wobei ihnen die Begeisterung für die Auseinandersetzung mit den alten Seetagebüchern deutlich anzumerken ist. „Es ist immer wieder faszinierend, was wir etwa in den Seetagebüchern aus der deutschen Kolonialzeit entdecken", sagt Gloeden. „So finden sich neben systematisierten Aufzeichnungen des Wetters auf See auch immer wieder Notizen des wachhabenden Offiziers, die den Leser – einer Zeitmaschine gleich – direkt an Bord eines der ehemaligen Handelsschiffe versetzen." Und diese kleinen Randnotizen haben es buchstäblich „in sich", wird doch mal von heftigen Stürmen auf See und mal von außergewöhnlichen Geschehnissen an Bord berichtet: So ist etwa vom tödlichen Sturz eines Matrosen aus den Masten eines Großseglers zu lesen oder auch von einer Havarie – eine spannende und faszinierende Lektüre für alle, die der altdeutschen Sütterlinschrift mächtig sind.

„Immer wieder faszinierend und aufregend sind aber auch die Funde alter Wetteraufzeichnungen, die wir immer wieder von allen Seiten aus der Bevölkerung erhalten", sagt der Pressesprecher des Deutschen Wetterdienstes Gerhard Lux. „So kommt es von Zeit zu Zeit vor, dass uns Menschen aus allen Teilen des Landes längst verschollen geglaubte Dokumente schickten, die sie zufällig etwa beim Aufräumen eines alten Dachbodens fanden", sagt Lux und ergänzt: „Manchmal sind echte Schätze dabei, Daten, die uns helfen, Lücken in unseren eigenen Aufzeichnungen zu schließen." Eine große Anzahl neuer Funde verzeichneten die Offenbacher Meteorologen nach der deutschen Wiedervereinigung. „Gerade durch die Wirren des Zweiten Weltkrieges und den unterschiedlichen Umgang mit historischen Dokumenten in den beiden politischen Systemen des Nachkriegsdeutschland wurden auch die Dokumente aus den Wetterstationen weit verstreut – manchmal sind echte Glücksfunde dabei."

Aber der Reihe nach: Was sind das für Daten, und wie kann man sie in die aktuellen Wetter- und Klimabeobachtungen einfügen?

Zuständig für die Wetter- und Klimaüberwachung in Deutschland ist heute der Deutsche Wetterdienst. Neben der größten Fachkompetenz besitzt er das umfangreichste Netzwerk für meteorologische und klimatologische Daten in Deutschland und unterhält neben seiner Zentrale in Offenbach am Main die Außenstelle in Hamburg, das deutsche Seewetteramt. National und international ist der DWD eng mit den nationalen und internationalen Wetterdiensten und der Weltorganisation für Meteorologie verbunden.

Und natürlich sind die Meteorologen des DWD auch immer die ersten Ansprechpartner, wenn es um die Wettervorhersage, Unwetterwarnungen und Extremereignisse des Wetters geht. Zu diesen originären Aufgaben eines Wetterdienstes kommen in den letzten Jahren aber auch vermehrt die Dienstleistungen, die sich mit dem Klimawandel, dessen Folgen und möglichen Anpassungen beschäftigen. Immer mehr Entscheidungsträger aus Politik und Wirtschaft suchen den Rat der Offenbacher Experten, wenn es um den Umgang mit den Folgen des Klimawandels und dessen lokale Abmilderung, etwa im modernen Städtebau, oder die sowohl tages- als auch jahreszeitliche Abstimmung regenerativer Energien geht. Doch dazu später mehr (Kap. 7).

4.1   Archäologische Hinweise auf Veränderungen des Klimas

Zu den ältesten Hinweisen auf Klimaveränderungen zählen die Funde, die Archäologen immer wieder bei Ausgrabungen antiker Stätten machen. Wobei es sich bei diesen Stätten nicht immer um die großartigen Funde ganzer Städte, Schiffe oder unversehrter königlicher Grabkammern handeln muss. Auch die vielen kleinen Hinterlassenschaften des Alltags, wie etwa Knochenreste aus dem Abfallhaufen ehemaliger menschlicher Siedlungen, verraten dem geübten Auge eine Menge über die klimagesteuerten Veränderungen im Leben der Menschen. So geben etwa Änderungen der Haustierrassen ebenso Hinweise auf klimatische Veränderungen wie das plötzliche Auftauchen neuer, wärme- oder kälteliebender Getreidesorten oder das Auftreten neuer – etwa kälte- oder feuchteliebender – Baumarten.

Eine ergänzende Quelle zu Klimaveränderungen sind aber auch die Hinweise, die in den Kunstwerken vergangener Jahrhunderte überliefert sind. Vermitteln sie auch ein plastisches Bild des Lebens zur Zeit ihrer Entstehung, können sie der Wissenschaft zumeist aber nur als zusätzliche indirekte Informationen dienen – schließlich lassen etwa Gemälde einer Winterlandschaft zwar den Schluss auf einen harten Winter zu, ermöglichen aber keine Quantifizierung der Temperatur.

Ein Beispiel sind etwa die Werke niederländischer Maler aus dem 16. und 17. Jahrhundert, die Schlittschuh laufende Kinder auf Grachten zeigen, die schon seit Jahrzehnten nicht mehr zufrieren. Die damals strengen Winter können als eine Erscheinung der sogenannten Kleinen Eiszeit gedeutet werden können. Bekannt sind etwa die Bilder des holländischen Malers Hendrick Avercamp (1585–1634), der häufig Winterlandschaften als Motive für seine Bilder auswählte, oder auch die Winterbilder von Pieter Brueghel.

Aber auch kurzzeitige klimawirksame Ereignisse lassen sich aus den Kunstwerken vergangener Epochen ableiten. So zeigen etwa Gemälde von Kaspar David Friedrich aus der Epoche 1815 bis ca. 1817 einen sehr roten Himmel (vgl. Abb. 4.2), der sich aller Wahrscheinlichkeit nach auf die Aschewolken des 1815 ausgebrochenen indonesischen Tambora-Vulkans zurückführen lässt.

Zu den ältesten und eindrucksvollsten Kunstwerken mit Überlieferungen zum Klima gehört aber sicherlich die Höhlenmalerei „Schwimmer in der Wüste", die vor 4000 bis 9000 Jahren entstand (vgl. Abb. 4.3). Dabei handelt es sich um die Felszeichnung eines Schwimmers in einer Höhle nahe des ägyptischen Wüstenortes Djebel Uweinat, die heute mehr als 500 km vom nächsten Wasserlauf entfernt mitten in der Wüste liegt. Angesichts des heutigen Wüstenklimas scheinen die Malereien in die Irre zu führen oder die Hirngespinste prähistorischer Maler abzubilden, doch sie passen sehr gut zu den Ergebnissen geowissenschaftlicher Untersuchungen der Klimageschichte der heutigen Sahara. Danach waren große Teile der heutigen Wüste vor rund 9000 Jahren grün, und wo sich heute der Sand zu hohen Dünen auftürmt, gab es einst große Süßwasserseen. Das seinerzeit in weiten Teilen der Sahara vorherrschende Ökosystem lässt sich wahrscheinlich am ehesten mit dem heutigen Bild einer Trockensavanne mit Galeriewäldern entlang der Wadis vergleichen. Aber es kommt noch besser: Während des sogenannten nacheiszeitlichen Klimaoptimums

Abb. 4.2   Roter Himmel über Nordeuropa. Der rote Himmel im Bild „Küstenlandschaft im Abendlicht" von Caspar David Friedrich, das zwischen 1815 und 1817 entstand, in einer Abhandlung zu den Folgen des Ausbruchs des Tambora interpretiert der Geograph Manfred Vasold den roten Himmel als den Einfluss der Staubmassen des Tambora Vulkans im April 1815: Der vulkanische Staub filterte das Sonnenlicht, so dass die Spektralfarben Grün und Blau die Atmosphäre kaum noch durchdringen konnten und die Farbe Rot dominiert (Vasold 2000). Foto: Michael Hayn, © die LÜBECKER MUSEEN

(vor rund 8000 Jahren) gab es in einer der heute trockensten und heißesten Regionen der Erde genug Niederschläge, dass teilweise sogar Weidewirtschaft möglich war (vgl. Kröpelin 2009).

Neben der bildlichen Darstellung des alltäglichen Lebens lassen sich aus den Kunstwerken zwar keine „harten" Klimainformationen wie etwa Paläotemperaturen rekonstruieren, aber sie runden das Bild ab.

Ähnlich verhält es sich mit den Auswanderungsbewegungen nach Amerika aus Nordeuropa, die sich etwa mit den klimatischen Verschlechterungen während und nach der Kleinen Eiszeit um die Mitte des 17. Jahrhunderts korrelieren lassen: Viele Menschen flohen damals vor dem drohenden Hunger aus Europa und suchten in der Neuen Welt ihr Glück.

Diese wenigen Beispiele geben schon einen starken Hinweis auf die direkte Verquickung zwischen dem menschlichen Leben und dem jeweils herrschenden Klima. Änderte sich das Klima an einem bewohnten Ort, mussten die Menschen ausweichen und in neue Regionen ziehen – oder sie gingen unter.

Im Mittelpunkt vieler archäologischer Untersuchungen steht daher die Frage, welche Bedeutung der wahrscheinlich stärkste rapide Klimawechsel im Zeitrahmen der nacheiszeitlichen, holozänen Geschichte für den vorgeschichtlichen Menschen hatte.

„Dieser Klimawechsel fand um 6200 v. Chr. statt, und seine Signatur ist in zahlreichen polaren, marinen und terrestrischen Archiven der nördlichen Hemisphäre dokumentiert",

Abb. 4.3 Höhlenmalerei: Schwimmer in der Wüste. Die Höhle mit der Zeichnung befindet sich im südwestlichen Ägypten nahe der Grenze zu Lybien, auf dem Gilf el Kebir-Plateau in der Sahara. Sie wurde im Oktober 1933 vom ungarischen Forscher Ladislaus Almásy entdeckt, und enthält Höhlenmalereien von schwimmenden Figuren, von denen man annimmt, dass sie vor 4000 bis 9000 Jahren entstanden sind (Foto und © A. v. Almásy)

schreibt Bernhard Weninger in seinem Übersichtsband über die archäologischen Untersuchungen zum Klimawandel (Weninger et al. 2005). Bei dem Klimawechsel handelt sich in vielen Regionen der Nordhalbkugel um einen Umschwung von warm-feucht zu kalt-trocken und zurück, der sich bei näherer Betrachtung als komplexe Abfolge extrem schneller klimatischer Fluktuationen erweist, die insgesamt mehr als 200 Jahre andauern, bevor sich das Klimasystem allmählich wieder stabilisierte und schließlich in seinen Anfangszustand zurückkehrte. In diesen Zeitraum fällt der archäologisch und kulturgeschichtlich wichtige Übergang vom akeramischen zum keramischen Neolithikum (der Jungsteinzeit). Ein Zeitraum, in dem sich einer der wichtigsten Entwicklungsschritte des Menschen vollzog: der Wandel vom nomadisierenden Sammler und Jäger hin zu sesshaften Bauern, die sogenannte neolithische Revolution.

Gute Beispiele für die Abhängigkeit der Menschen von den herrschenden klimatischen Bedingungen in ihrem Lebensraum und den Untergang von Gemeinwesen nach Veränderungen des Klimas sind etwa der Niedergang der bronzezeitlichen Harappa-Hochkultur des heutigen Indien, der Untergang der Maya-Hochkultur in Südamerika und die Vertreibung der steinzeitlichen Bewohner vom heutigen Meeresboden der Ostsee.

Der Untergang des Maya-Reiches ist aus heutiger Sicht geradezu ein Paradebeispiel und Menetekel für den möglichen Untergang unserer eigenen Zivilisation: Ging die Maya-Hochkultur doch infolge eines selbstgemachten Klimawandels unter!

4.1.1 Untergang der Harappa-Hochkultur

Das Volk der Harappa lebte vor über 4000 Jahren im Nordwesten des indischen Subkontinents, und ihre Zivilisation gilt als eine der drei frühen Hochkulturen der Menschheit. In ihrer Blütezeit umfasste die Harappa-Hochkultur schätzungsweise rund zehn Prozent der damaligen Weltbevölkerung und lebte auf einer Fläche von mehr als einer Million Quadratkilometern. Wie Sedimentuntersuchungen und Satellitenbeobachtungen der amerikanischen Woods Hole Oceanographic Institution (vgl. Giosan et al. 2012) ergaben, wurde das zentrale Siedlungs- und Anbaugebiet der Harappa nicht wie ursprünglich gedacht vom Wasser aus dem nahen Himalaja-Gebirge bewässert, sondern die bronzezeitlichen Siedler waren vom jährlichen Monsun abhängig. Eine Verlagerung des Monsuns nach Osten führte zu einer zunehmenden Trockenheit im Siedlungsgebiet und zwang letztlich die Menschen zur Aufgabe ihrer Wohnstätten und zum Verlassen ihres angestammten Siedlungsraums.

Mit dem Verlassen ihre Städte wandelte sich auch die Kultur der Harappa und erlosch schließlich: Waren die Harappa in ihrem angestammten Areal noch erfolgreiche Bauern und Händler, so brach nach der Umsiedlung das ehemals bis nach Mesopotamien und ans Meer reichende Handelsnetz zusammen und anstelle von großen Städten entstanden nur noch kleine Dörfer – die Hochkultur der Harappa wurde Geschichte.

4.1.2 Untergang der Maya-Hochkultur

Gab es bisher viele Spekulationen darüber, was den Untergang der Maya-Hochkultur verursacht haben könnte, glauben NASA-Forscher um den Archäologen Tom Sever (Sever 2004) den Grund für deren Verschwinden gefunden zu haben: Die Zivilisation der Maya wuchs schnell und schädigte dabei so dramatisch ihre Umwelt, dass sie die Menschen nicht mehr ernähren konnte. Eine selbst verursachte, 30-jährige Dürreperiode wurde ihnen schließlich zum Verhängnis.

Vieles aus der Geschichte der Mayas kommt einem heute lebenden Leser sehr bekannt vor: Eine gut organisierte, stark urbanisierte Bevölkerung wächst überproportional an (bei den Mayas wahrscheinlich auf über 20 Millionen Menschen!) und versucht auf Kosten der Umwelt ihr Auskommen aufrechtzuerhalten – mit unabsehbaren Folgen für die Umwelt und letztlich auch sich selbst.

So betrieben die Maya eine intensive Landwirtschaft, die zur Ernährung der wachsenden Bevölkerung immer mehr Platz brauchte. Doch woher nehmen? Ein scheinbar naheliegender Ausweg war schnell gefunden, und die Maya-Bauern begannen großflächig den Regenwald der Halbinsel Yukatan zu roden, um neue Flächen für die Landwirtschaft zu gewinnen. Zwar wurde so zunächst die dringend benötigte Nahrungssicherung erreicht, aber man unterschätzte die Folgen für die Umwelt: Das fragile Gleichgewicht des regionalen Klimas wurde zerstört, und Pollenanalysen der NASA-Wissenschaftler zeigen, dass der Regenwald schließlich vollständig aus dem Areal verschwand – mit massiven Auswirkungen auf die lokale Niederschlagsbildung und -verteilung. Die Niederschläge wurden zunächst weniger, der Ackerboden erodierte, und schließlich blieben die Niederschläge nahezu ganz aus. Die NASA-Forscher gehen von einem regionalen Temperaturanstieg von bis zu sechs Grad Celsius aus – zu heiß und zu trocken für Ackerbau.

Die Folgen, unter denen die Maya-Bauern zu leiden hatten, sind den weltweit zu beobachtenden Problemen der heutigen industriellen Landwirtschaft sehr ähnlich: Wälder weichen Monokulturen, und das natürliche Gleichgewicht des regionalen Klimas gerät allerorten aus den Fugen. Unmittelbare Folgen der industriellen Landwirtschaft waren und sind, dass fruchtbarer Boden erodiert, die Niederschlagsmengen zurückgehen und die neu erschlossenen Ackerflächen mehr Wasser verbrauchen, als aus der Atmosphäre nachgeliefert wird. Dass auch hochentwickelte Bewässerungssysteme nur bedingt helfen, lässt sich heute etwa im westafrikanischen Mali betrachten: Die Wüsten wachsen, und ehemals fruchtbare Ackerflächen am Rand des größten Flusses der Region, dem Niger, verschwinden im Sand! So auch zu Zeiten der Maya: Trotz ihres ausgeklügelten Bewässerungssystems konnten sie die Austrocknung ihrer Felder nicht verhindern, und ihre Kultur ging unter – eine ähnliche Entwicklung, wie wir sie heute nicht nur in Westafrika, sondern etwa auch in der Sahelzone sehen.

4.1.3 Klimawandel in der Steinzeit

Ein wenig bekanntes Beispiel für die Auswirkungen des Klimawandels ist die Vertreibung der ehemaligen Bewohner des heutigen Meeresbodens der Ostsee.

In der rapiden Erwärmung nach der letzten Eiszeit versanken nach der Seen- und Tundrenlandschaft des heutigen Meeresbodens der Ostsee auch die Siedlungen und Jagdgründe der steinzeitlichen Kulturen des heutigen Nord- und Ostseeraums in den steigenden Fluten der See. Wissenschaftler des Forschungsprojekts „Sinkende Küsten" (SINCOS) fanden Zeugnisse von Jägern, Sammlern und frühen Bauern auf dem heutigen Meeresboden und bargen über 6000 archäologische Fundstücke, die eine hohe steinzeitliche Besiedlungsdichte des heutigen Ostseeraums anzeigen. Vor der Ostseeinsel Poel kartierten Unterwasserarchäologen Abfolgen von Siedlungsplätzen, die – wie Perlen auf einer Schnur aufgereiht – eindrucksvoll das schrittweise Zurückweichen der steinzeitlichen Siedler vor dem steigenden Meerwasser belegen (vgl. Abb. 4.4).

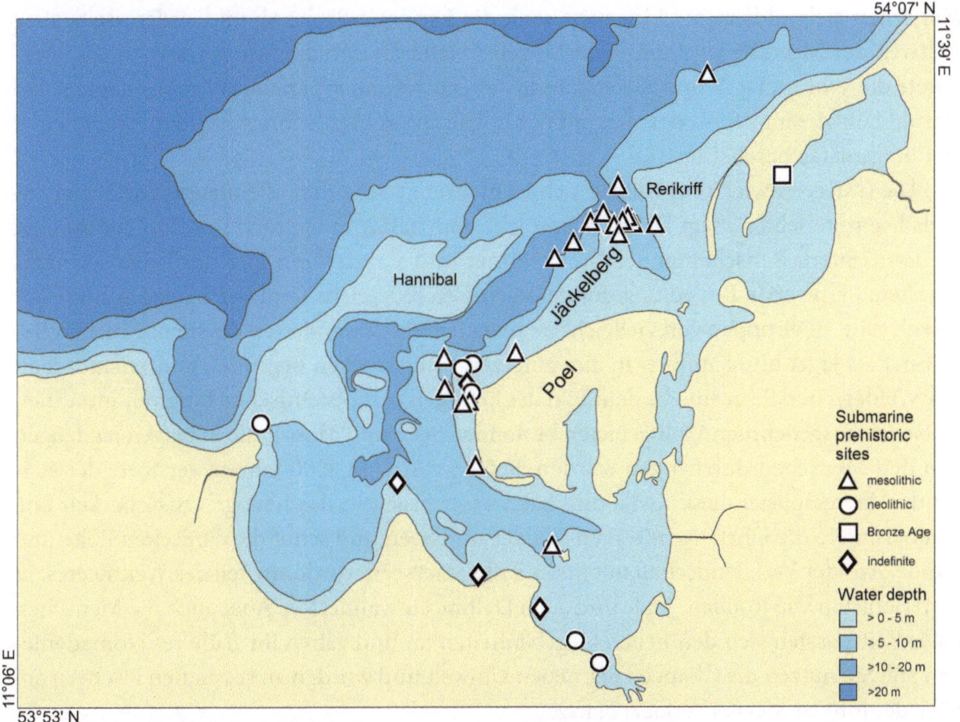

Abb. 4.4   Steinzeitliche Siedlungen auf dem Boden der heutigen Ostsee (Grafik: Dr. Harald Lübke, © Centre for Baltic and Scandinavian Archaeology, Schloss Gottorf)

Die steinzeitlichen Fundstücke, von Jagdwerkzeugen wie Flintgeräten und Aalstechern bis hin zu frühgeschichtlichem Ackergerät, wurden quasi nebenbei bei der Vermessung des Meeresbodens entdeckt und werden jetzt zum Beispiel im neu gegründeten Zentrum für Baltische und Skandinavische Archäologie (ZBSA) bei der Stiftung Schleswig-Holsteinische Landesmuseen in Schloss Gottorf, Schleswig, untersucht.

„Dabei nutzen wir insbesondere die frühgeschichtlichen Abfallhaufen der Siedlungen", erläutert der Archäologe Dr. Sönke Hartz von Schloss Gottorf. „In den Abfallhaufen finden sich in mehr oder minder loser Abfolge sowohl Reste der Mahlzeiten als auch defekte Werkzeuge und Geschirr der ehemaligen Bewohner." Untersuchungen von Tierknochen geben deutliche Hinweise auf die Umweltveränderungen jener Zeit. „Finden wir in den älteren Schichten nur Reste von Süßwasserfischen, so verändern sich die Funde mit der Zeit, und immer mehr Salzwasserfische und auch Wal- und Robbenknochen treten auf."

Ein Hinweis auf die massivste Veränderung des damaligen Ostseeraums. So führten geologische Prozesse zu einer Absenkung des Areals der heutigen Ostsee und die Klimaerwärmung am Ende der Eiszeiten zum Abschmelzen der über drei Kilometer mächtigen Eisschilde des skandinavischen Inlandeises. Zwei Effekte, deren Auswirkungen auf die

Menschen sich addierten: „Einerseits sank die Landoberfläche ab und andererseits stieg weltweit der Meeresspiegel um mehr als zehn Meter an und das Wasser des Ozeans überflutete die Wohn-, Jagd- und Ackergründe der Ureinwohner", erläutert der Archäologe Dr. Harald Lübke vom ZBSA, der sich mit der Lokalisation und Erforschung der versunkenen Siedlungsplätze beschäftigt.

„Die Ostseeentwicklung vollzog sich in mehreren Schritten, die unsere Vorfahren damals live miterlebten", sagt Ulrich Schmölcke vom ZBSA in Gottorf. Der Zoologe arbeitet an den Hinterlassenschaften der Ureinwohner und skizziert ein Bild der Lebensgemeinschaften: „Eine erste Besiedlung des heutigen Ostseebereichs fand bereits gegen Ende der Eiszeit statt. In Gruppen von vielleicht zwanzig Personen wanderten die steinzeitlichen Bewohner als Jäger und Sammler in die seinerzeit völlig trocken liegende Tundrenlandschaft mit Wäldern und Seen ein, die dem Bild der heutigen ostholsteinischen Jungmoräne ähnelte. Neben ausgedehnten Waldgebieten bestanden Seen und Moore, die in langen Jagdzügen von den Menschen durchzogen wurden. Später, vor rund 8500 Jahren, zerstörte der steigende Meeresspiegel diese Idylle und Salzwasser brach in das heutige Ostseebecken ein. Es überflutete die Jahrtausende alten Wälder und Seen und schuf die dänischen Belte und Sunde. Aus der Waldlandschaft mit ihren Süßwasserseen wurde ein Teil des Weltmeeres, in den Tierarten wie Robben, Wale und auch Delfine einwanderten. Aber auch die Menschen jener Zeit passten sich den neuen Gegebenheiten an und gaben ihr früheres Nomadenleben auf. Sie nutzen die Chancen der neuen Umwelt und wurden zu sesshaften Fischern am Ufer des jungen Meeres", erklärt Hartz.

Das von der Deutschen Forschungsgemeinschaft finanzierte SINCOS-Projekt befasste sich von 2002 bis 2009 mit der nacheiszeitlichen Entwicklung der Ostsee und deren Auswirkungen auf die heutigen Küsten. So sollten unter anderem Modelle zur Küstenentwicklung abgeleitet werden, die wichtige Hinweise für den künftigen Küstenschutz geben sollen.

Wie schnell sich ein Bezug zwischen den prähistorischen zu hochaktuellen Geschehnissen im heutigen Klimawandel herstellen lässt, belegt eine Mitte August 2012 erschienene Studie der Asiatischen Entwicklungsbank (Asian Development Bank, ADB) (vgl. Abschn. 5.5): Sie sieht eine unmittelbare Bedrohung von derzeit rund 400 Millionen Menschen in den asiatischen Küstenregionen durch den steigenden Meeresspiegel in den kommenden zehn Jahren. Außerdem rechnet die ADB damit, dass die Zahl der bedrohten Menschen in den kommenden dreißig Jahren auf bis zu 1,1 Milliarden ansteigen wird.

Aber machen wir einen großen Schritt und bewegen uns zurück in die Zeit, aus der mehr oder minder systematische Wetteraufzeichnungen überliefert sind.

Archäologische Hinweise auf Klimaveränderungen
Auch in ihrer älteren Geschichte hat die Menschheit bereits mehrere Veränderungen des Klimas er- und überlebt, und die Hinterlassenschaften sind sowohl äußerst vielschichtig als auch aussagekräftig. Gerade in Bezug zu dem heutigen Klimawandel muss an dieser Stelle ganz deutlich gesagt werden, dass mit Ausnahme des Klimawan-

dels am Ende der letzten Eiszeit die von unseren Vorfahren erlebten Veränderungen regionaler und nicht globaler Natur waren.

4.2 Historische Klimaaufzeichnungen beim Seewetteramt Hamburg

Beim Anblick des nüchtern wirkenden Gebäudes des Seewetteramts auf dem Moränenrücken hinter den Hamburger Landungsbrücken vermutet kaum jemand, welche Schätze in seinen Archiven liegen: rund 37.000 historische Schiffstagebücher mit meteorologischen und ozeanographischen Beobachtungen sowie 1500 Kladden mit meteorologischen Beobachtungen von Landstationen, die überwiegend aus den deutschen Kolonien stammen. Hinzu kommen die Klimaaufzeichnungen von über hundert Signalstationen an den deutschen Küsten von Nord- und Ostsee.

„Die ältesten Aufzeichnungen finden sich im Schiffstagebuch des Schoners *Henriette* von 1829“, sagt Wolfgang Gloeden vom Seewetteramt Hamburg und zieht das kostbare Original aus dem Schutzkarton. „Hierbei handelt es sich um ein Original-Schiffstagebuch mit meteorologischen und ozeanographischen Aufzeichnungen, die im Vierstundentakt, also dem Rhythmus des Wachwechsels auf See, vom wachhabenden Offizier akribisch notiert wurden“, führt der Meteorologe aus. „Hinzu kommen Notizen zu außergewöhnlichen Begebenheiten an Bord“, sagt Gloeden. „Gerade diese kleinen Geschichten, die mal von extremen Sturmereignissen, mal von Havarien oder Verlusten von Menschenleben auf den Reisen erzählen, wirken auf den Leser wie eine Zeitmaschine“, ist der Hamburger sichtlich begeistert. „Diese Geschichten ziehen den Leser unmittelbar in ihren Bann und versetzen ihn in die Welt der Segelschiffe vor fast zweihundert Jahren zurück. Eine nicht nur aus wissenschaftlichen Gesichtspunkten faszinierende Lektüre.“

Während des 19. Jahrhunderts erkannten auch die Behörden des Deutschen Reiches die Wichtigkeit von Wetterdaten auf See und erließen eine Vorschrift, die die Erfassung und Dokumentation von Wetterdaten auf See regelte. „Gerade vor dem Hintergrund der starken Wetterabhängigkeit der Segelschifffahrt erkannten die Beamten die immense Bedeutung von detaillierten Informationen zum Seewetter zu verschiedenen Jahreszeiten“, erläutert Gloeden. Und das nicht nur in der Nord- und Ostsee, sondern auch in weit entfernten Regionen der Erde, wie etwa vor Westafrika, im Indischen Ozean und im Chinesischen Meer, wo die ehemaligen deutschen Kolonien lagen. „Die möglichst genaue Kenntnis etwa der vorherrschenden Windrichtung und -stärke zu einer bestimmten Jahreszeit war entscheidend für die Geschwindigkeit eines Segelschiffes sowie die Planung und den Erfolg einer – oft mehrmonatigen – Reise“, so Gloeden. Eine Karte, die auf die Beobachtungen jener Tage zurückgeht, zeigt die Abb. 4.5.

Bei den seinerzeit erlassenen Vorschriften lehnten sich deren Verfasser eng an die bereits existierenden amerikanischen Vorgaben zur Erfassung und Dokumentation von Wetterdaten an, die auf die Auswertungen und Anregungen des amerikanischen Seeoffiziers

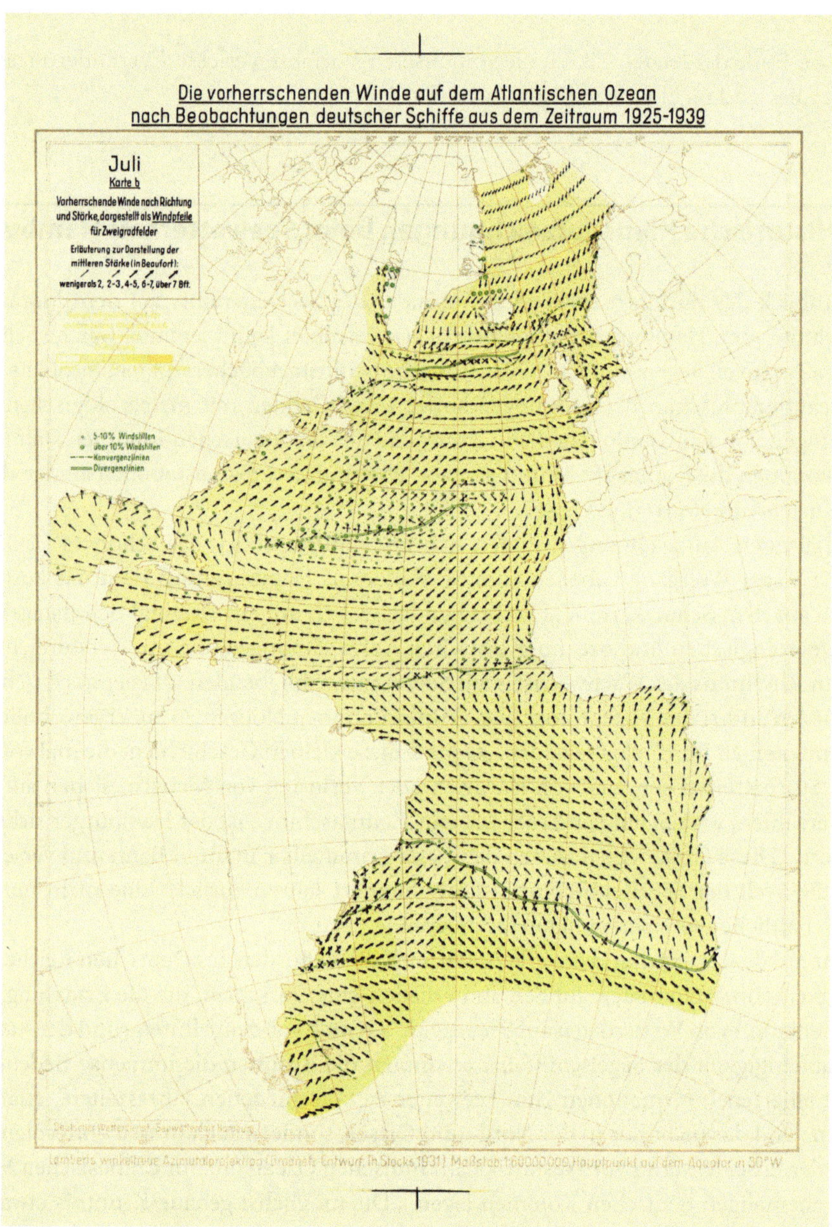

Abb. 4.5 Die Windrichtungen im Atlantik nach Schiffsbeobachtungen der Jahre 1925–1939 (© Deutscher Wetterdienst, Seewetteramt Hamburg)

Matthew Fontaine Maury (1806–1873) zurückgingen. Als einer der Ersten begann er historische Seetagebücher systematisch auszuwerten. Dabei fand er Gemeinsamkeiten in den Beobachtungen der Seefahrer, die immer wieder die gleichen Regionen befuhren. Aufmerksam geworden, sortierte er die Überlieferungen aus den alten Aufzeichnungen und bemerkte, dass in einigen Regionen, wie etwa bei Kap Horn, zu bestimmten Jahreszeiten vermehrt heftige Stürme auftreten. „In anderen Regionen bemerkte er das Auftreten von Flauten, in denen die Schiffe dann oft lange nicht vom Fleck kamen", sagt Gloeden. „Schnell wurde klar, dass es zwischen dem Auftreten etwa von Stürmen und Flauten regionale und saisonale Gesetzmäßigkeiten geben musste – und man aus der Erfahrung der Seefahrergenerationen für die Zukunft lernen konnte." Abbildung 4.6 zeigt eine der Auswertekarten Maurys mit den bevorzugten Schifffahrtsrouten.

Folgerichtig forderte Maury auf der ersten maritim-meteorologischen Konferenz in Brüssel (1853) alle maritimen Nationen zur systematischen Dokumentation meteorologischer Daten auf See auf. „Doch das war leichter gesagt als getan, denn viele der heute selbstverständlichen Instrumente der Wetterbeobachtung gab es damals noch gar nicht", erklärt Gloeden. „So hatten die Seefahrer zwar bereits Thermo- und Barometer an Bord, aber es gab kein Instrument, mit dem man die Windstärke messen konnte." In Ermangelung derartiger Messgeräte behalf man sich mit der relativen Messung und Abschätzung der Windstärke anhand von Naturbeobachtungen. Hierbei werden etwa die Bewegung von Bäumen an Land sowie die Höhe von Wellen und das Auftreten von Schaumkronen auf den Wellen genutzt, um auf die Windgeschwindigkeit zu schließen. Die auf solchen Phänomenen basierende Beaufortskala (Tab. 4.1 und 4.2) geht auf den englischen Admiral Sir Francis Beaufort (1774–1857) zurück. Sie wurde bereits 1806 eingeführt und ist noch heute gültig.

„Gerade die Kombination aus genauen Angaben zu Zeitpunkt, Position und den meteorologischen Parametern Temperatur und Luftdruck sowie Windstärke, Seegang und Wolkenbedeckung machen die historischen Aufzeichnungen zu einer Schatzkiste für die Klimaforschung", erläutert Dr. Birger Tinz vom Seewetteramt Hamburg. „Schließlich ermöglichen sie, das lokale Wettergeschehen auf See von vor über hundert Jahren mit dem heutigen zu vergleichen." Der Hamburger Meteorologe beschäftigt sich intensiv mit der Auswertung der historischen Klimatagebücher.

Nach der Gründung der Norddeutschen Seewarte 1868, die 1875 in Deutsche Seewarte umbenannt wurde, hat man auch Stationen an Land eingerichtet. Dazu gehören die Signalstationen an den Küsten von Nord- und Ostsee und die Überseestationen.

Die Signalstationen dienten der Übermittlung von Sturmwarnungen der deutschen Seewarte an die Schifffahrt und die Küstenbevölkerung. Zeitweise wurden bis zu hundert Signalstationen gleichzeitig betrieben. Zu den Aufgaben der Signalisten gehörte ebenfalls die Beobachtung des Wetters. Allein der Datensatz von den Signalstationen umfasst für den Zeitraum von 1877 bis 1999 drei bis neun Ablesungen und Beobachtungen pro Tag. „Mit Hilfe dieser Daten können wir auf eine einzigartige Langzeitbeobachtungsreihe zurückblicken", sagt Tinz begeistert. „Ein einmaliger Datensatz mit Messungen des Luftdrucks und der Lufttemperatur sowie Beobachtungen der Windgeschwindigkeit in Beaufort mit An-

Tab. 4.1 Die Beaufortskala für die Ableitung der Windgeschwindigkeit aus Naturbeobachtungen auf See (Quelle: Projekt Seewetterinfo, © 1998–2013 by Seewetter-Info Hamburg, Stand: 09.02.2012, www.seewetter-info.de)

Knoten	m/s	Beaufort	Bezeichnung	Auswirkung auf See
0,00	0–0,2	0	Stille	Spiegelglatte See
01–03	0,3–1,5	1	leiser Zug	Kleine, schuppenförmig aussehende Kräuselwellen ohne Schaumkämme
04–06	1,6–3,3	2	leichte Brise	Kleine Wellen, noch kurz, aber ausgeprägter. Die Kämme sehen glasig aus und brechen sich nicht.
07–10	3,4–5,4	3	schwache Brise	Kämme beginnen zu brechen. Schaum überwiegend glasig, ganz vereinzelt kleine weiße Schaumköpfe.
11–16	5,5–7,9	4	mäßiger Wind	Wellen noch klein, werden aber länger, weiße Schaumköpfe treten ziemlich verbreitet auf.
17–21	8,0–10,7	5	frischer Wind	Mäßige Wellen mit ausgeprägter langer Form. Überall weiße Schaumköpfe (vereinzelt Gischt).
22–27	10,8–13,8	6	starker Wind	Bildung großer Wellen beginnt. Kämme brechen und hinterlassen größere weiße Schaumflächen, etwas Gischt.
28–33	13,9–17,1	7	starker Wind	See türmt sich, der beim Brechen entstehende weiße Schaum beginnt sich in Streifen in die Windrichtung zu legen.
34–40	17,2–20,7	8	Sturm	Mäßig hohe Wellenberge mit Kämmen von beträchtlicher Länge. Von den Kämmen beginnt Gischt abzuwehen.
41–47	20,8–24,4	9	Sturm	Hohe Wellenberge, dichte Schaumstreifen in Windrichtung. Rollen.
48–55	24,5–28,4	10	schwerer Sturm	Sehr hohe Wellenberge mit langen überbrechenden Kämmen. See weiß durch Schaum. Rollen der See schwer und stoßartig. Sicht durch Gischt beeinträchtigt.
56–63	28,5–32,6	11	orkanartiger Sturm	Außergewöhnlich hohe Wellenberge. Die Kanten der Wellenkämme werden überall zu Gischt zerblasen. Die Sicht ist herabgesetzt.
64 und mehr	32,7 und mehr	12	Orkan	Luft mit Schaum und Gischt angefüllt. See vollständig weiß. Die Sicht ist sehr stark herabgesetzt, jede Fernsicht hört auf.

Teilweise findet die Regelung, dass Windstärke 6 schon bei 21 Knoten beginnt, Anwendung

Tab. 4.2 Die Beaufortskala für die Ableitung der Windgeschwindigkeit aus Naturbeobachtungen an Land (Quelle: Deutscher Seewetterdienst, © DWD)

Beaufort-grad	Bezeichnung	Mittlere Windgeschwindigkeit in 10 m Höhe über freiem Gelände m/s		Beispiele für die Auswirkungen des Windes im Binnenland km/h
0	Windstille	0–0,2	< 1	Rauch steigt senkrecht auf
1	leiser Zug	0,3–1,5	1–5	Windrichtung angezeigt durch den Zug des Rauches
2	leichte Brise	1,6–3,3	6–11	Wind im Gesicht spürbar, Blätter und Windfahnen bewegen sich
3	schwache Brise schwacher Wind	3,4–5,4	12–19	Wind bewegt dünne Zweige und streckt Wimpel
4	mäßige Brise mäßiger Wind	5,5–7,9	20–28	Wind bewegt Zweige und dünnere Äste, hebt Staub und loses Papier
5	frische Brise frischer Wind	8,0–10,7	29–38	kleine Laubbäume beginnen zu schwanken, Schaumkronen bilden sich auf Seen
6	starker Wind	10,8–13,8	39–49	starke Äste schwanken, Regenschirme sind nur schwer zu halten, Telegrafenleitungen pfeifen im Wind
7	steifer Wind	13,9–17,1	50–61	fühlbare Hemmungen beim Gehen gegen den Wind, ganze Bäume bewegen sich
8	stürmischer Wind	17,2–20,7	62–74	Zweige brechen von Bäumen, erschwert erheblich das Gehen im Freien
9	Sturm	20,8–24,4	75–88	Äste brechen von Bäumen, kleinere Schäden an Häusern (Dachziegel oder Rauchhauben abgehoben)
10	schwerer Sturm	24,5–28,4	89–102	Wind bricht Bäume, größere Schäden an Häusern
11	orkanartiger Sturm	28,5–32,6	103–117	Wind entwurzelt Bäume, verbreitet Sturmschäden
12	Orkan	ab 32,7	ab 118	schwere Verwüstungen

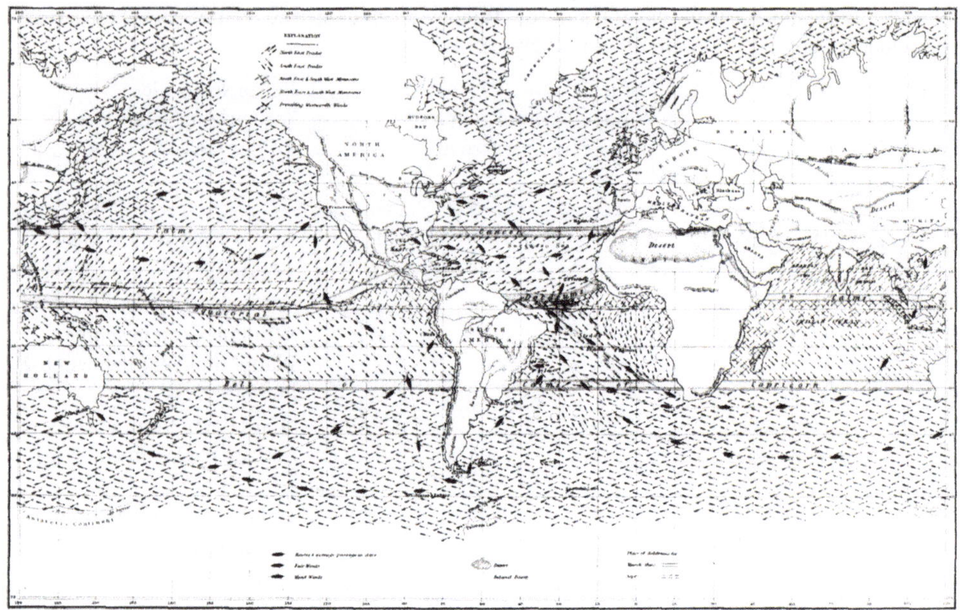

Abb. 4.6 Seewetterkarte nach Maury, um 1850 (Foto R. Schacht, © Deutscher Wetterdienst, See-wetteramt Hamburg)

gabe der Windrichtung, des Wetters, der Sichtweite und teilweise der Wellenhöhe." Die Auswertung der Daten wird die Frage beantworten helfen, ob in den letzten rund einhundert Jahren die Anzahl und Intensität der Stürme zugenommen haben – eine Frage, die Gegenstand der aktuellen wissenschaftlichen Diskussion ist.

Im Internationalen Polarjahr 1882/83 wurden von der Deutschen Seewarte an den Küsten von Labrador sechs Stationen eingerichtet. Mit der Errichtung der deutschen Kolonien ab 1884 wuchs die Zahl der Stationen deutlich an. Die meisten befanden sich in Deutsch-Südwestafrika (heute Namibia), Deutsch-Ostafrika (Tansania, Burundi und Ruanda) und Deutsch-Westafrika (Kamerun, Guinea und Gabun). Weitere Stationen wurden in China (Tsingtau-Gebiet), der Südsee und Amerika betrieben. Insgesamt liegen Aufzeichnungen von über 1500 Stationen vor. Ergänzt werden die Daten durch den Schriftverkehr der Deutschen Seewarte mit dem Wetterstationen, etwa 700 Landkarten, überwiegend aus Afrika, sowie 1500 historische Fotos (Abb. 4.7). Mit dem Ersten Weltkrieg gingen die deutschen Kolonien verloren, und die Anzahl der Überseestationen sank deutlich ab. In den 1930er-Jahren kam es vorübergehend zu einer Intensivierung der Beobachtungen, bevor im Jahr 1943 die letzten Meldungen bei der Seewarte eintrafen.

Die Wetterbeobachtungen vor Ort fanden oft unter schwierigen Bedingungen statt. Krankheiten wie Malaria waren an der Tagesordnung, teilweise kam es auch zum Tod des Personals durch kriegerische Auseinandersetzungen.

Abb. 4.7 Wetterhütte in Kizunguzi (Ostafrika, 06°40′ S, 37°11′ E; Klimabeobachtungen 1934–1939). Foto: Deutscher Wetterdienst

Die Rettung historischer meteorologischer Daten wird von den staatlichen Wetterdiensten und in verschiedenen internationalen Projekten vorangetrieben. Ziel ist die Erstellung globaler Reanalysen, die das Klima der letzten etwa 150 Jahre möglichst genau beschreiben, und stellen eine unverzichtbare Referenz für die Verifikation von Klimamodellen dar.

Die historischen Aufzeichnungen im Archiv des Seewetteramts umfassen insgesamt rund 24 Millionen Datensätze, die bisher etwa zu etwa drei Vierteln digitalisiert wurden. „Bis alle Daten in digitaler, maschinenlesbarer Form vorliegen, haben wir noch mindestens zehn Jahre zu tun." sagt Tinz.

4.3   Historische Klimaaufzeichnungen des Deutschen Wetterdienstes Offenbach

Im hessischen Offenbach befindet sich die Zentrale des Deutschen Wetterdienstes (DWD). Neben den Arbeitsplätzen für die rund 900 Mitarbeiter ist in dem modernen Atriumbau eines der modernsten und leistungsfähigsten Rechenzentren der Welt untergebracht, in dem alle Daten von den deutschen und internationalen Wetterstationen zusammenfließen, die für die Wettervorhersage genutzt und schließlich archiviert werden. Mit seiner immensen Rechenleistung werden aber auch Kapazitäten für die umfangreichen und oft tagelang laufenden Berechnungen von Klimamodellen vorgehalten – eine meist nur wenig bekannte Aufgabe des DWD.

Die bei weitem bekannteste Dienstleitung des Deutschen Wetterdienstes ist sicherlich die amtliche Wettervorhersage für Deutschland. Hinzu kommen so wichtige hoheitliche Aufgaben wie die Warnung vor Unwettern und Extremwetterlagen, die von dem rund um die Uhr besetzten „nationalen Warnzentrum" des DWD herausgegeben und stündlich aktualisiert werden (Abb. 4.8).

Aber der DWD macht noch viel mehr. So betreiben die Offenbacher das dichteste meteorologische und klimatologische Messnetz in Deutschland, dessen Daten seit vielen Jahr-

Abb. 4.8 Nationales Warnzentrum des Deutschen Wetterdienstes. Foto: R. Schacht

zehnten in Offenbach verarbeitet und archiviert werden. Auf diese Weise haben sich rund 100 Milliarden Klimadaten angesammelt, deren Zeitreihen zum Teil bis ins 18. Jahrhundert zurückreichen. Darüber hinaus wurden im Rahmen internationaler Vereinbarungen mehrere internationale sowie globale Datenzentren im DWD eingerichtet.

Die Klimadaten umfassen sowohl einzelne Messwerte, als auch verdichtete Messwerte (Tages-, Monats-, Jahreswerte usw.) einzelner Messstellen. Aufgrund der angestrebten Regionalisierung der Vorhersagegenauigkeit gewinnen Gebietsmittelwerte und Rasterdaten zunehmend an Bedeutung. Sie werden auf der Basis von Messdaten der Messstellen und/oder von Fernerkundungssystemen (z. B. Wettersatelliten) flächendeckend berechnet. Im Rahmen der nationalen Grundversorgung sowie aufgrund internationaler Regelungen kann ein Teil dieser Klimadaten frei zugänglich im Internet zur Verfügung gestellt werden. Den Zugang zu diesen und anderen Klimadaten des Deutschen Wetterdienstes ermöglicht das Climate Data Center (CDC) in Offenbach.

Wie gerade schon angeklungen ist, gehört es zu den wichtigen Aufgaben des Deutschen Wetterdienstes, Klimadaten in Deutschland zu beobachten und auszuwerten sowie Klimamodelle zu berechnen und zu verbessern. „Neben der aktuellen Regionalisierung von Klimaprojektionen und -modellen beschäftigen wir uns aber auch in diesem Hause ausführlich mit der Aufarbeitung des Klimas der Vergangenheit", erläutert Dr. Paul Becker, Vizepräsident des DWD. Ähnlich wie im Hamburger Seewetteramt lagern auch in Offenbach historische Aufzeichnungen, die die Wissenschaftler Stück für Stück auswerten, digitalisieren und zur Verifizierung ihrer Klimamodelle nutzen.

Schon Anfang des 17. Jahrhunderts wurden Instrumente zur Temperaturmessung entwickelt, es dauerte aber noch viele Jahre, bis man systematische Messungen der Lufttemperatur, des Luftdrucks und anderer Klimagrößen durchführte. Wie bei vielen Neuerungen war auch in der Meteorologie der Anfang der Klimabeobachtungen etwas unkoordiniert. Es existierte eine Vielzahl von Skalen und Maßeinheiten, und es gab keine einheitliche Vorgehensweise, da eine übergeordnete Struktur fehlte und die Beobachtungen meistens von Privatpersonen durchgeführt wurden. So bildeten sich in Europa zwar mehrere meteorologische Vereinigungen, die ihre Klimabeobachtungen auch in Jahrbüchern veröffentlichten, doch mussten aufgrund fehlender finanzieller Mittel viele auch wieder eingestellt werden.

Auf Initiative von Alexander von Humboldt wurde im Oktober 1847 der erste staatliche Wetterdienst in Deutschland gegründet: das Preußische Meteorologische Institut. Seit dieser Zeit werden die Wetteraufzeichnungen in Deutschland gesammelt und archiviert. In den darauf folgenden 50 Jahren kamen auch in anderen deutschen Königreichen, Großherzogtümern und Fürstentümern Wetterdienste hinzu. Sie sammelten ebenfalls Wetteraufzeichnungen, die der Deutsche Wetterdienst heute vor dem Verfall bewahrt, indem seine Mitarbeiter die historischen Dokumente fotografieren, scannen und digitalisieren.

Die meteorologischen Beobachtungen aus der Zeit davor wurden typischerweise von Privatpersonen, Klöstern oder Universitäten aufgezeichnet. Zum Leidwesen der Klimaforschung wurden diese Unterlagen bisher nur teilweise veröffentlicht und sind zum Teil verschollen oder schlafen in Stadt- und Staatsarchiven einen Dornröschenschlaf.

Beim Zusammenführen der unterschiedlichen Aufzeichnungen treten viele der eingangs erwähnten Probleme auf. „Die sich aus der Dauer der Aufzeichnungen und der Vielfalt der Wetterdienste ergebenden Unterschiede in den Maßeinheiten, Beobachtungszeiten, Instruktionen und Instrumenten erfordern eine genaue wissenschaftliche Analyse, um Fehler in den Klimadaten zu vermeiden“, erläutert Becker.

Die historischen Aufzeichnungen haben dennoch einen hohen wissenschaftlichen Wert, und insbesondere die überlieferten sehr langen Messreihen sind eine Fundgrube für Klimatologen. „Unsere älteste und längste kontinuierliche Reihe deutscher Klimaaufzeichnungen beginnt 1719“, sagt Gerhard Müller-Westermeier vom Deutschen Wetterdienst, der sich ebenso wie sein Kollege Dr. Hermann Mächel mit der Auswertung der historischen Daten beschäftigt. „Ein großes Problem bei den ältesten Daten ist, dass wir nicht wissen, wie und wann die frühen Meteorologen die Instrumente abgelesen haben“, sagt Müller-Westermeier. „So ist man sich bei der ersten Betrachtung der Kurven nicht sicher, ob das beobachtete Signal dem Klimawandel zuzuschreiben ist oder ob es Fehler oder Inhomogenitäten in der Messreihe sind.“ Solche Inhomogenitäten wären etwa bauliche Veränderungen am Messplatz, wie etwa ein neues Haus – oder ein herangewachsener Baum – der seinen Schatten auf das Thermometer wirft, ohne dass dies irgendwo vermerkt worden wäre. „Hinzu kommt, dass die alten Wetterbeobachter zwar ein Tagesmittel berechnet haben, aber nicht vermerkten, welche Formel sie dazu benutzten“, ergänzt Müller-Westermeier.

Um solche Unsicherheiten zu reduzieren, werden weitere historische Klimadaten digitalisiert und ausgewertet sowie alte historische Unterlagen der verschiedenen damaligen Wetterdienste, vor allem Jahrbücher, systematisch nach Beschreibungen der alten Beobachtungsstandorte, nach Fotos und Beobachteranleitungen durchsucht. Nichtklimatische Faktoren lassen sich häufig durch die gleichzeitige Betrachtung mehrerer Klimareihen herausfiltern. Daher ist der Deutsche Wetterdienst bestrebt, seine vielen handschriftlichen historischen Klimaaufzeichnungen so aufzubereiten, dass sie von Computern lesbar und wissenschaftlich auswertbar sind und damit die jahrzehntelangen Anstrengungen der vielen Zehntausenden, zum großen Teil ehrenamtlichen Beobachter nicht umsonst waren.

Schätzungsweise ein Drittel der gesamten täglichen Aufzeichnungen wartet noch darauf, digitalisiert zu werden. Sie liegen derzeit nur handschriftlich auf Papier vor und wurden teilweise im Zweiten Weltkrieg verfilmt.

> **Historische Klimadaten**
> Bei den teilweise äußerst akribisch dokumentierten historischen Klimadaten handelt es sich um einen absoluten Schatz für die heutige Klimaforschung. Sie bescheren den Forschern lange Messreihen und gehen entweder auf wissenschaftliche Eigeninitiative oder behördliche Anordnungen zurück.

4.4 Satellitendaten

Satellitendaten – das klingt nach Science-Fiction, Weltraum, Hightech und Männern in Raumanzügen. Oder auch – viel schlichter – nur nach ganz besonders teuren „Spielzeugen" für die Forschung. Für den Steuerzahler stellt sich unwillkürlich die Frage nach dem Sinn des Ganzen. Was sind das für Daten, die da hoch über unseren Köpfen produziert werden? Wie und womit werden sie erhoben, und was passiert mit Ihnen?

Eine der bekanntesten Verwendungen von Satellitendaten sind die täglichen Wettervorhersagen. Aber die künstlichen Orbiter können noch viel mehr, als nur hübsche Bilder von den Wolkenbewegungen auf der Erde aufzunehmen: So messen sie etwa auch die Lufttemperatur und Luftfeuchte.

Aber stopp! Messungen der Temperatur und Feuchte in der Atmosphäre aus dem Weltall heraus? Wie soll das denn funktionieren? Hängen da etwa Thermo- und Hygrometer an einem langen Seil aus den Satelliten, die dann mit einer Winde vom Weltraum aus in die Atmosphäre hinabgelassen werden? „Nein, nein", lacht der Meteorologe Dr. Jörg Schulz aus dem Bereich Klimaservice bei der Europäischen Organisation für die Nutzung meteorologischer Satelliten (EUMETSAT) in Darmstadt. „Es gibt natürlich kein Thermometer, das an einem Band aus dem Weltraum in die Atmosphäre hinabgelassen wird. Stattdessen messen die Satelliten Strahlung von der Erde und der Atmosphäre in unterschiedlichen Wellenlängen, zum Beispiel Infrarot und Mikrowellen. Da sich die Durchlässigkeit der Atmosphäre für Strahlung in den verschiedenen Spektralbereichen unterscheidet, können Eigenschaften der Atmosphäre in unterschiedlichen Höhen gemessen werden."

Ein gutes Beispiel ist die Messung der Lufttemperatur vom Weltraum aus. Als „Thermometer" nutzen die EUMETSAT-Forscher die Mikrowellenstrahlung, die schwingende Sauerstoffmoleküle der Atmosphäre aussenden. Die Methode geht auf die Beobachtung aus der Chemie zurück, dass Sauerstoffmoleküle zu vibrieren anfangen, wenn sie erwärmt werden – und zwar je stärker, je mehr Wärme ihnen zugeführt wird. Beim Vibrieren senden die Moleküle eine Mikrowellenstrahlung aus, die dann von Satelliteninstrumenten gemessen werden kann. Aus der Intensität der aufgefangenen Strahlung können die Forscher auf die Umgebungstemperatur der Sauerstoffmoleküle zurückschließen.

Also eigentlich alles doch ganz einfach. Oder?

Na ja, fast! Da Satelliten auf einer festen Bahn um die Erde fliegen, messen sie bei der Temperaturmessung stets die aufsummierten Strahlungswerte aller senkrecht unter ihnen befindlichen Sauerstoffmoleküle – sozusagen die „Gesamtwärme" eines gedachten Zylinders mit Sauerstoffmolekülen in der Atmosphäre. Und schon schließt sich die nächste Frage an: Wie jedes Kind weiß, wird es mit zunehmender Höhe immer kälter – wie kann man also eine vertikale Differenzierung der Temperaturmessung erreichen? „Da nutzen wir einen Trick", erläutert der Meteorologe Dr. Jörg Schulz von EUMETSAT. „Die Satelliten messen die gesamte Strahlung senkrecht von oben und ein paar Minuten später in einem Winkel von der Seite her, der am ersten Messpunkt einer bestimmten Höhe über dem Erdboden zugeordnet werden kann. Subtrahiert man beide Werte voneinander, bekommt man die Lufttemperatur im Mess- und Höhenbereich. Dies wird in mehreren Spektralkanälen durchgeführt, so dass ein relativ grobes Temperaturprofil entsteht." Ähnlich verhält es sich bei der Messung der Feuchtigkeit, des Ozongehalts und sogar des Luftdrucks. Hier arbeiten zwei Satelliten zusammen, wobei einer ein Signal in die Atmosphäre hinein absendet und der zweite die ankommende Strahlung misst. Aus den Veränderungen des gesendeten Signals lassen sich dann die entsprechenden Schlussfolgerungen, wie etwa auf den Feuchtigkeitsgehalt der Atmosphäre, ziehen.

Schon an diesen Beispielen erkennt man, was für ein immenser Aufwand hinter den bunten Bildern der Wettervorhersage im Fernsehen steht und welchen hohen Anforderungen die Instrumente im All genügen müssen. Hinzu kommt, dass die Instrumente permanent dem Strom der elektrisch geladen Teilchen des Sonnenwinds und extremen Temperaturunterschieden im All ausgesetzt sind. „Ein immenser Stress für die Instrumente", sagt Lothar Schüller von EUMETSAT, der sich um die Organisation der Datenauswertung kümmert. „Da auch die Sensoren auf den Satelliten Veränderungen unterliegen, etwa durch Alterung der Instrumente, ist die genaue Erfassung der Messbedingungen ebenso unerlässlich wie die Überprüfung der Satellitenmessungen anhand von Vergleichsmessungen", sagt Schüller. „Besonders für die Erstellung von Datensätzen für die Klimaüberwachung ist eine sorgfältigste Kalibrierung der Daten wichtig und einer der aufwendigsten Schritte bei der gesamten Bearbeitung".

Und da sind wir schon bei der Bearbeitung der Messdaten angelangt, die als sogenannte Rohdaten von den Satelliten zur Erde gefunkt werden. „Um eine gleichbleibende Qualität der Daten zu erreichen, müssen im Nachhinein alle Störungen und Effekte des sogenannten Instrumentengangs aus den Rohdaten herausgefiltert werden", erläutert Schüller.

Am 19. Juni 2011 wurde die Europäische Organisation für die Nutzung meteorologischer Satelliten (EUMETSAT) 25 Jahre alt. Von der Darmstädter Zentrale aus steuert EUMETSAT die Satelliten, zeichnet Daten auf und bearbeitet sie, um die tägliche Wettervorhersage zu ermöglichen. Quasi nebenbei entstand durch die Archivierung der Daten so ein weltweit einmaliger Datensatz, der mehr als 30 Jahre Wetterbeobachtungen aus dem Weltraum umfasst und der viel mehr ist, als nur eine Ansammlung von Zahlen – er ist der ersten Datensatz aus dem Weltraum, der den hohen Ansprüchen der World Meteorological Organisation bezüglich der Länge der Daten gerecht wird, um sinnvolle Untersuchungen über die Variabilität des Klimas anzustellen – der erste Klimadatensatz aus dem All.

Vor der Gründung von EUMETSAT im Jahr 1986 wurden die ersten Satelliten fünf Jahre lang von der Europäischen Weltraumorganisation ESA und deren Vorgängerorganisation ESRO (European Space Research Organisation) betreut. Die frühen Wetter- und Beobachtungsdaten der ESA wurden nach der Gründung von EUMETSAT in den deren Datenpool übernommen.

Und da ist er wieder, der 30-Jahrezeitraum, den wir bereits aus dem Abschnitt zum Unterschied zwischen Wetter und Klima kennen. Auch bei den Satellitendaten gelten die Vorgaben der Weltorganisation für Meteorologie, und die für Klimabetrachtungen relevanten Datensätze müssen eine Zeitspanne von 30 Jahren umfassen. „Die geforderten 30 Jahre stellen einen hinreichend langen Zeitraum dar, um aus den Beobachtungsreihen wissenschaftlich signifikante Veränderungen festzustellen", erläutert der Meteorologe Klaus-Jürgen Schreiber vom Deutschen Wetterdienst, der sich in Offenbach mit der Auswertung von Zeitreihen beschäftigt.

4.4.1 Klima-Monitoring von und mit Satelliten

Wie nicht anders zu erwarten, eignen sich die Instrumente der Satelliten nicht nur zur Wettervorhersage, sondern auch zur Überwachung des Klimas. Sie erfassen den Ist-Zustand der Atmosphäre und natürlich auch klimarelevante Ereignisse, wie etwa Vulkanausbrüche.

Ein gutes Beispiel hierfür sind die Überwachungsaktionen der Darmstädter während der beiden Vulkaneruptionen im Jahr 2011 auf Island, die zu einem zeitweiligen Flugverbot über dem nordeuropäischen Kontinent führten.

Aber gerade auch hochspezialisierte Messungen etwa zur Veränderung des Meeresspiegels sind nur mit Satelliten möglich. Bei der Satellitenaltimetrie handelt es sich um ein Radarverfahren zur Erkundung der Meeresoberfläche. Hochfrequente Radarimpulse (13,5–13,8 GHz) werden vom Satelliten ausgesandt und von der Erdoberfläche reflektiert. Anhand der Laufzeit der Signale wird der Abstand zwischen dem Satelliten und der Oberfläche ermittelt. Abschwächungen des Signals, etwa durch Streuung an einer bewegten Meeresoberfläche, erlauben Rückschlüsse auf die Rauigkeit und damit die Höhe des Seegangs auf dem Meer.

Über mehrere Jahre durchgeführte Altimeter-Messungen erlauben es schließlich, die Höhe des Meeresspiegels zu bestimmen und Fragen zum globalen und regionalen Meeresspiegelanstieg zu untersuchen.

Dass das Verfahren nicht so einfach ist, wie es zunächst klingen mag, liegt auf der Hand. So müssen die Wissenschaftler bei EUMETSAT die unterschiedlichsten Korrekturen anbringen, um korrekte Daten zu erhalten. Diese Korrekturen beinhalten unter anderem den Einfluss des Schwerefelds der Erde und den Einfluss der Atmosphäre.

Zu ihren Klima-Monitoring-Aufgaben schreiben die EUMETSAT-Experten auf ihrer Website:

Die Instrumente an Bord der geostationären MSG-Satelliten und der polar umlaufenden Metop-Satelliten von EUMETSAT eignen sich hervorragend, diese Langzeitmessungen aus dem Weltraum zu liefern, um die *in situ* Messungen lokaler Bedingungen zu ergänzen. Diese Instrumente erfassen die chemische Zusammensetzung der Atmosphäre und die Ozonschicht, erkennen Waldbrände, die Vegetationsdecke sowie eine Vielzahl anderer für die Klima- und Umweltüberwachung relevanter Phänomene. Zudem übermittelt EUMETSAT spezialisierte Produkte auf Basis der Beobachtungen von Jason-2, dem dritten in einer Reihe von Meeresaltimetrie-Satelliten, welche gemittelte Meeresspiegeltrends messen.

Die Klimaüberwachung ist eine globale Herausforderung, die eine globale Reaktion auf der Basis langfristiger Datensätze erforderlich macht. Die klimarelevanten Daten, die von EUMETSAT-Satelliten geliefert werden, stellen einen zunehmend wichtigen Teil dieser Reaktion dar. Außerdem liefert das ständig wachsende Netz der Satelliten-Auswertungszentren (SAF) von EUMETSAT Produkte von grundlegender Bedeutung für die Überwachung des Klimawandels.

Auf einer Pressekonferenz am 29. März 2007 in Berlin wurde der operationelle Start des sogenannten Klima-SAF bekanntgegeben. Ein europäisches Projekt zum Klima-Monitoring durch Satelliten, das die klassischen Messnetze, etwa des Deutschen Wetterdienstes, ergänzen soll. Die Pressestelle von EUMETSAT schrieb dazu:

Im März 2007 nahm eine europäische Kooperation den operationellen Betrieb auf, die sich ganz auf die Überwachung des Klimas durch Satelliten konzentriert. Dieses sogenannte Klima-SAF – (…) Satellite Application Facility on Climate Monitoring – leitet der DWD im Auftrag von EUMETSAT, der europäischen Organisation für den Betrieb von Wettersatelliten. „Das Klima-SAF wird ermöglichen, die natürlichen und anthropogenen Klimaveränderungen zu überwachen und sowohl in ihrem zeitlichen Verlauf als auch ihrer räumlichen Auswirkung zu bewerten. Der Vorteil ist offensichtlich: Je mehr wir über unsere Umwelt und das Klima wissen, um so besser können wir uns auf Veränderungen einstellen", betonte Dr. Lars Prahm, Generaldirektor von EUMETSAT.

Diese Aufgabe mache aufgrund ihres Umfangs, der benötigten Expertise und der hohen Kosten eine internationale Aufgabenteilung notwendig. Gemeinsam mit seinen europäischen Kooperationspartnern – den nationalen Wetterdiensten in Belgien, Finnland, den Niederlanden, Schweden und der Schweiz – hat der DWD ein operationelles System entwickelt und aufgebaut, das qualitativ hochwertige Klimaüberwachungsprodukte aus Satellitendaten bereitstellt.

Im Klima-SAF werden – erstmals in Europa – routinemäßig Satellitendaten genutzt, um das weltweite Klima besser zu erfassen und zu verstehen zu können. Das Klima-SAF bietet Produkte an, die Auskunft über wichtige Komponenten des Klimasystems liefern, wie den Strahlungshaushalt der Erde, den Wasserdampfgehalt und die Bewölkung.

Satellitendaten

Mit der Möglichkeit der Fernbeobachtung aus dem All hat sich die Menschheit ein hervorragendes Instrumentarium geschaffen, um die Prozesse des Wetters nahezu in Echtzeit zu erfassen. Dementsprechend sind die Satellitenbeobachtungen aus der modernen Wettervorhersage nicht mehr wegzudenken.

Mit dem Erreichen des Jubiläums von 30 Jahren Satellitenbeobachtungen wurde erstmals ein nach WMO-Kriterien relevanter Klimadatensatz von „Messstationen" im Erdorbit erzeugt.

4.5 Daten von See

Wie man sich leicht vorstellen kann, sind Daten vom Meer wesentlich schwieriger zu bekommen als von Land, schließlich benötigt man dafür Schiffe, U-Boote, Bojen oder dergleichen.

Schon früh dienten Inseln auf allen Meeren den Entdeckern als Stützpunkte bei ihren Fahrten in die noch weitgehend unbekannte Ferne. Im Zuge der sich entwickelnden meteorologischen Forschung gewannen sie auch schnell an Bedeutung auch als Stützpunkte für meteorologische Stationen. Fallen einem bei den Stichworten „Insel" und „Wetter" meist die Azoren und das vielen bekannte Azorenhoch ein, so muss man hierzulande gar nicht so weit schauen: Mitten in der Deutschen Bucht liegt die am weitesten vom Festland entfernte Insel Deutschlands: Helgoland.

4.5.1 Langzeitdaten von der Insel: die Biologische Anstalt Helgoland

Helgoland ist nicht nur Deutschlands einzige Hochseeinsel, sondern auf ihr gibt es bereits seit dem 17. September 1892 eine biologische Forschungsstation, die heute zum Alfred-Wegener-Institut für Polar- und Meeresforschung in Bremerhaven (AWI) gehörende, permanent besetzte, Biologische Anstalt Helgoland (BAH).

Die Anfänge der Forschung auf dem Buntsandsteinfelsen gehen auf Christian Gottfried Ehrenberg zurück, der sich mit dem Meeresleuchten im Seegebiet um Helgoland befasste und es schließlich dem Einzeller *Noctiluca scintillans* zuordnen konnte. 1892 wurde das Institut für Planktonforschung durch das preußische Kultusministerium schließlich zur Königlichen Biologischen Anstalt Helgoland ernannt. Im Zweiten Weltkrieg vollständig zerstört, wurde sie als Biologische Anstalt Helgoland 1959 neu eröffnet. Seit 1962 ist sie ganzjährig besetzt, und die Forscher erheben an jedem Werktag ozeanographische und meeresbiologische Daten (wie etwa Salzgehalt, Temperatur und Nährstoffgehalt) des Meers rund um den Felsen. „Weit mehr als drei Millionen Datenpunkte enthält die Reihe mittlerweile", war in der Pressemitteilung des AWI anlässlich des 50-jährigen Jubiläums der

Biologischen Anstalt Helgoland am 17. September 2012 zu lesen. Ein weltweit einmaliger Datensatz kontinuierlicher Messungen, der die Bremerhavener Forscher in die Lage versetzt, die Veränderungen in der Deutschen Bucht im Detail nachzuvollziehen. „Die langfristige Erfassung erlaubt es uns, zwischen natürlichen zyklischen Schwankungen und vom Menschen gemachten Trends zu unterscheiden und globale und regionale Vorhersagen für die nahe und ferne Zukunft zu entwickeln", sagte die Leiterin der BAH, Prof. Dr. Karen Wiltshire der Pressestelle des AWI.

So konnten die Forscher für die Deutsche Bucht einen Anstieg der mittleren Wassertemperatur von etwa 1,7 °C belegen. „Das ist mehr als in Schelfmeeren anderswo in Europa", sagte Wiltshire. Den parallel zu den Wassertemperaturen gestiegenen Salzgehalt und eine geringere Trübung des Wassers führen die AWI-Wissenschaftler auf veränderte Strömungsbedingungen und einen stärkeren Einfluss atlantischer Wassermassen zurück. „Die stärksten Veränderungen sind seit Ende der 1980er-Jahre aufgetreten", sagte Wiltshire.

Nach den Untersuchungen der Bremerhavener Biologen hat sich in den letzten dreißig Jahren das gesamte Nahrungsnetz um die Insel herum verändert. Wiltshire: „Mit der steigenden Wassertemperatur verschob sich das saisonale Auftreten von Kleinstalgen, was Einfluss auf die Nahrung von Fischen und deren Larven hat. Kleine und größere Tiere finden etwa nach dem Aufzehren des Dottersacks eine andere Nahrung vor, als sie es gewohnt waren. Die Nahrungsgrundlage für viele Fische verändert sich."

4.5.2   ARGO – Forschende Bojen in den Weltmeeren

Einem ganz anderen Ansatz folgt ein internationales Netzwerk aus Ozeanographen: Sie erdachten einen auf Zeit eigenständig operierenden Mechanismus, der mit den Meeresströmungen treibt, eigenständig Messungen macht und die Daten per Funk an die Forschungseinrichtungen überträgt. Zu diesem Zweck wurde Anfang der 2000er-Jahre ARGO ins Leben gerufen. ARGO steht für Array for Realtime Geostrophic Oceanography und bezeichnet ein eigenständig operierendes System von Bojen (vgl. Abb. 4.9).

Im Herbst 2007 erfüllte sich ein großer Traum der Ozeanographen: Ein weltumspannendes Netz von 3000 Messrobotern wurde in Betrieb genommen und erkundet seither selbstständig die Meere – und noch mehr: Bremerhavener und Kieler Erfindungen machen jetzt auch Messungen unter dem antarktischen Meereis möglich.

Anlässlich des Aussetzens der dreitausendsten ARGO-Sonde sagte Prof. Dr. Martin Visbeck vom Kieler Helmholtz-Zentrum für Ozeanforschung, GEOMAR: „ARGO ist eine echte Erfolgsstory! Haben in den 80er-Jahren auch nur wenige Kollegen an das Projekt glauben können, so gibt uns die soeben ausgesetzte dreitausendste ARGO-Sonde Recht."

Die gut mannshohen, zylinderförmigen Messroboter werden per Schiff oder Flugzeug im Meer abgesetzt, treiben dann mit den Strömungen durch die Ozeane und vollführen im Zehnstundentakt Tauchgänge. Dabei messen sie den jeweils herrschenden Druck, die Temperatur, den Salz- und den Sauerstoffgehalt des Meerwassers. Die ersten ARGO-Sonden wurden bereits Anfang 2000 ausgesetzt.

Abb. 4.9 zeigt eine der Bojen beim Aussetzen von einem Forschungsschiff. Foto: Pressestelle GEO-MAR, © GEOMAR Kiel

Visbeck erklärt das Besondere an der Mission: „Die Sonden sind flächendeckend immer vor Ort und füllen damit perfekt die Lücke zwischen regelmäßigen Satellitenmessungen und unregelmäßig stattfindenden Schiffsexpeditionen."

Bei den deutschen Sonden ist ein in Kiel entwickelter, spezieller Sauerstoffsensor an Bord, und die Wissenschaftler des AWI in Bremerhaven machten die Sonden, die für den Antarktis-Einsatz vorgesehen sind, fit für ihre Mission im und unter dem Meereis. Mit akustischen Impulsen erkundet ein Sensor, ob sich Meereis über ihm befindet oder ob er normal auftauchen und seine Daten übertragen kann.

In dem vom Bundesministerium für Bildung und Forschung und dem Verkehrsministerium geförderten Projekt arbeiten Meereswissenschaftler aus 23 Ländern zusammen, um die Prozesse und die laufenden Veränderungen in den Ozeanen zu erforschen. Mithilfe der neuen Daten wollen die Forscher Phänomene wie etwa El Niño oder auch die Entstehung tropischer Wirbelstürme besser verstehen und vorhersagen können. Die für das Wetter und Klima Nordeuropas wichtigen Änderungen im Nordatlantik sind dabei ebenso von Bedeutung wie die Verhältnisse im arktischen Ozean und unter dem Meereis.

„Das neue System liefert eine phantastische Datenbasis", schwärmt Visbeck. Es ermöglicht den Wissenschaftlern verbesserte Wetter- und Klimavorhersagen zu entwickeln. „Mit den neuen Daten bekommen wir in Echtzeit Daten zu den Verhältnissen in den Weltmeeren. Mit diesen Daten können wir alte Modelle überprüfen und verbessern", sagt der Ozeanograph.

Von deutscher Seite sind das Kieler Helmholtz-Zentrum für Ozeanforschung, GEO-MAR, das Bundesamt für Seeschifffahrt und Hydrographie (BSH) in Hamburg und das Alfred-Wegener-Institut für Polar- und Meeresforschung (AWI) in Bremerhaven beteiligt.

Koordiniert wird das Projekt am Hamburger Bundesamt für Seeschifffahrt und Hydrographie (BSH), in dem sich auch das Deutsche Data Management Center für die ARGO-Daten befindet.

„Wir erforschen die Wassermassen vor und unter dem Meereis der Antarktis", sagt Olaf Boebel vom AWI. Der Physiker und Ozeanograph ist Leiter der Arbeitsgruppe „Ozeanische Messsysteme" am AWI. Dabei mussten die AWI-Forscher spezielle Anpassungen vornehmen, denn schließlich kann eine unter dem Eis operierende Sonde nicht das Eis durchbrechen. „So brachten wir den Sonden bei, selbst zu erkennen, wo es Eis gibt – und wo nicht", sagt der Physiker. Da in den Polregionen weite Flächen der Wasseroberfläche mit Eis bedeckt sind, können die Sonden nicht auftauchen und ihre Messdaten versenden. „Wenn Eis an der Oberfläche liegt, sinken die Temperaturen unter den Nullpunkt ab, und die neue Steuerung gibt der Sonde den Befehl zum erneuten Absinken," sagt Boebel. Doch die Eiserkennung bringt nicht nur Vorteile bei der Datenübermittlung: „Der Einbau unserer Eiserkennung führte zu einer Verdreifachung der Überlebensdauer der Sonden im Eismeer", so Boebel.

Mit den Sonden unter dem Eis können die Forscher erstmals großflächig die Prozesse der oberflächennahen Erwärmung und Eisbildung im Ozean messen. „Die oberflächennahe Wasserschichtung in der Antarktis ist sehr störanfällig", erläutert Boebel und ergänzt: „Schon die Schraubenbewegungen der Forschungsschiffe zerstören die Schichtung bei der Anfahrt. Ungestörte Messungen der oberen Wasserschichten von Bord eines Forschungsschiffes aus zu machen, ist fast unmöglich – doch nun übernehmen die ARGO-Sonden diese Aufgabe."

Die Eisbedeckung stellt aber auch noch andere Herausforderungen an die Entwickler und das Gerät. So können die Sonden wegen der Eisbedeckung über einen langen Zeitraum ihre Daten nicht versenden und müssen länger unter Wasser bleiben als im offenen Ozean. Damit die Daten nicht verlorengehen, modifizierten die Wissenschaftler des AWI in Zusammenarbeit mit amerikanischen und deutschen Firmen die ursprünglichen Sonden für eine Langzeitspeicherung.

Die Arbeitsgruppe um den Biogeochemiker Prof. Dr. Arne Körtzinger vom Kieler GEOMAR war maßgeblich an der Entwicklung eines neuen Sauerstoffmessgeräts beteiligt. „Bislang waren die Biogeochemiker nur Zaungäste der Ozeanographen, die mit den ersten ARGO-Sonden die physikalischen Parameter Druck, Temperatur und Salzgehalt messen konnten," erläutert Körtzinger. „Dank der neu entwickelten Sensoren können wir jetzt auch den Sauerstoffgehalt des Meerwassers messen." Körtzinger befasst sich mit dem Kohlenstoffkreislauf des Meeres und dessen Rückkopplungen mit dem Klima.

Anders als die Driftbojen der Vorgängerprojekte, die nur Daten aus einer einzigen, voreingestellten Wassertiefe aufnahmen, pendeln die ARGO-Sonden in Zickzack-Tauchbewegung durch die obersten zweitausend Meter des Ozeans. Etwa alle zehn Tage gelangen sie wieder an die Wasseroberfläche und senden die gemessenen Daten via Satellit in die Labore der angeschlossenen Institute.

„Die Sonde sinkt auf eine Tiefe von rund 2000 m ab", erklärt Projektleiter Jürgen Fischer vom GEOMAR. „Nach durchschnittlich neun Tagen taucht sie dann langsam wieder bis zur Meeresoberfläche auf und misst währenddessen die physikalischen Eigenschaften des Meerwassers." Nachdem die Sonden ihre Daten von der Wasseroberfläche aus gesendet haben, sinken die ARGO-Bojen wieder in die Tiefe, und der Zyklus beginnt von neuem. Aus der Änderung der Auftauchposition bestimmen die Wissenschaftler die Stärke und Richtung der Meeresströmungen, die die Sonde transportierten.

Die Sonden haben keinen eigenen Antrieb und keine Steuerung. Batterien übernehmen die Stromversorgung der Instrumente und der Tauchsteuerung. Bei einem zehntägigen Tauchzyklus rechnen die Forscher damit, dass die Sonden etwa vier bis fünf Jahre lang Daten liefern, ehe die Batterien erschöpft sind.

Nach Ende der Lebensdauer der Batterie können die rund 14.000 Euro teuren Sonden in der Regel nicht geborgen werden und sinken auf den Boden der Ozeane oder werden an Land geschwemmt. Was zunächst wie eine gigantische Verschwendung von Forschungsgeldern aussieht, rechnet sich. Denn: „Im Vergleich zu den Kosten, die beim Einsatz eines Forschungsschiffs entstehen, ist ARGO sehr kostengünstig," erläutert Fischer und ergänzt: „Die Kosten, die über den gesamten Lebenszyklus einer Sonde anfallen, entsprechen gerade einmal denen eines typischen Schiffstages auf einem Großforschungsschiff."

Mit dem neuen System können sich die Wissenschaftler noch auf so manche Überraschung gefasst machen. So war eine der von den AWI-Wissenschaftlern umgebauten Sonden über zwei Jahre hinweg in der Antarktis verschwunden und niemand wusste, wo sie geblieben war. „Nach Jahren der Ruhe sendete die vermisste Sonde auf einmal ihre Daten an einer völlig überraschenden Stelle aus," so Böbel. Offenbar war sie zwei Jahre lang unter dem Meereis unterwegs und durchtrieb dabei das Weddellmeer. „Wir waren sehr überrascht, sie auf einmal wiederzufinden, aber noch überraschter sind wir darüber, dass sie auch die ganze Zeit über Messungen unternommen und gespeichert hat", sagt Böbel begeistert.

Das war im Herbst 2007. Aber was ist der Stand der Dinge 2012 und welche neuen Erkenntnisse hat die Kampagne bis heute gebracht?

Am 2. November 2012 gab das Bundesamt für Seeschifffahrt und Hydrographie in einer Pressemitteilung die Messung des ein-millionsten Profils bekannt:

Am 31. Oktober 2012 um 16:50:07 Uhr – zwölf Jahre nach Beginn des internationalen Ozeanbeobachtungsprogramms ARGO – erreichte das „ein-millionste" Messprofil die globalen ARGO-Datenzentren in Brest/Frankreich und Monterey/Kalifornien. Gesendet hat es der ARGO-Float Nummer 5901891 der University of Washington über Satellit aus dem tropischen Südpazifik ungefähr in der Mitte zwischen Papua-Neuguinea und Peru (Position 16,6°S und 128,2°W).

Neben dem Jubiläum ist aber insbesondere die mehr oder minder flächendeckende Messung ozeanographischer Parameter das Highlight des Projektes. „Erstmals sind wir in der Lage, unsere theoretischen Modelle und Annahmen für ein Seegebiet auch mit einer flächenhaft und zeitlich ausreichenden Datenbasis zu unterfüttern", sagt Dr. Hartmut Heinrich, der am Bundesamt für Seeschifffahrt und Hydrographie (BSH) das ARGO-Projekt betreut. „Hinzu kommt, dass die Messungen heute auch eine wichtige Rolle und Grundlage für die Wetter- und Hurrikan-Vorhersage spielen – etwa in und vor der Karibik und im Ostpazifik. Schließlich beziehen die Wirbelstürme ihre Energie aus dem warmen Meer."

Der Schwerpunkt der deutschen ARGO-Aktivitäten liegt in den Seegebieten des Nordatlantiks, dem europäischen Nordmeer und der Antarktis. „Der Nordatlantik liegt für uns buchstäblich nahe, weil die Prozesse auf See maßgeblich für das deutsche Wettergeschehen und unser Klima verantwortlich sind", erklärt Heinrich. In den Gewässern vor der Antarktis forscht von deutscher Seite aus primär das Alfred-Wegener-Institut für Polar- und Meeresforschung in Bremerhaven (AWI).

Also scheint ja alles „in Butter" mit den treibenden und messenden Sonden – oder?

„Na ja, fast", sagt Heinrich. Natürlich treiben die Sonden nicht nur im offenen Ozean, sondern dringen auch immer wieder in die Hoheitsgewässer verschiedenster Länder ein. „Dass das – aus unterschiedlichen Gründen – nicht alle Länder uneingeschränkt positiv beurteilen, kann man sich leicht denken", sagt Heinrich. „So sind derzeit einige Länder nur wenig begeistert, wenn Forschungsbojen in ihren Gewässern auftauchen, auch wenn sie von einem von den Vereinten Nationen finanzierten Projekt stammen. Offenbar befürchten einige Länder das Auskundschaften von Rohstoffen am Meeresgrund zu ihrem Nachteil."

Was die Zukunft des Projekts angeht, sind die Forscher schon einigermaßen gespannt, denn neben dem offenen Ozean stehen auch die sogenannten Nebenmeere – wie z. B. die russische Laptevsee – auf der Wunschliste der an ARGO beteiligten Institute.

Eines der Nebenmeere ist auch das Schwarze Meer. „Wie sich im Schwarzen Meer dessen Anrainerstaaten, wie etwa Russland, die Ukraine, Georgien und die Türkei, zum Einsatz der unbemannten Sonden in ihrem Hoheitsgebiet stellen, bleibt abzuwarten", sagt Heinrich.

Aus der Zusammenführung der ozeanographischen Daten von ARGO und den Wettersatellitendaten resultiert ein umfangreicher Datensatz, der den Meteorologen und Ozeanographen manche neue Einsicht beschert hat und in Zukunft sicher noch bescheren wird.

Daten von See
Über Jahrhunderte waren die Meere und das Wettergeschehen auf See „Terra incognita" geblieben. Das änderte sich, als Kapitäne begannen, Wetteraufzeichnungen zu führen, und als Wetterstationen auf Inseln etabliert wurden. Einen riesigen Sprung in Richtung auf eine höhere Datendichte ozeanographischer Messungen gab es erst mit der Umsetzung des ARGO-Programms.

Ihr schneller Zugang zu weiteren Informationen:

▸ Asian Development Bank

▸ Deutscher Wetterdienst

▸ Seewetter-Info

▸ GEOMAR

▶ Eumetsat – Wetter- und Klimaüberwachung aus dem All

▶ Eumetsat – Pressemitteilungen

▶ BSH

▶ About Argo

▶   Argo Information Centre

Die Rolle des Ozeans 5

„Zu warm, zu hoch, zu sauer", titelt das Sondergutachten des Wissenschaftlichen Beirats der Bundesregierung Globale Umweltveränderungen (WBGU) aus dem Jahr 2006 zur Zukunft der Meere. Von renommierten Wissenschaftlern erstellt, beschrieb es den Zustand der Ozeane und gab der Bundesregierung Handlungsempfehlungen, um die Auswirkungen des menschlichen Handelns auf das Meer in Grenzen zu halten.

Dabei ließ das Gutachten keine Zweifel an der Dramatik der gerade stattfindenden Veränderungen:

> Die Weltmeere verändern sich rasant. Die oberen Schichten werden (… immer …) wärmer, der Meeresspiegel steigt immer rascher an, (… und …) die Meere versauern zunehmend, was viele Meeresökosysteme bedroht. Die Menschheit ist dabei, Veränderungsprozesse im Meer anzustoßen, die in den letzten Jahrmillionen ohne Beispiel sind – gleichzeitig aber wegen der erheblichen geophysikalischen Verzögerungseffekte den Zustand der Weltmeere für Jahrtausende bestimmen werden. Damit greift der Mensch an entscheidender Stelle in die Funktionsweise des Erdsystems ein, wobei viele Folgen noch nicht genau vorhersehbar sind.

Das sind klare Worte! Doch die Wissenschaftler wurden noch deutlicher – und fordernder:

> Entschlossenes und vorausschauendes Handeln ist jetzt notwendig, damit die Weltmeere kritische Systemgrenzen nicht überschreiten. Der Umgang des Menschen mit den Meeren wird eine entscheidende Bewährungsprobe auf dem Weg in eine nachhaltige Zukunft sein.

„Da habt ihr's", mag man denken, jetzt hat die Politik – zumindest auf dem Papier – die Quittung für ihr Nichtstun bekommen und wird von ihren eigenen Wissenschaftlern nachdrücklich dazu ermahnt, endlich zu handeln. Doch bis heute, sechs Jahre nachdem das Gutachten in Auftrag gegeben wurde, ist so gut wie nichts passiert.

Aber der Reihe nach! – Wie kommen die Forscher zu derartigen Aussagen?

Über 70 % der Oberfläche unseres Planeten sind mit Wasser bedeckt, und die Meere bilden das größte zusammenhängende Biotop der Erde. Abermillionen Tierarten, von denen

R. Schacht, *Wann bekommen die Küstenbewohner denn nun nasse Füße?*,
DOI 10.1007/978-3-658-00327-2_5, © Springer Fachmedien Wiesbaden 2014

die Menschheit bis heute nur einen Bruchteil kennt, bewohnen die noch weitgehend unerforschten, lichtlosen Tiefen der Ozeane. „Wir kennen von der Tiefsee nur ungefähr so viel, wie der Besucher in einer dunklen Lagerhalle sieht, wenn er ein Streichholz anzündet", so sinngemäß Prof. Dr. Gerold Wefer, Chef des Zentrums für Marine Umweltwissenschaften, MARUM, an der Universität Bremen.

Und recht hat er mit seinem Vergleich: Gerade der tiefe Ozean ist noch nahezu völlig unerforscht, und vom größten Lebensraum der Erde, den Tiefseeebenen, kennt die Wissenschaft nur Bruchteile dessen, was etwa von der Rückseite des Mondes oder seit der Landung der Rover auch der Oberfläche des Mars bekannt ist. Beschämend und schade genug, denn bei jeder Forschungsreise auf das Meer finden Biologen neue, nie vermutete oder längst für ausgestorben gehaltene Tierarten und entdecken Geologen immer neue Rohstoffquellen in den lichtlosen Weiten der Tiefsee. Immer wieder staunen die Forscher über das unglaubliche Potenzial der Ozeane. Biologen und Biochemiker geraten geradezu in Verzückung angesichts der Adaptionsfähigkeit der Lebewesen, die in völliger Dunkelheit und teils unter extremen Temperaturen in einer für den Menschen toxischen Umwelt unter einem gigantischen Wasserdruck leben. Pharmakologen kommen ins Schwärmen, wenn sie an das bislang noch weitgehend ungenutzte Biopotenzial der Ozeane – etwa für Arzneimittel – denken. „Kein Wunder", mag man denken, nimmt ein Bereich, der fast zwei Drittel der Erdoberfläche umfasst, doch im Erdsystem eine Schlüsselrolle ein – von der wir Menschen jedoch nur sehr wenig kennen.

Doch diese Erkenntnis ist weder trivial, noch in der Breite der Politik angekommen. Denn erst ganz langsam wird sich die Menschheit bewusst, dass die Weltmeere mehr sind als nur eine gigantische Müllkippe oder tote und buchstäblich bodenlose Bereiche der Erde, um die man sich nicht zu kümmern braucht. Im Gegenteil, unsere Ozeane nehmen eine zentrale Rolle im Klimasystem der Erde ein:

„Der Ozean hat eine Schlüsselposition im Erdsystem inne, da er die unterschiedlichen Komponenten des Erdsystems, die Geosphäre, Biosphäre und das Klimasystem miteinander verbindet. (… und …) die zugrunde liegenden Prozesse und Wechselwirkungen sind (… bisher …) nur ansatzweise verstanden", heißt es auf der Internetseite des Bremer MARUM.

Doch was sind das für Prozesse?

„Die Meere spielen eine zentrale Rolle im Kohlenstoffkreislauf des Planeten, haben bereits einen Großteil der anthropogenen CO_2-Emissionen aufgenommen und speichern den überwiegenden Teil der Sonneneinstrahlung als Wärme", fasst der WBGU eine Rolle der Meere im Klimasystem der Erde zusammen. Hinzu kommt noch die Rolle der Ozeane im Wasserkreislauf unseres Planeten, wird doch der größte Teil des Wassers in der Atmosphäre durch Verdunstung aus den Meeren freigesetzt.

„Die Ozeane spielen eine zentrale Rolle im Klimageschehen der Erde", sagt auch der Ozeanograph und Sprecher des Kieler Exzellenz-Clusters „Ozean der Zukunft", Prof. Dr. Martin Visbeck vom Kieler GEOMAR. „Außerdem sind sie die größte Senke für CO_2, sie absorbieren Kohlendioxid physikalisch durch die Lösung von Gas in Flüssigkeiten und biologisch durch Aufnahme des CO_2 von Phytoplankton bei der Photosynthese."

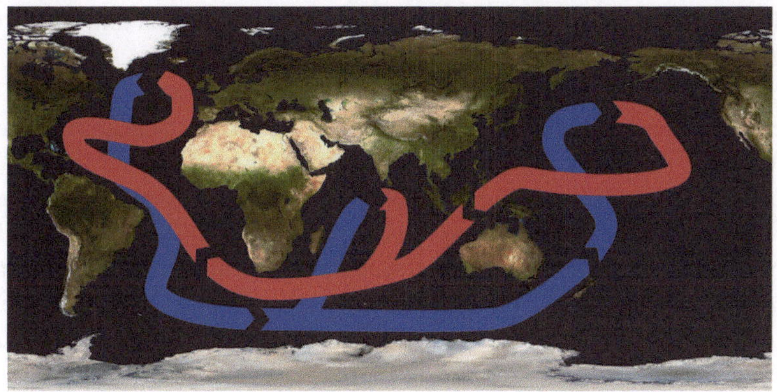

Abb. 5.1 Thermohaline Zirkulation (Quelle: http://commons.wikimedia.org/wiki/File: Thermohaline_circulation.png GNU Free Documentation License)

„Hinzu kommt die wichtige – und oft unterschätzte – Funktion des Ozeans mit seiner Speicherfähigkeit für Wärme", ergänzt Visbeck. „Denn allein aufgrund seiner Größe und seines Anteils an der Fläche der Erde speichert der Ozean den Großteil der global eingestrahlten Sonnenenergie als Wärme – und ähnlich wie in der Atmosphäre wird mit dem Wasser der Meeresströmungen die Wärme über unseren Planeten verteilt."

5.1 Meeresströmungen

Jeder Mitteleuropäer kennt den – auch als „Zentralheizung Europas" bezeichneten – Golfstrom, der mit dem Wasser die Wärme aus dem Bereich nördlich des Golfs von Mexiko quer über den Atlantik nach Europa bringt; und grob vereinfacht gilt auch hier: Ähnlich wie bei den Prozessen in der Atmosphäre wird Wärme vom Äquator weg in Richtung der Pole abgeführt und im Gegenzug Kälte von den Polen in Richtung Äquator transportiert. Und wie in der Atmosphäre liegen auch im Meer die treibenden Kräfte in den physikalischen Dichteunterschieden. Hinzu kommt der Einfluss des Windes, dessen Schubkraft zur Bildung von Oberflächenströmungen, den sogenannten Driftströmungen, führt.

Der Prozess der Verteilung der Wassermassen beginnt mit dem dichte- und temperaturgetriebenen Absinken von Oberflächenwasser, das sich dann in der Tiefsee verteilt. „Die Zirkulation der Ozeane wird durch die sogenannte thermohaline Zirkulation (Abb. 5.1) angetrieben, die auch als ‚globales Förderband' bekannt ist", erläutert Visbeck.

5.1.1 Thermohaline Zirkulation

Thermohaline Zirkulation – was soll man sich unter einem derart sperrigen Begriff vorstellen? Er bezeichnet einen von Temperatur- und Dichteunterschieden gesteuerten Prozess, der zur Bildung der Bodenwassermassen der Ozeane führt, Sauerstoff und andere Gase in die Tiefe transportiert und die Tiefsee durchlüftet.

Im Detail funktioniert er folgendermaßen: In den hohen Breiten kühlt das Oberflächenwasser der Ozeane ab, und es bildet sich Meereis. Durch die im Wasser gelösten Salze entstehen erst ab etwa −1,9 °C erste millimetergroße Eiskristalle, die sich an der Wasseroberfläche ansammeln und den sogenannten Eisbrei bilden. Mit weiter abnehmenden Temperaturen und dem Spiel von Wind und Wellen verdichtet sich der Eisbrei zu Klumpen und es formieren sich erste kleine Eisschollen, die an ihren Rändern durch fortlaufende Kollisionen untereinander nach oben gewölbt sind – das sogenannte Pfannkuchen-Eis.

Zur Bildung größerer Meereisschollen schreibt das Alfred-Wegener-Institut für Polar und Meeresforschung auf seiner Website:

> Nach und nach nimmt sowohl die Dicke als auch der Durchmesser dieser Eispfannkuchen zu und gleichzeitig verschmelzen die Pfannkuchen, bis sich eine geschlossene Eisdecke gebildet hat. Durch Überschiebungen von einzelnen Eisplatten kommt es dabei oftmals zur Ausbildung einer rauen oder gar zerklüfteten Oberfläche. Während diese Rauigkeit an der Eisunterseite von Tauchern gut zu erkennen ist, scheint die Eisoberseite relativ glatt zu sein. Dies hängt damit zusammen, dass die Schneeauflage viele Unebenheiten glättet.

Bei der Bildung des Eisbreis passiert zweierlei: Einmal entstehen die nur aus Süßwasser bestehenden Eiskristalle, und einmal entsteht eine salzige Lake, die ohne den Süßwasseranteil, der die Eiskristalle aufbaute, einen deutlich höheren Salzgehalt – und damit auch eine höhere physikalische Dichte – als das ursprüngliche Meerwasser aufweist.

Mit sinkenden Temperaturen erhöht sich neben der Dichte auch die Löslichkeit von Gas im Wasser, und so diffundiert zusammen mit der Luft aus der Atmosphäre unter anderem auch Sauerstoff und Kohlendioxid aus der Atmosphäre in die salzige Lake. Mit noch weiter sinkenden Temperaturen steigt auch die Dichte der salzigen Lake weiter an, und sie beginnt schließlich abzusinken. Dabei transportiert sie die gelösten Gase mit in die Tiefe. „Der Prozess des Absinkens von kaltem, salzhaltigem und sauerstoffreichem Wasser in die Tiefe ist der wichtigste Prozess für die Belüftung des gesamten Ozeans", erklärt Visbeck. Beim Absinken des Wassers werden charakteristische Wassermassen gebildet, die an den Böden der Ozeane – den Tiefseeebenen – entlangfließen, sie mit Sauerstoff versorgen und sich weltweit nachweisen lassen.

Die physikalischen Rahmenparameter für die Bildung dieser wichtigen Wassermassen gibt es global nur in wenigen Bereichen: etwa im Bereich zwischen Grönland und Norwegen, vor Labrador und Nordamerika sowie im antarktischen Teil des Südatlantiks und Südpazifiks. Nur in diesen geographisch sehr schmalen Bereichen entstehen die Bodenwassermassen, die aufgrund ihrer hohen Dichte und niedrigen Temperatur viel Gas lösen können, es beim Absinken auf den Boden der Tiefsee mitnehmen und den gesamten Weltozean durchlüften. „Sie sind der Anfangspunkt des sogenannten *Global Conveyor Belt*, des globalen Förderbandes der Thermohalinen Zirkulation, das die Wassermassen durch den Weltozean verteilt und die Tiefseeebenen belüftet", sagt Visbeck.

Zwei charakteristische Wassermassen der Ozeane, die sich weltweit nachweisen lassen, sind etwa das Nordatlantische Tiefenwasser (*North Atlantic Deep Water*, NADW) und das Antarktische Bodenwasser (*Antarctic Bottom Water*, AABW).

5.2 Trägheit des Systems

„Ein weiterer, vielfach vernachlässigter Effekt des Meeres ist, dass sein Wasserkörper eine hohe Trägheit besitzt", so Visbeck weiter. Das gilt für die Aufnahme und Abgabe von Wärme ebenso wie für die Aufnahme von Gasen. „So ist der Ozean nicht nur die größte Senke für CO_2 auf der Erde, sondern hat bereits nahezu die Hälfte des vom Menschen bei Verbrennungsprozessen freigesetzten CO_2 aufgenommen – rund ein Drittel des gesamten anthropogenen CO_2 der Atmosphäre", erklärt Visbeck. Nicht einbezogen in diese Abschätzung ist die riesige Menge an CO_2, das durch die Trockenlegung von Mooren, die Rodung von Waldgebieten und die Neunutzung etwa als Rinderfarmen etc. freigesetzt werden.

Dass die Aufnahme von immer mehr CO_2 auch für das Meer nicht ohne Folgen bleiben kann, liegt auf der Hand.

5.3 Ozeanversauerung – „das andere CO_2-Problem"

„Zwischen Luft und Ozean findet ein permanenter Gasaustausch statt", sagt Visbeck. „Steigt in der Atmosphäre der CO_2-Gehalt, nimmt die Konzentration des Gases auch in den oberflächennahen Schichten der Weltmeere entsprechend zu."

Bisher lässt sich die maximale Menge der Aufnahme von CO_2 im Ozean nur rechnerisch bestimmen. Dennoch ist offensichtlich, dass auch die Speicherkapazität des Ozeans irgendwann an ihre Grenzen gelangen wird. Hinzu kommt der physikalische Effekt, dass die Lösung von Gasen im Wasser temperaturabhängig ist – und umso schlechter funktioniert, je höher die Temperatur der Flüssigkeit ist. So sind immer wärmer werdende Meere also kontraproduktiv zu einer vermehrten Aufnahme von CO_2.

„Da es etwa tausend Jahre dauert, bis der tiefe Ozean sein Potenzial der CO_2-Aufnahme ausgeschöpft hat, wird der Ozean insgesamt also noch recht lange Kohlendioxid aufnehmen können. Hinzu kommt, dass sich bei saurer werdendem Meerwasser auch der Kalk in den Sedimenten auflöst, was die CO_2-Aufnahme darüber hinaus noch weiter verlängert und vergrößert. So wird erst etwa in zehntausend Jahren die Kapazität des Ozeans ausgeschöpft sein – der bis dahin rund 90 % des anthropogenen CO_2 aufgenommen hat", erläutert Prof. Dr. Ulf Riebesell vom Kieler GEOMAR.

„Saurer" ist das Stichwort, denn schon heute hat die Aufnahme des anthropogenen CO_2 massive messbare Folgen für das Meer und seine Bewohner: „So reagiert das atmosphärische CO_2 mit dem Meerwasser zu Kohlensäure und versauert zunehmend die Ozeane", erklärt Riebesell. Der Biologe erforscht seit Jahrzenten die Folgen der Ozeanversauerung für seine Bewohner und sagt: „Für die Chemie des Meerwassers sind die Folgen messbar und gut belegt. Für die Biologie hingegen ist das nicht so einfach. Es fehlt uns der vorindustrielle Wert. Daher lassen sich aktuelle Veränderungen nur schwer belegen."

„Ozeanversauerung" – wie funktioniert das? Generell unterscheiden die Forscher bei der Ozeanversauerung zwei Reaktionen: Wenn Wasser mit Kohlendioxid zu Kohlensäure reagiert, werden Hydrogenkarbonat-Ionen und Wasserstoff-Ionen freigesetzt, die zur Absenkung des pH-Wertes – also zu einer Steigerung des Säuregrades – führen:

$$CO_2 + H_2O \Leftrightarrow H_2CO_3 \Leftrightarrow H^+ + HCO_3^-.$$

Ein Teil der freigesetzten Wasserstoff-Ionen reagiert mit den in Meerwasser reichlich vorhandenen Karbonat-Ionen CO_3^{2-} zu Hydrogenkarbonat:

$$2H^+ + CO_3^{2-} \Leftrightarrow H_2CO_3^-.$$

Puffert die Bildung des Hydrogenkarbonats in beiden Reaktionen zwar einerseits die Versauerung des Meerwassers ab, entzieht sie andererseits dem Wasser dabei aber auch erhebliche Mengen der Karbonat-Ionen, die Meeresorganismen wie Algen und Plankton, Muscheln, Schnecken, Seeigel oder Korallen benötigen, um ihr Kalkskelett aufzubauen.

„Der aktuell beobachtete Anstieg des CO_2-Gehalts der Ozeane ist, was Ausmaß und Geschwindigkeit betrifft, in der Evolutionsgeschichte der letzten rund 20 Millionen Jahre einmalig", erklärt Riebesell. „Daher ist derzeit noch völlig unklar, inwieweit sich die marine Fauna auf Dauer daran anpassen kann. Immerhin beeinträchtigen die niedrigen pH-Werte im Seewasser den Kalkbildungsprozess, der für viele, vor allem wirbellose Meeresbewohner mit Kalkpanzer wie etwa Muscheln, Korallen oder Seeigel lebenswichtig ist."

„Kleinere Organismen wie etwa die Flügelschnecke *Limacina helicina* (Abb. 5.2) sind als Erstes von der Ozeanversauerung betroffen", führt Riebesell aus. „Flügelschnecken stellen ein wichtiges Bindeglied im Nahrungsnetz dar. Sie ernähren sich von winzigen Planktonorganismen und sind ihrerseits Futter für Fische, Wale und Seevögel. Die von ihnen gebildeten Kalkschalen fungieren außerdem als Ballast für den Transport von organischem Kohlenstoff in den tiefen Ozean."

Bei der Flügelschnecke und der weltweit verbreiteten Kalkalge *Emiliania huxleyi* konnten die Forscher anhand ihrer Experimente bereits erkennen, dass die Ozeanversauerung die Kalkgehäuse der Organismen massiv schädigt. Großdimensionierte Experimente in so genannten Mesokosmen bei denen verschiedene Organismen – einer Zeitmaschine gleich – in einer (künstlich erschaffenen) saureren Umwelt leben, die einem chemischen Zustand des Ozeans der Zukunft entspricht. Bei den weltweit verbreiteten Kalkalgen (Coccolithophoriden) der Gattung *Emiliania huxleyi*, die in den Mesokosmen leben, konnten die Kieler Forscher bereits entsprechende Lösungserscheinungen dokumentieren.

Besonders dramatisch zeigen sich die Veränderungen bei der recht filigranen Flügelschnecke: So bleibt das Gehäuse von *Limacina helicina* in saurem Wasser dünner, wird brüchig und löst sich mit zunehmender Versauerung nach und nach auf. Auch bei den Coccolithophoriden der Gruppe *Calcidiscus* (Abb. 5.3) sehen die Forscher einen ähnlichen

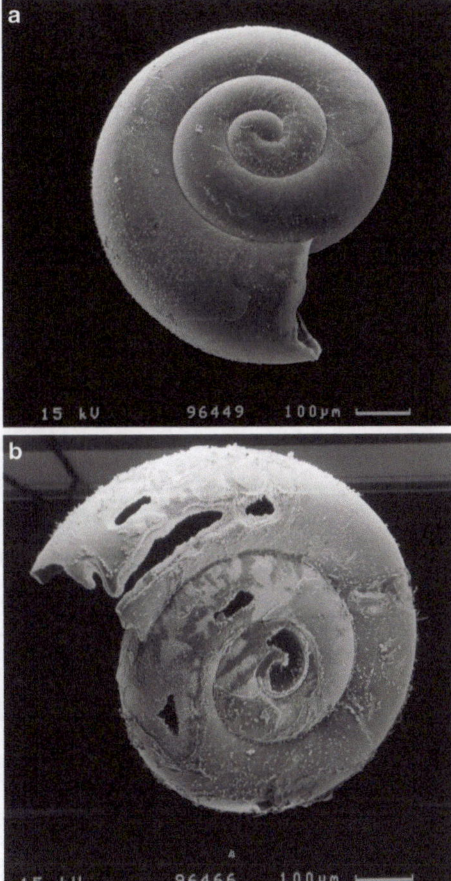

Abb. 5.2 Flügelschnecke *Limacina helicina*, einmal im nichtangelösten (**a**) und einmal im angelösten Zustand (**b**) (Rasterelektronenmikroskop-Aufnahmen, GEOMAR)

Effekt: „Auch die Schalen der Coccolithophoriden werden mit zunehmender Ozeanversauerung dünner", erläutert Riebesell.

Wie sich diese aktuell ablaufenden Prozesse auf das komplexe Nahrungsnetz des Ozeans auswirken, haben Riebesell und seine Kollegen in weiteren Experimenten und Modellrechnungen untersucht. In Versuchen an den Larvenstadien des grünen Seeigels *Strongylocentrotus droebachiensis* (den sogenannten Pluteuslarven) konnten die Kieler Wissenschaftler nachweisen, dass saures Wasser den Larven der Seeigel massiv zusetzt (Stumpp et al. 2012).

„Pluteuslarven des grünen Seeigels (…) sind winzige, etwa 0,3 mm lange ‚Fressmaschinen', die sich im Plankton mehrere Wochen lang von Algen ernähren, bevor sie eine Metamorphose durchlaufen und ihr Leben am Meeresboden beginnen", heißt es im Newsletter *Geomar intern* des Kieler Helmholtz-Zentrums für Ozeanforschung. Ihr durchsichtiger Körper wird dabei von dünnen Skelettelementen gestützt. Diese sogenannten Spikel bestehen aus Kalziumkarbonat und werden von speziellen Zellen der Larve gebildet. Seit kurzem ist bekannt, dass Pluteuslarven in versauerndem Meerwasser langsamer wachsen und einen

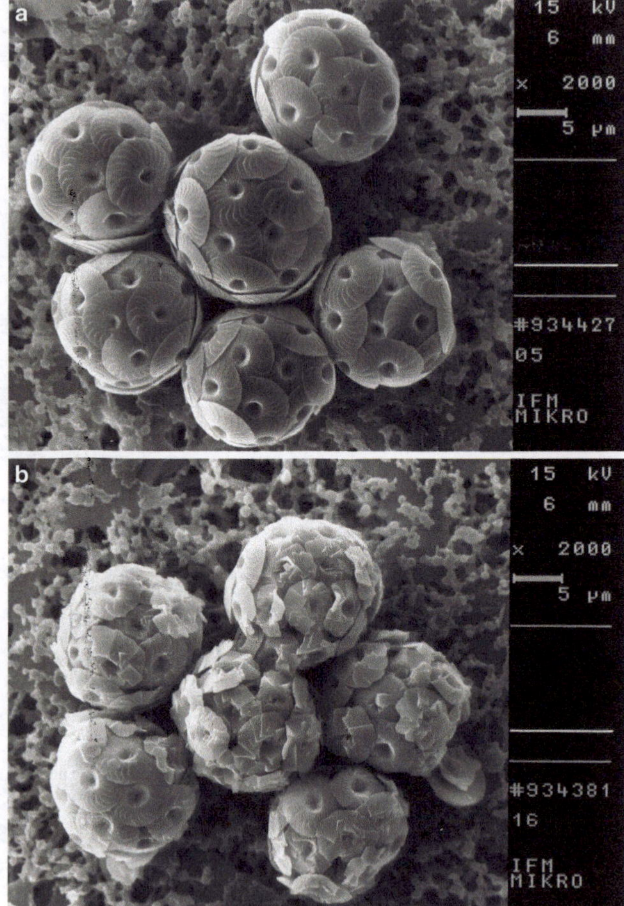

höheren Energieverbrauch aufweisen, was die Gefahr, dass die Larven Opfer eines Fressfeindes werden, deutlich erhöht. Auch bei der Suche nach dem Grund für das langsamere Wachstum wurden die Kieler schließlich fündig: Offenbar sind die für die Ausbildung der Spikel verantwortlichen Zellen in der Lage, einen konstanten pH-Wert in der Zelle zu erhalten, doch müssen sie mit zunehmender Versauerung des Meerwassers immer mehr Energie für diesen Prozess aufwenden – Energie, die dann etwa für das „normale" Wachstum der Larven fehlt.

Dass die Prozesse der Erwärmung und der Versauerung der Ozeane längst keine hypothetischen Betrachtungen aus den Laboren und dem Elfenbeinturm der Meeresforschung mehr sind, belegen chemische Untersuchungen, die bei jeder Schiffsexpedition auf den Weltmeeren durchgeführt werden: „Die Erwärmung und die Versauerung der Ozeane sind schon heute überall messbar – und in Regionen der Tiefenwasserbildung auch bis hinein in größere Tiefen", erklärt Riebesell.

Quantitative Abschätzungen der Kieler Meeresforscher ergaben, dass sich derzeit bereits Kohlenstoff mit einer Masse von 38.000 Gigatonnen (ein Gigatonne entspricht einer Mrd. Tonnen) Kohlenstoff im Ozean befindet – Tendenz steigend!

„Das ist gut sechzehn Mal so viel Kohlenstoff wie in der Landbiosphäre vorkommt und rund 60 Mal so viel wie in der vorindustriellen Atmosphäre", ordnet Riebesell ein. „Zum Vergleich, im vorindustriellen Zeitalter lag der Kohlenstoffgehalt der Atmosphäre bei nur knapp 600 Gigatonnen Kohlenstoff." Wie jeder leicht ausrechnen kann, hat die Menschheit dem Ozean bis heute also die unglaubliche Menge von 110 Gigatonnen Kohlenstoff zugeführt!

Seit dem Beginn der industriellen Revolution in der Mitte des 19. Jahrhunderts hat die Menschheit allein durch die Verbrennung fossiler Energieträger wie Kohle, Erdgas und Erdöl rund 440 Gigatonnen Kohlenstoff in die Atmosphäre entlassen. Das entspricht einem mit flüssigem CO$_2$-Gas beladenen Güterzug von einer Länge, die dreieinhalb Mal zum Mond und zurück zur Erde reichen würde.

Aber zurück zur Rolle des Ozeans.

Der Ozean ist also ohne Zweifel der Gigant unter den Kohlenstoffreservoiren der Erde und bestimmt entscheidend den CO$_2$-Gehalt der Atmosphäre. „Doch dringt der Kohlenstoff nur erst ganz langsam in den tiefen Ozean vor, weil sich die Ozeane nur sehr träge durchmischen", erklärt Riebesell. Und damit sind wir bei der Vorhersage des Wissenschaftlichen Beirats der Bundesregierung Globale Umweltveränderungen für die Meere angelangt, die eine langanhaltende Veränderung des Systems Ozean durch unser heutiges Handeln proklamiert.

Doch nicht nur auf die kleinsten Lebewesen haben die Änderungen des Wasserchemismus durch die Aufnahme von CO$_2$ und die stattfindende Erwärmung einen großen Einfluss, sondern auch auf die Physiologie anderer Meeresbewohner. So fassen die Forscher des Kieler Exzellenzclusters „Future Ocean" die Auswirkungen der Versauerung der Ozeane auf seine Bewohner im *World Ocean Review* (WOR) wie folgt zusammen:

Im Organismus der betroffenen Tiere spielen sich ähnliche Vorgänge wie bei der Lösung von CO$_2$ im Meerwasser ab. CO$_2$ wandert als Gas ungehindert durch Zellmembranen und verursacht eine pH-Absenkung in den Körperzellen und im Blut beziehungsweise der mit Blut vergleichbaren Hämolymphe mancher Tierarten. Der Organismus muss diese Störung seines natürlichen Säure-Base-Haushalts kompensieren, was den einzelnen Tierarten besser oder schlechter gelingt.

Letztlich kommt es dabei auf die genetisch bedingte Leistungsfähigkeit verschiedener Mechanismen zur pH- und Ionenregulation an, die je nach Tiergruppe und Lebensstil unterschiedlich ausgeprägt ist. Ab einem gewissen artspezifischen Grenzwert kommt es aber trotz der verstärkten Regulationsbemühungen des Organismus zu dauerhaften Verschiebungen der Säure-Base-Parameter in Geweben und Körperflüssigkeiten. Dies wiederum kann das Wachstum oder die Fortpflanzungsfähigkeit beeinträchtigen und damit im schlimmsten Fall sogar das Überleben einer Art in ihrem Lebensraum gefährden.

Der pH-Wert der Körperflüssigkeiten beeinflusst viele biochemische Reaktionen im Organismus. Daher versuchen alle Lebewesen, die Schwankungen des pH-Werts in einem für sie verträglichen Rahmen zu halten. Um eine durch CO$_2$ verursachte Ansäuerung auszugleichen, hat der Organismus zwei Möglichkeiten: Er muss entweder verstärkt überschüssige Protonen ausscheiden oder Puffersubstanzen wie etwa Bikarbonationen aufnehmen, die Protonen binden. Die meisten Meerestiere nutzen für die dazu notwendigen Ionenregulationsprozesse eigens ausgebildete Epithelien, spezielle Gewebe, die Körperhöhlen, Blutgefäße oder beispielsweise die Kiemen und den Darm auskleiden.

Aktuelle Untersuchungen zur Ozeanversauerung und -erwärmung des Kieler GEO-MAR zeigen alarmierende Ergebnisse. So scheint derzeit besonders die Erwärmung der Erde eingespielte biologische Systeme aus dem Takt zu bringen: „Für manche Lebewesen ist das fatal", folgern die Kieler Wissenschaftler im Zustandsbericht über den Weltozean (WOR).

Besonders beunruhigt sind die Forscher vor allem darüber, dass sich der Lebensrhythmus des pflanzlichen Planktons (Phytoplankton), dass an erster Stelle der Nahrungskette steht und damit die wichtigste Nahrungsgrundlage im Ozean darstellt, verändert. „Das Phytoplankton ist von enormer Bedeutung als Nahrungsquelle für das Leben im Meer", heißt es dementsprechend auch im WOR. Das Phytoplankton, wie etwa Algen und Cyanobakterien, nimmt bei seinem Wachstum im Wasser gelöste Nährstoffe auf und reproduziert sich. Bei diesem Prozess werden erhebliche Mengen Biomasse produziert, die dem Zooplankton (tierisches Plankton), wie Kleinkrebsen und Fischlarven, als Nahrung dienen, die dann ihrerseits wieder von Fischen gefressen werden.

„Das Phytoplankton spielt in den biogeochemischen und biologischen Kreisläufen des Ozeans eine zentrale Rolle", erläutert Riebesell. „Und die durch den Klimawandel bewirkten Veränderungen im Zusammenspiel der verschiedenen Planktongruppen werden daher in Zukunft einen entscheidenden Einfluss auf die Produktivität des gesamten pelagischen Systems (Gesamtheit des offenen Wassers (Pelagial) mitsamt seiner Bewohner)."

Um die Dramatik der erwarteten Veränderungen zu verstehen, muss man sich klarmachen, dass das Entstehen von Blüten des Phytoplanktons und die damit verbundene Entstehung großer Mengen Biomasse ein zyklischer, an die Jahreszeiten gekoppelter Prozess ist. So treten die Blüten des pflanzlichen Planktons typischerweise dann auf, wenn es genug Sonnenlicht für die Photosynthese der Organismen gibt – in den temperierten und hohen Breiten also im Frühling oder Frühsommer. In den letzten Jahren beobachteten die Kieler Forscher aber, dass sich die typischen Wassertemperaturen gegenüber den Jahreszeiten zu verschieben scheinen und sich damit auch der Zeitpunkt der Planktonblüte nach vorne verschiebt. Genau wie an Land, etwa bei der Apfelblüte, setzt die Planktonblüte im Klimawandel im Meer immer früher ein – mit dramatischen Folgen.

Fehlen etwa bei der frühen Apfelblüte an Land immer häufiger die zur Bestäubung wichtigen Insekten, so finden die Fischlarven, die ihre Jugendstadien als Zooplankton verbringen, keine Nahrung mehr vor, weil das Phytoplankton bereits verblüht und abgestorben ist, wenn das Zooplankton es als Nahrung benötigte. „Das System der Abhängigkeiten in der marinen Nahrungskette gerät zunehmend aus dem Takt", fassen die Kieler Meeresforscher die komplexen Veränderungen zusammen.

Ein gutes Beispiel für diesen Effekt liefern die Forschungen der zum Bremerhavener Alfred-Wegener-Institut für Polar und Meeresforschung gehörenden Biologischen Anstalt

Helgoland (BAH). Seit 150 Jahren wird von der deutschen Hochseeinsel die Nordsee erforscht, und seit 50 Jahren gibt es einen kontinuierlichen Datensatz ozeanographischer und biologischer Parameter, der täglich weitergeführt wird. Er zeigt einen deutlichen Erwärmungstrend des Wassers und die gerade diskutierte Verschiebung der Nahrungsketten am Beispiel der Deutschen Bucht. Näheres zu den Untersuchungen der BAH und der fünfzigjährigen Messreihe findet sich im Abschn. 4.5.

Immer mehr neue Studien belegen, dass die zunehmende Versauerung die Lebenswelt der Tiere beeinflusst. So etwa eine Studie der US-amerikanischen NOAA (National Oceanic and Atmospheric Administration) vom 24. September 2012, die aufzeigt, dass die Versauerung Ozeane positiv an das Auftreten großer Nährstoffmengen im Meer gekoppelt ist. Die US-Forscher führen den Effekt auf das CO$_2$ zurück, das beim Abbau von organischen Substanz der in diesen Regionen vermehrt auftretenden Algen freigesetzt wird und zusammen mit dem aus der Atmosphäre aufgenommenen CO$_2$ die Versauerung steigert.

Ein bemerkenswerter Aspekt der Studie ist, dass sie die Auswirkungen der Versauerung einmal hinsichtlich ihrer finanziellen Folgen für die Fischerei abschätzt. So weisen die Autoren ausdrücklich auf die Wechselwirkungen zwischen der Ozeanversauerung und der Austernfischerei in Aquakulturen in den amerikanischen Küstengewässern hin: Die Ozeanversauerung beeinflusst das Wachstum der Larven und führt dazu, dass die Schalentiere nicht mehr ihre frühere Größe erreichen. Dadurch entsteht ein volkswirtschaftlicher Schaden von jährlich rund 100 Millionen Dollar.

Die am 24. Oktober 2012 veröffentlichte Untersuchung einer Forschergruppe des Kieler GEOMAR und der Universität Göteborg an den Seeigellarven weist in die gleiche Richtung und zeigte, dass die Versauerung die Wahrscheinlichkeit erhöht, vor dem Fertigstellen des Kalkskeletts gefressen zu werden (s. o.).

5.3.1 Gewinner der Versauerung

Das am 9. Juni 2012 gestartete, international besetzte Freilandexperiment SOPRAN (Surface Ocean Processes in the Anthropocene) beschäftigt sich mit den Prozessen an der Meeresoberfläche in der Ostsee. Neben den Forscher des Kieler GEOMAR waren Wissenschaftler des Leibniz-Instituts für Ostseeforschung (IOW), des Royal Netherlands Institute for Sea Research (NIOZ), des National Oceanography Centre (NOC) sowie der Universitäten Portsmouth, East Anglia, Åbo und Helsinki in Südfinnland beteiligt.

Ein Schwerpunkt des Experiments war es, das Algenwachstum in einer sich versauernden Umgebung zu erforschen. Dazu nutzten die Wissenschaftler die in Kiel entwickelten Mesokosmen des GEOMAR (Abb. 5.4 und 5.5).

In der Ostsee kommt der verbreiteten Blaualge eine große Bedeutung zu: In warmen Sommern mit einer hohen Wassertemperatur verursachen die Algenblüten große Mengen an Algen-Biomasse. Nach dem Absterben der Organismen sinken sie zu Boden, wo sie bei ihrer Zersetzung Sauerstoff verbrauchen sowie Nährstoffe und CO$_2$ an das Tiefenwasser abgeben. Gerade in den nur sporadisch belüfteten tiefen Becken der Ostsee kann

KOSMOS

Kiel Off-Shore Mesocosms for Future Ocean Simulations

GEOMAR

K. von Bröckel, U. Riebesell, U. Lentz, D. Hoffmann, M. Deckelnick and J. Czerny

GEOMAR | Helmholtz Centre for Ocean Research Kiel

Mesocosms are well established research tools for more than 40 years. Compared to any laboratory vessel, mesocosms are huge encaged water bodies of up to more than 2.000 m³ of seawater. They served (1) for ecological research to observe existing ecosystems, (2) as giant test-tubes for the addition of nutrients, heavy metals and/or other pollutants, and (3) for altering aspects of given ecosystems like the relation of primary and/or secondary producers or their composition.

So far all mesocosms were deployed as **In-Shore Mesocosms** in coastal environments and sheltered bays where real open-sea waves never built up.

KOSMOS, in contrast, is designed as an **Off-Shore Mesocosms** system. Most of the buoyancy is placed well below the water surface. The floatation device therefore does not move with the waves and strain forces between the floating body and the plastic enclosure are minimized. This design allows the deployment of mesocosms in open oceans up to sea-state 2 (wave height about 2 to 2.5 m).

KOSMOS flotation body (about 8 m in height and 1.2 t in weight) consists of a steel structure, closed glass-fibre tubes, roof, flash light, radar reflector and lots of ropes for different purposes

KOSMOS ready for deployment at sea and deployed

The flexible-wall enclosure is made of TPU-foil (thermoplastic polyurethane) 1 and 0.5 mm thick in the upper and lower part respectively. It has a diameter of 2 m and a maximum length of 20 m. The maximal enclosure volume amounts to about 75 m³. The bottom ends in a funnel which can be sampled for sedimenting material. This enables the budgeting of the ecosystem en bloc during the whole experiment.

.... above water

KOSMOS deployed at sea

During the past six years numerous tests and improvements showed the functionality of KOSMOS in free-floating as well as anchored applications. Experiments were carried out in a variety of environmental conditions (Baltic Sea (Kiel Bight, Bight of Finland), Svalbard, Norwegian Fjord (Bergen), Hawai'i).

.... in water

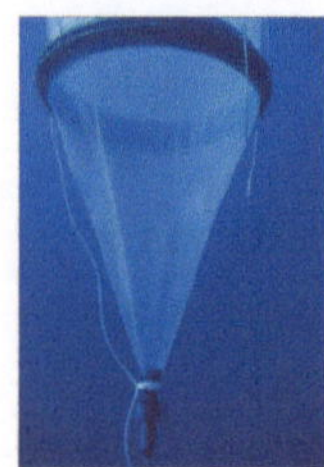

KOSMOS off Big Island, Hawai'i

KOSMOS It is the first mobile mesocosm system allowing off-shore enclosure studies with natural populations under nearly 'normal' conditions, such as CO2 perturbation experiments.

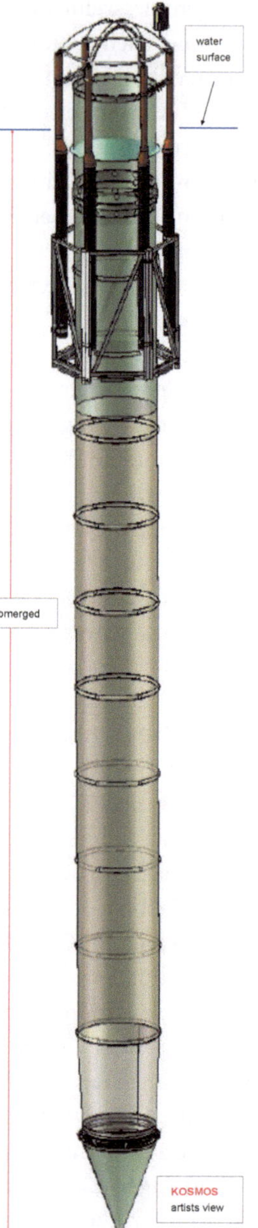

Abb. 5.4 Mesokosmen

Abb. 5.5 Mesokosmen-Einsatz im Kongsfjord (Svalbard, Spitzbergen)

das zu einer vermehrten Sauerstoffzehrung führen und zu einer weiteren Verschärfung des latenten Überdüngungsproblems der Ostsee. „Von daher lag es nahe, sich einmal intensiver mit der Blaualge zu beschäftigen und zu schauen, wie sie mit den Änderungen, die mit dem Klimawandel einhergehen, zurechtkommt", erläutert Prof. Dr. Ulf Riebesell vom Kieler GEOMAR. Aufgrund der hohen Relevanz des massenhaften Auftretens in der Ostsee und der Angst vieler Menschen vor dem Gift von Blaualgen, habe ich mich zu einem kleinen Exkurs zur Blaualgen-Problematik entschieden:

Blaualgen

Da das massenhaften Auftreten von Blaualgen (Abb. 5.6) in der Ostsee immer wieder Anlass für alarmistische Berichte in der Presse ist, haben die Abteilungen Physikalische Ozeanographie und Biologische Meereskunde des Instituts für Ostseeforschung in Warnemünde (IOW) Wissenswertes zum „Blaualgen-Problem" der Ostsee in einem Faktenblatt zusammengetragen.

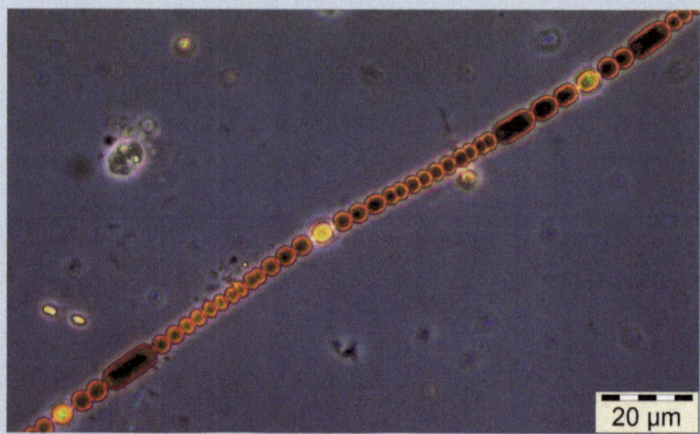

Abb. 5.6　Blaualge im Lichtmikroskop (Quelle: IOW)

In dem auf www.io-warnemuende.de verfügbaren Papier schreiben die Rostocker Meeresforscher:

Jedes Jahr im Hochsommer geraten sie aufs Neue in die Schlagzeilen: Die sogenannten „Blaualgen". (… Sie …) sorgen für Aufsehen, weil sie gesundheitsgefährdende Giftstoffe produzieren können. Parallel ließ in den letzten Jahren das Auftreten von sehr großen Algenblüten die Befürchtung aufkommen, dass im Zuge des Klimawandels und bei unverminderter Überdüngung der Ostsee die Algenblüten von Jahr zu Jahr intensiver und von größerer Ausdehnung seien. (…)

Es gibt mehrere Tausend verschiedene Arten von „Blaualgen" (… von denen …) aber nur circa 40 Arten Giftstoffe (Toxine) produzieren. Der Name „Alge" ist genau genommen irreführend, denn bei den „Blaualgen" handelt es sich um Bakterien. Ihr wissenschaftlich korrekter Name ist Cyanobakterien. (…)

Die Auswirkungen der Blaualgen auf das Ökosystem der Ostsee beschreiben die Warnemünder Meeresforscher wie folgt:

Blaualgen benötigen (…) für ihr Wachstum Phosphor und Stickstoff (… den sie …) aus der Luft beziehen, um ihn in ihren Zellen in Nährstoffe und Eiweiße umzubauen. Dadurch „pumpen" sie zusätzlich Nährstoffe in ein ohnehin überdüngtes Ökosystem (… wie die Ostsee …).

Nach dem Absterben einer Blaualgenblüte sinken große Mengen organischer Substanz auf den Meeresboden. In den zentralen Becken der Ostsee herrscht im Tiefenwasser fast ständig Sauerstoffmangel. Bei der bakteriellen Zersetzung der abgesunkenen Algenreste wird dieses Defizit vergrößert und bei völliger Abwesenheit von Sauerstoff wird Schwefelwasserstoff gebildet. (…) Und noch ein weiter Aspekt muss betrachtet werden: Da in den Sedimenten gebundener Phosphor unter Sauerstoffmangel wieder in Lösung geht und somit dem Nährstoffkreislauf wieder zur Verfügung steht, können große Algenblüten letztlich auch die Überdüngung verschärfen.

Zu der Gefährdung für Tiere und Menschen durch die Toxine der Blaualgen und fasst das IOW zusammen:

Nicht alle, aber die meisten Blaualgenarten, die in der Ostsee vorkommen, enthalten Toxine, in stark variierenden Konzentrationen. Diese werden nur relevant, wenn die entsprechenden Algen in großen Konzentrationen, also in sogenannten „Blüten" auftreten. (…)

(…) In der offenen See sind zwei Arten blütenbildend: *Nodularia spumigena* und *Aphanizomenon* sp. Erstere enthält das starke Lebergift Nodularin. (…)

Generell sind die von den Blaualgen produzierten Toxine in geringer Konzentration für gesunde Menschen und Tiere ungefährlich. Wenn sich an windstillen Tagen jedoch die Cyanobakterien an der Oberfläche des Wassers konzentrieren, so kann sich in den Teppichen die Konzentration der Giftstoffe so weit erhöhen, dass eine Gesundheitsbeeinträchtigung in Form von Hautreizungen, beim Verschlucken auch Übelkeit und Erbrechen, eintreten kann. Besonders bei empfindlichen oder geschwächten Menschen ist hier Vorsicht geboten. Auch Kinder sollte man von den Teppichen fernhalten. Bei Tieren, die mit den Toxinen angereichertes Wasser getrunken haben, ist es in der Vergangenheit wiederholt zu Todesfällen gekommen. Bekannt ist dies von Rindern, Hunden und Enten.

Bei ihrem Feldversuch im Frühsommer 2012 stießen die Forscher allerdings auf für die Jahreszeit ungewöhnliche Bedingungen in der Ostsee: Aufgrund der niedrigen Wassertemperaturen wuchsen die Cyanobakterien so langsam, dass es nicht zu den sonst üblichen Massenentwicklungen – den Blüten – kam. Hinzu kam, dass die Planktongemeinschaft im Untersuchungsgebiet während des Untersuchungszeitraumes durch Kleinkrebse dominiert wurde, die die Blaualgen ebenso zügig wegfraßen, wie sie sich reproduzierten – nicht eben ideale Rahmenbedingungen für die Untersuchungen.

„Dennoch konnten wir feststellen, dass das Algenwachstum beschleunigt ist und mehr Algenbiomasse akkumuliert, wenn mehr Kohlendioxid im Meerwasser gelöst ist", resümiert Riebesell das Ergebnis der Untersuchungen. „In Jahren günstiger Wachstumsbedingungen könnten die Blaualgen also tatsächlich als Gewinner des Klimawandels hervorgehen. In Folge der Verbesserung ihrer Lebensbedingungen könnte es zu einer Ausweitung der unerwünschten Blaualgenblüten kommen."

„Mesokosmen"

Mit der Entwicklung der Mesokosmen (wörtlich übersetzt etwa: „mittelgroße Welten") betraten die Kieler Wissenschaftler Neuland bei der Simulation sich ändernder Umweltbedingungen im Meer. Die Mesokosmen fungieren wie 20 m lange Reagenzgläser, in denen die Bedingungen des Ozeans der Zukunft herrschen. Ein besonderer Schwerpunkt liegt dabei auf der Simulation der Versauerung.

Die Mesokosmen bestehen aus einem Auftriebskörper, der an der Wasseroberfläche schwimmt und einen 20 m langen Plastikschlauch trägt, der in die Tiefe herabgelassen wird. In den 60 m^3 Wasser im Inneren des Schlauchs simulieren die Forscher einen abgeschlossenen Meeresbereich mit interner Schichtung, Temperatur, Flora und Fauna. Wie in einem riesigen Reagenzglas können die Wissenschaftler unter den realitätsnahen und kontrollierten Bedingungen im Mesokosmos die Auswirkungen der Änderungen verschiedener Umweltbedingungen im Meer beobachten.

„Bisher haben wir die Auswirkungen des Eintrags von Nährstoffen oder der Zunahme der Kohlendioxid-Konzentration nur in Tanks im Labor untersuchen können", sagt Riebesell. „Mit neu entwickelten Mesokosmen können wir diese Entwicklungen endlich auch im freien Meer simulieren, um die Auswirkungen auf komplexe Lebensgemeinschaften besser abschätzen zu können."

Der Aufbau der Mesokosmen ist in Abb. 5.4 dargestellt. Die Abb. 5.5 zeigt die Mesokosmen im Einsatz auf Spitzbergen.

Aber auch andere Forschergruppen, wie etwa die des KlimaCampus der Universität Hamburg, befassen sich mit den Blaualgen in der Ostsee. Bei ihren Betrachtungen beziehen die Hamburger auch die möglichen wirtschaftlichen Folgen mit ein. So schrieb die Pressestelle des Zentrums für Marine und Atmosphärische Wissenschaften, Hamburg am 19. Februar 2013:

Klimawandel: Künftig doppelt so viele Blaualgen in der Ostsee?

Die Zahl der Cyanobakterien, (…), könnte sich in der Ostsee im Zuge des Klimawandels womöglich verdoppeln.

(…)

„Unsere Ergebnisse zeigen bei zunehmenden Wassertemperaturen nicht nur eine verlängerte jährliche Wachstumsphase, sondern auch mehr als zweimal so viel Algenbiomasse bis zum Ende des Jahrhunderts", berichtet Prof. Inga Hense. Mögliche Folgen: plötzliche Algenblüten, unangenehm für den Tourismus und zum Teil gesundheitsschädlich. Darüber hinaus könnten auch andere Arten boomen und das Ökosystem in Schieflage bringen, weil die Blaualgen das umgebende Meerwasser mit wachstumsförderndem Stickstoff anreichern.

Nach den Berechnungen der Klimaforscher vermehren sich die Einzeller wie erwartet aufgrund der steigenden Wassertemperaturen. Dazu kommt noch ihr besonderer Lebenszyklus: Cyanobakterien wachsen nur in sehr warmem Wasser, überdauern ansonsten in einer Art Ruhestadium am Boden der meist flachen Gewässer. „Das ist wie bei Aussaat und Ernte – je mehr schlummernde Zellen den Winter überleben, desto rascher wächst die Population im Frühjahr", erläutert Hense. Gleichzeitig treibt die hohe Zelldichte nahe der Wasseroberfläche die Temperatur weiter in die Höhe. Eine positive Rückkopplung, die für noch mehr Wachstum sorge, berichtet Hense (…).

Bisher hatte man den Wachstumsschub durch den Klimawandel deutlich niedriger eingeschätzt: „Für Prognosen biologischer Systeme müssen auch nichtlineare Effekte berücksichtigt werden. Das macht die Berechnungen aufwändiger", so Hense. Die Biologin und ihr Team hatten zusammen mit Kollegen vom Swedish Meteorological and Hydrological Institute deshalb ein physikalisches Klimamodell mit einem biologischen Modell gekoppelt und dabei erstmals den kompletten Lebenszyklus der Cyanobakterien abgebildet. (...)

Als entscheidend für die Zuwachsraten erwies sich offenbar auch die Abfolge von kalten und warmen Wintern: „Halten wir alle Eckdaten im Modellexperiment konstant, ergeben sich dennoch unterschiedliche Zuwachsraten – je nachdem, wie sich die Kälteperioden aneinanderreihen und die Produktivität der Einzeller begünstigen oder benachteiligen", berichtet Hense. Ein weiteres Indiz, dass die Biologie der Cyanobakterien mit Blick auf den Klimawandel eine besondere Rolle spielt.

5.4 Auswirkungen für das Klima der Zukunft?

„Das Klima wird sich künftig nur sehr langsam verändern, weil die Ozeane mit ihrem riesigen Wasserkörper sehr träge auf Veränderungen reagieren – und daher werden auch die Veränderungen, die der Mensch verursacht, nur sehr langsam sichtbar", erläutert Prof. Dr. Martin Visbeck vom Kieler GEOMAR. „Tatsächlich aber könnten viele dieser Auswirkungen irreversibel sein, wenn erst bestimmte Schwellenwerte – wie etwa das komplette Abschmelzen des grönländischen Eisschilds – überschritten sind."

Ist die Lage dieser Schwellenwerte bisher auch nicht genau bekannt, so ist jedoch schon jetzt klar, dass es selbst bei einem kompletten Stopp des menschlichen CO_2-Ausstoßes nicht zu einer Stabilisierung der CO_2-Konzentration in der Atmosphäre kommen würde. Visbeck: „CO_2 ist ausgesprochen langlebig, und die Senken – wie der Ozean – werden es nicht so schnell aufnehmen können, wie wir Menschen es nachliefern." „Das Meer nimmt das Gas nur langsam auf, und selbst wenn wir sofort stoppen würden CO_2 zu produzieren, würde es Jahrhunderte dauern, den alten – vorindustriellen – CO_2-Gehalt der Atmosphäre wieder herzustellen", ergänzt sein Kollege Prof. Dr. Mojib Latif.

„So wird die Trägheit des Ozeans – und des Klimas – dazu führen, dass selbst nach einem kompletten Stopp des menschlichen CO_2-Austoßes die hohe CO_2-Konzentration in der Atmosphäre das Klima weiter verändert", erläutert Visbeck. „Der Meeresspiegel wird weiter ansteigen, und es wird lange dauern, bis sich ein neues Gleichgewicht eingestellt hat."

Und genau damit ist der im WBGU-Report erwähnte Punkt erreicht, an dem das Handeln der heute lebenden und umweltpolitisch agierenden Menschen maßgeblich für die Umwelt, in der unsere Kinder und Enkel leben werden, verantwortlich ist – und die WBGU-Autoren rufen nachdrücklich zum Handeln auf!

5.5 Meeresspiegel

Wie jedermann weiß, steigen die Pegel seit Jahrzehnten an, und werden weiter steigen. „Seit 1900 ist der Meeresspiegel um knapp 20 cm angestiegen", heißt es im *World Ocean Review*. Außerdem ist jedermann bewusst, dass das komplette Abschmelzen der Eisschilde Grönlands und der Antarktis zu einer Erhöhung des heutigen Meeresspiegels um mehrere

Meter führen wird – mit entsprechenden Folgen etwa für die Inselstaaten und die dicht besiedelten Küstenregionen der Erde.

Kaum jemandem aber ist bewusst, dass bereits die heute aufgenommene Wärme des Meerwassers dazu führt, dass das Wasser sich ausdehnt. Allein dieser physikalische Effekt der Ausdehnung eines Körpers bei Wärmezufuhr führt zu einem weiteren Anstieg des Meeresspiegels von derzeit rund einem Millimeter pro Jahr, der sich auf den Betrag des Anstiegs des Meeresspiegels, der durch das Abschmelzen der Gletscher verursacht wird, hinzuaddiert.

Wie akut schon heute die Bedrohung durch den steigenden Meeresspiegel ist, belegt die Mitte August 2012 erschienene Studie der Asiatischen Entwicklungsbank (ADB): Sie sieht in den kommenden zehn Jahren eine unmittelbare Bedrohung von derzeit rund 400 Millionen Bewohnern asiatischer Megacities durch den steigenden Meeresspiegel. Auch der Ausblick der ADB für die Zukunft lässt nichts Gutes ahnen: So rechnet die ADB damit, dass die Zahl der vom Meeresspiegelanstieg bedrohten Menschen in den kommenden dreißig Jahren auf bis zu 1,1 Milliarden Menschen ansteigen wird.

Beeindrucken schon die Zahlen an sich, so muss man sich darüber hinaus klarmachen, was die konkreten Konsequenzen sind: Rund eine Milliarde Asiaten werden aus ihren angestammten Regionen vertrieben. Städte, Arbeitsplätze und Sozialstrukturen versinken buchstäblich im Meer. Und schließlich die bange Frage: Wie soll es weitergehen? Wo bleiben diese Menschen? Wer gibt ihnen Obdach? Wer ernährt sie, versorgt sie mit Trinkwasser und gewährleistet die medizinische Versorgung? Etc.

Eine besonders dramatische Situation erwarten die Klimaforscher in den schon heute nur knapp über dem heutigen Meeresspiegel liegenden Gebieten mit einer hohen Bevölkerungsdichte – etwa in Bangladesch und den Inselstaaten des Pazifischen Ozeans. Leben auf den Inseln nur relativ wenige Menschen, die einen neuen Lebensraum brauchen werden, so sieht das in anderen Regionen schon ganz anders aus. Seriöse Schätzungen gehen davon aus, dass bei einem Anstieg des Meeresspiegels um einem Meter in Bangladesch mehr als 30 Millionen Menschen aus ihrem angestammten Lebensraum vertrieben werden – mit unabsehbaren sozialen und völkerrechtlichen Folgen: Denn wo sollen die Menschen hin? Wie und wo sollen sie in einer der ärmsten Regionen der Welt leben, wohnen und arbeiten? Wer ernährt sie und versorgt sie mit Trinkwasser? Welche Gebiete in der Nähe hätten überhaupt das Potenzial, so viele Menschen aufzunehmen?

Wie massiv und real das Problem des steigenden Meeresspiegels für Teile der Weltbevölkerung schon heute ist, verdeutlichen die Probleme der kleinen Inselstaaten im Pazifik, wie etwa Kiribati. Die Inseln der Republik liegen etwa auf halber Strecke zwischen Hawaii und Mikronesien/Australien im Pazifischen Ozean, und der Klimawandel bedroht schon jetzt die Existenz ihrer Bewohner: Der steigende Meeresspiegel und die Erosion nagen an der ohnehin knappen Staatsfläche, dazu treten vermehrt unberechenbare Stürme auf, und das Trinkwasser wird knapp.

Der Untergang scheint vorprogrammiert

Die prekäre, heutige Situation eines Inselstaates im Pazifik beschreibt ein Beitrag in der Onlineausgabe der ZEIT vom 16.11.2012 recht anschaulich:

„Der liebe Gott hat es nicht leicht für uns gemacht", sagt (… der …) Präsident (… von Kiribati …) Anote Tong in bescheidener Untertreibung. Von seinem einfachen Büro, in dem trotz schwüler Hitze keine Klimaanlage surrt, blickt er rechts aus dem Fenster aufs Meer, und wenn es keine Bäume gäbe, könnte er auch links das Wasser sehen. Tarawa ist manchmal nur zehn, selten mehr als zwei- oder dreihundert Meter breit.

Der Präsident macht sich keine Illusionen. Sein Land gehe unter, sagt er. Große Hoffnungen in die UN-Klimakonferenzen, deren nächste am 26. November in Doha (Katar) startet, setzt er nicht. Vielmehr hat er für das Volk schon 2400 Hektar Land ein paar Flugstunden weiter auf den Fidschi-Inseln gekauft. „Wir müssen uns vorbereiten." Mitte des Jahrhunderts, ist er überzeugt, dürfte seine Inselkette untergehen. (…)

Kiribati kämpft um jeden Meter Land und um jeden Liter (… Süß- …)Wasser. Aumaiaki, die Trockenzeit von April bis September, kann neuerdings ziemlich nass werden. In der Regenzeit Aumeang ist es plötzlich wochenlang trocken. Stärkere Wellen als früher zerstören Schutzwälle am Strand. Palmen liegen entwurzelt halb im Wasser, weil sie keinen Halt mehr finden. Oder sie vertrocknen in früher nie gekannten langen Dürreperioden. Dann fällt die Ernte von Kopra, getrocknetem Kokosfleisch, aus, die wichtigste Einnahmequelle. Lange Dürren heißen auch: Es kann kein Regenwasser gesammelt werden, um Trinkwasser aus der schrumpfenden Süßwasserlinse zu ergänzen. (…)

Präsident Tong ist einer der Wortführer in der Klimaschutzdebatte. „Die Länder, die es in den vergangenen Jahrzehnten zu Reichtum gebracht haben, haben eine Verpflichtung", sagt er. Sein Land braucht Geld zum Überleben, um die Küsten zu verstärken, um Schutzwälle zu bauen, um Dörfer vom Strand weg zu verlegen, und um die Menschen auszubilden, damit sie in fremden Ländern Chancen haben. Aber Geld komme kaum, sagt der Präsident. „So ist die menschliche Natur: Man ist schockiert, wenn man ein Desaster sieht, aber wenn man das Elend der Betroffenen nicht wirklich fühlt, kümmert sich niemand. Regierungen haben kein Mitgefühl, sie haben Wahlen."

5.6 Dichteschichtung im Ozean

Und als ob das alles nicht schon dramatisch genug wäre, kommt noch ein weiterer physikalischer Effekt dazu: die Stabilität der Dichteschichtung in Flüssigkeiten.

Bezogen auf das Meer hat es mit der Dichteschichtung folgende Bewandtnis: Strömen große Mengen Schmelzwasser (Süßwasser) etwa aus einem Schmelzwassersee in den Ozean, so bilden sie auf dem dichteren Meerwasser eine stabile Schicht aus, die sich nur langsam mit dem Meerwasser vermischt.

„So weit, so gut", mag man denken, dann fließt eben ein bisschen mehr Wasser ins Meer und bildet eine Süßwasserschicht auf der Oberfläche – was soll's? Doch die Dinge sind auch hier komplexer.

Wie man aus meeresgeologischen Untersuchungen von Sedimentkernen weiß, gab es derartige Ereignisse in der Vergangenheit schon mehrfach: Großräumige Austritte von Schmelzwasser schwappten etwa von Nordamerika kommend in den Nordatlantik und bildeten eine stabile Süßwasserschicht auf dem Meerwasser.

„Eine Folge dieser Ereignisse war die Bildung einer sehr stabilen Dichteschichtung in den Bereichen, in denen normalerweise das Tiefenwasser der Ozeane gebildet wird," erläutert Prof. Dr. Martin Visbeck vom Kieler GEOMAR. Kühlt Süßwasser ab, entsteht Meereis, aber – im Gegensatz zu gefrierendem Meerwasser – keine dichte und kalte Salzlake, aus der dann das Tiefenwasser der Ozeane gebildet wird. „Die Süßwasserschicht verhinderte also die Bildung von Tiefenwasser, die die thermohaline Zirkulation antreibt – und mit ihr die Sauerstoffversorgung des tieferen Ozeans." Mit dramatischen Folgen für den tiefen Ozean – und das Weltklima, das in der Folge des Zusammenbruchs der thermohalinen Zirkulation eine massive Abkühlung erlebte.

Ein gutes Beispiel für eine von einem Süßwassereinstrom in den arktischen Ozean ausgelöste Kaltphase ist die der Jüngeren Dryas. Jüngere Untersuchungen in Nordamerika belegen, dass diese Kaltphase durch den Ausbruch des gigantischen Agassiz-Eisstausees ausgelöst wurde, dessen Süßwassermengen vom Gebiet der USA und Kanada aus in die Labradorsee und den arktischen Ozean schwappten und zur Unterbrechung der thermohalinen Zirkulation führten – mit massiven Auswirkungen auch auf Nordeuropa (vgl. z. B. Blümel 2002).

Heute haben wir kaum noch große Eisschilde. Aber auch ein starkes Abschmelzen des grönländischen Eispanzers würde den *Global Conveyor Belt* abschwächen, und die dichtegetriebene „Zentralheizung Nordeuropas", der Golfstrom, könnte nach Abschätzungen der Kieler Forscher rund ein Drittel weniger Wärme vom Äquator nordwärts transportieren – mit spürbaren Folgen gerade auch für Nord- und Mitteleuropa.

Auch für die Höhe des Meeresspiegels hätte ein schnelles Abschmelzen des grönländischen Eispanzers massive Konsequenzen, der in der Folge weltweit um über einen Meter ansteigen würde (vgl. World Ocean Review). Schlechte Zeiten für die Bewohner der Städte, die heute nur wenig über Meeresniveau liegen. Hinzu kämen die Probleme mit versalzendem Grundwasser, nachdem Meerwasser in die Grundwasserleiter eingedrungen ist.

Aber zurück zur Datenlage: Wie beeinflusst das Meer das Klima bzw. welche Wechselwirkungen erfassen die Forscher? „Einer der wichtigsten Parameter ist ganz klar die Oberflächentemperatur der Meere", sagt Visbeck. „Rund 95 % der Energie, die menschliche Aktivitäten in die Atmosphäre eingetragen haben, ist inzwischen im Meer angekommen und führt unter anderem zu einem deutlichen Anstieg der Meerestemperatur in den obersten 200 m, wobei systematische Messungen auch ein Ansteigen der Temperatur bis in Tiefen von rund tausend Metern – und darunter – belegen."

Eine am 1. Oktober 2012 in der Zeitschrift *Nature* veröffentlichte Arbeit eines Kanadischen Forscherteams der University of British Columbia befasste sich mit einem bislang kaum beachteten Aspekt der Erwärmung des Meeres: Die Fische werden immer kleiner! Als Grund für das geringere Wachstum sieht das Forscherteam um William Cheung (Cheung et al. 2012) den stetig abnehmenden Sauerstoffgehalt des Meerwassers an, denn warmes Wasser kann weniger Gas lösen!

Ein weiteres Problem der Erwärmung der Meere ist, dass das Wasser die Wärme auch an seinen Boden abgibt. Was auf den ersten Blick wenig dramatisch erscheint, kann katastrophale Folgen haben, wenn die Bereiche im Meer erwärmt werden, in denen die Methanhydrate vorkommen. Bei den, spätestens seit Frank Schätzings Roman *Der Schwarm* auch einer breiten Öffentlichkeit bekannten, Bildungen im Meeresboden handelt es sich um eisartige Strukturen, in denen das Klimagas Methan in das Kristallgitter von Wassereis eingebaut ist. Methanhydrate treten weltweit an den Kontinentalhängen der Ozeane auf und sind metastabil, das heißt, sie bleiben in ihrer Form als Eis nur innerhalb eines engen Druck- und Temperaturbereichs stabil.

Sollte sich die Wassertemperatur weiter erhöhen, ist es nur eine Frage der Zeit, wann die Hydrate zu schmelzen beginnen. Und das hätte dramatische Folgen: Zum einen würden riesige Mengen des rund 25-mal stärker als CO_2 die globale Erwärmung anheizenden Klimagases Methan freigesetzt, und zum anderen würden die Kontinentalhänge ohne das Eis instabil. Die Folge wären großflächige Rutschungen, die gigantische Tsunamis auslösen und alles Leben an den Küsten vernichten würden.

Die dramatischen Bilder, die Frank Schätzing in seinem Roman zeichnete, könnten also schon sehr bald sehr real werden.

5.7 Meereis

Seit Jahren beobachten Polarforscher einen Rückgang des Meereises in der Arktis, mit einem neuen Negativrekord im Jahr 2012. Nach dem derzeitigen Stand der Dinge scheint es nicht mehr lange zu dauern, bis der Nordpol tatsächlich „weg" oder nur noch per Schiff zu erreichen ist.

Aber warum ist das so dramatisch? Ohne Eis können Schiffe quer durch das Nordpolarmeer fahren, und die Reisezeiten etwa vom Atlantik in den Pazifik verkürzten sich merklich. Außerdem halten sich schon heute die Ölfirmen bereit, um endlich auch die Ressourcen im arktischen Ozean ausbeuten können.

Neben dem schwindenden Lebensraum etwa für Eisbären wird der Schwund des Eises aber auch massive Veränderungen für die Rückstrahlungseigenschaften des Gebietes und der gesamten Erde haben, was unzweifelhaft zu einer weiteren Erwärmung der Arktis und der Erde führen wird.

Wie sich jedermann gut vorstellen kann, sind die Rückstrahlungseigenschaften für Sonnenlicht von weißem Eis und Schnee deutlich höher als die von dunklem Wasser, das zudem auch noch ein guter Wärmespeicher ist. Ist das Eis einmal verschwunden, wird weniger Sonneneinstrahlung in den Weltraum reflektiert, und die Wassertemperatur steigt an.

Dass das massive Auswirkungen auf die Umwelt hat, liegt auf der Hand, schließlich ist etwa das Auftreten bestimmter Fisch- und Planktonarten von der Temperatur abhängig. Hinzu kommt, dass das warme Wasser etwa auch Gletscher, die in das Meer münden (sogenannte Gezeitengletscher), von der Seeseite her erwärmt und ihr Abschmelzen von unten her verstärkt.

Ein weiteres Problem könnte aber auch die Neubildung von Tiefenwasser werden, denn – wie im Abschn. 5.1.1 geschildert – ist die bei der Meereisbildung entstehende, kalte Lake der Antrieb der thermohalinen Zirkulation. Sind die Temperaturen so hoch, dass kein Meereis mehr entsteht, kommt auch die thermohaline Zirkulation zum Stillstand – mit unabsehbaren Folgen auch für die Menschheit.

Schmelzwassertümpel lassen die arktische Meereisdecke schneller schmelzen
Von besonderer Relevanz für das Abschmelzen des Meereises konnten Forscher des Alfred-Wegener-Instituts (AWI) Ansammlungen von Schmelzwasser auf dem Eis ausmachen. In einer Presseerklärung des AWI vom 15. Januar 2013 heißt es:

> (…) Die arktische Meereisdecke ist im zurückliegenden Jahrzehnt nicht nur geschrumpft, sondern auch deutlich jünger und dünner geworden. Wo früher meterdickes, mehrjähriges Eis trieb, finden Forscher heute vor allem dünne, einjährige Schollen, die in den Sommermonaten großflächig mit Schmelzwassertümpel bedeckt sind. Meereisphysiker des Alfred-Wegener-Institutes (…) haben nun erstmals die Lichtdurchlässigkeit des arktischen Meereises großflächig vermessen und dabei diese Veränderung in Zahlen fassen können. Ihr Ergebnis: Überall dort, wo sich Schmelzwasser auf dem Eis ansammelt, dringt viel mehr Sonnenlicht und somit Energie in das Eis ein als an wasserfreien Stellen. Die Folge: Das Eis schmilzt schneller und der Lebensraum im und unter dem Eis erhält mehr Licht. (…)

Schmelzwassertümpel (vgl. Abb. 5.7) zählen zu den Lieblingsmotiven der Eis- und Landschaftsfotografen in der Arktis. Mal schimmern sie in einem verführerischen Karibik-Meerblau, mal liegen sie dunkel wie ein See bei Regenwetter auf der Scholle. „Ihre Farbe hängt ganz davon ab, wie dick das verbleibende Eis unter dem Tümpel ist und wie stark der darunterliegende Ozean durch dieses Eis hindurchscheinen kann. Tümpel auf dickerem Eis sind eher türkisfarben, jene auf dünnem Eis dunkelblau bis schwarz", sagt Dr. Marcel Nicolaus, Meereisphysiker und Schmelztümpel-Experte vom Alfred-Wegener-Institut für Polar- und Meeresforschung in Bremerhaven (vgl. Abb. 5.8).

Abb. 5.7 Schmelzwassertümpel auf arktischem Meereis (Foto: S. Hendricks© AWI)

Er und sein Team haben in den zurückliegenden Jahren bei Expeditionen in die zentrale Arktis auffallend viele Schmelzwassertümpel gesichtet. Nahezu die Hälfte des einjährigen Eises war mit Tümpeln überzogen. Eine Beobachtung, die die Wissenschaftler auf den Klimawandel zurückführen. „Die Eisdecke des arktischen Ozeans verändert sich seit einigen Jahren grundlegend. Dickes, mehrjähriges Eis sucht man mittlerweile fast vergebens. Stattdessen besteht die Eisdecke heutzutage zu mehr als 50 % aus dünnem einjährigen Eis, auf dem sich Schmelzwasser besonders großflächig ausbreitet. Ausschlaggebend dafür ist die glattere Oberfläche dieses jungen Eises. Sie erlaubt es dem Schmelzwasser, sich weit zu verteilen und ein Netz aus vielen einzelnen Tümpeln zu bilden", erklärt Marcel Nicolaus. Das ältere Eis dagegen besäße eine verformte Oberfläche, die im Lauf der Jahre durch die ständige Schollenbewegung und unzählige Zusammenstöße entstanden sei. Auf diesem unebenen Untergrund bildeten sich viel weniger und kleinere Tümpel, die dann jedoch deutlich tiefer seien als die flachen Teiche auf dem jüngeren Eis.

Abb. 5.8 Meereisphysiker Dr. Marcel Nicolaus vermisst während der „Polarstern"-Expedition ARK-XXVII-3 auf einer Eisscholle die Tiefe eines Schmelzwassertümpels (Foto: S. Hendricks, © AWI)

Die steigende Zahl der „Fenster zum Ozean", wie Schmelztümpel auch genannt werden, warf für Marcel Nicolaus eine grundlegende Forschungsfrage auf: Inwieweit verändern die Tümpel und die abnehmende Eisdicke die Menge des Lichts unter dem Meereis? Immerhin stellt das Licht im Meer – wie auch an Land – die Hauptenergiequelle für die Photosynthese dar. Ohne Sonnenlicht wachsen weder Algen noch Pflanzen. Marcel Nicolaus: „Wir wussten, dass eine Eisscholle mit einer dicken, frischen Schneeschicht zwischen 85 und 90 % des Sonnenlichtes in das Weltall zurückstrahlt und nur wenig in den Ozean durchlassen würde. Im Gegensatz dazu konnten wir davon ausgehen, dass im Sommer, wenn der Schnee auf dem Eis geschmolzen und das Meereis mit Tümpeln bedeckt ist, wesentlich mehr Licht durch das Eis dringt."

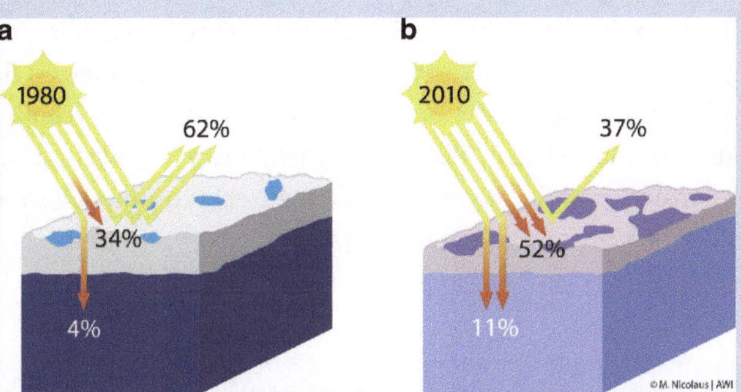

Abb. 5.9 Schematische Darstellung des Sonnenlichts über und unter Meereis. Die zunehmende Bedeckung mit (dunkleren) Schmelztümpeln erhöht den Anteil des Sonnenlichtes, das bis in den Ozean durchdringt. Hierdurch wird der (Lebens-)Raum im und unter dem Eis heller und wärmer. Es wird auch weniger Licht zurück in die Atmosphäre reflektiert (Grafik: Marcel Nicolaus/Yves Nowak, © AWI)

Um herauszufinden, in welchem Maß arktisches Meereis Sonnenstrahlen passieren lässt und wie groß der Einfluss der Schmelzwassertümpel auf diese Durchlässigkeit ist, statteten die Meereisphysiker vom Alfred-Wegener-Institut für Polar und Meeresforschung einen ferngesteuerten Tauchroboter (ROV „Alfred") mit Lichtsensoren und einer Kamera aus. Diesen Roboter schickten sie im Sommer 2011 während einer Arktis-Expedition des Forschungseisbrechers „Polarstern" an mehreren Stationen direkt unter das Eis. Das Gerät erfasste auf seinen Tauchgängen, wie viel Sonnenenergie durch das Eis drang. Und das an insgesamt 6000 Einzelpunkten mit jeweils unterschiedlichen Eiseigenschaften!

Auf diese Weise entstand ein bisher einmaliger Datensatz, dessen Ergebnisse aufhorchen lassen. Marcel Nicolaus: „Das junge dünne Eis mit den vielen Schmelztümpeln lässt nicht nur dreimal mehr Licht passieren als das ältere. Es absorbiert auch doppelt so viel Sonnenstrahlung (vgl. Abb. 5.9). Beides bedeutet im Umkehrschluss, dass dieses dünne, von Tümpeln überzogene Eis deutlich weniger Sonnenstrahlen reflektiert als das dicke Eis. Seine Rückstrahlquote liegt bei gerade mal 34 %. Zudem nimmt das junge Eis mehr Sonnenenergie und somit Wärme auf, wodurch sein Schmelzen vorangetrieben wird. Das Eis schmilzt gewissermaßen von innen."

Welches Zukunftsbild lässt sich anhand dieser neuen Erkenntnisse zeichnen? Marcel Nicolaus: „Wir gehen davon aus, dass im Zuge des Klimawandels künftig mehr Sonnenlicht in den arktischen Ozean gelangen wird – und das insbesondere auch in jenem Teil, der nach wie vor im Sommer vom Meereis bedeckt ist. Der Grund: Je größer der Anteil des einjährigen Eises an der Meereisdecke wird, desto mehr und größere Schmelztümpel werden sich bilden. Diese wiederum führen dazu, dass die Reflexionsfähigkeit des Eises sinkt, die Transmission steigt, das Eis poröser wird, mehr Sonnenstrahlung durch die Schollen dringt und zeitgleich mehr Wärme vom Eis aufgenommen wird. Eine Entwicklung, die das Abschmelzen der gesamten Eisfläche weiter beschleunigen wird." (Nicolaus et al. 2012) Gleichzeitig aber werde den Lebewesen im und unter dem Eis künftig mehr Licht zur Verfügung stehen. Ob und wie diese allerdings mit der neuen Helligkeit zurechtkommen, wird gegenwärtig noch in Zusammenarbeit mit Biologen untersucht.

Festzuhalten ist

Die Auswirkungen des Klimawandels und des vom Menschen in die Atmosphäre eingetragenen CO_2 auf die Ozeane sind massiv und in allen Meeren messbar. Zu den physikalischen Effekten wie der Erhöhung des Meeresspiegels und der Erwärmung treten die Interaktionen zu den Meeresströmungen und die Einflüsse auf die atmosphärische Zirkulation. Über den Gasaustausch zwischen Ozean und Atmosphäre kommt es dazu, dass das Meer die größte Senke für anthropogenes CO_2 geworden ist. Die Folgen einer fortschreitenden Versauerung der Meere und ihrer erst in Anfängen verstandenen Wechselwirkungen mit den Lebewesen werden auch wir zu spüren bekommen.

Die Wechselwirkungen der Versauerung und der steigenden Temperatur des Meerwassers mit den biologischen Systemen des Ozeans sind bisher nur ansatzweise verstanden. Sicher ist, dass es Wechselwirkungen gibt und schon heute Störungen in der Nahrungskette zu beobachten sind.

Ihr schneller Zugang zu weiteren Informationen:

▸   Springer – climate change

- Universität Hamburg

- ZEIT ONLINE

Klimamodelle und Klimakonferenzen

6

Klimamodelle und Klimakonferenzen – zwei Begriffe, die synonym für das Versagen der internationalen Gemeinschaft im Kampf gegen den anthropogen verursachten Klimawandel stehen. In diesem Kapitel will ich versuchen, einen Einblick in die Arbeits- und Funktionsweise von Klimamodellen zu geben und mich auch nicht um die Bewertung der Konferenzen herumdrücken.

Aber fangen wir mit dem wissenschaftlichen Teil des Kapitels an:

6.1 Klimamodelle

Was machen die Klimaforscher nun mit all den erhobenen Daten, und wie wird aus alledem schließlich ein Klimamodell?

Der erste Schritt nahezu jeder naturwissenschaftlichen Auswertung von Messwerten ist die grafische Darstellung der Daten in einem XY-Diagramm, in dem beispielsweise der Verlauf der Tagesmitteltemperatur oder der CO_2-Konzentration gegen die Zeit aufgetragen werden. Derartige Abbildungen sind in den Naturwissenschaften gängige Praxis und werden standardmäßig mit allen möglichen Parametern durchgeführt, egal ob es sich um Klimadaten oder – wie etwa in der Biologie – um das Wachstum von Bakterienkulturen handelt. Sinn der grafischen Darstellung ist es, Trends und eventuelle Abhängigkeiten oder Gemeinsamkeiten leichter zu erkennen, um in einem nächsten Schritt eventuell Hinweise auf bestehende Abhängigkeiten und Prozesse abzuleiten.

Der nächste – große (!) – Schritt ist, die Abhängigkeiten verschiedener Parameter miteinander zu verknüpfen, um dann eine modellhafte Vorstellung der beteiligten Prozesse und deren Interaktionen zu entwickeln. So entsteht aus einzelnen Messwerten sukzessive ein Gedankenmodell, in das die beteiligten Prozesse und Interaktionen zwischen den Prozessen einfließen.

Letztlich machen auch die Klimaforscher an den Universitäten und Instituten nichts anderes: „Über die Erforschung der Prozesse, ihrer Abhängigkeiten und Interaktionen, ver-

R. Schacht, *Wann bekommen die Küstenbewohner denn nun nasse Füße?*,
DOI 10.1007/978-3-658-00327-2_6, © Springer Fachmedien Wiesbaden 2014

suchen wir das Klima zu verstehen, um es dann mithilfe der bekannten Naturgesetze auf unseren Computern modellhaft nachzubilden", erläutert Prof. Dr. Martin Claussen vom Zentrum für Marine und Atmosphärische Wissenschaften (ZMAW), einer gemeinsamen Einrichtung der Universität Hamburg und der Max-Planck-Gesellschaft.

6.1.1 Geschichtliches zu Klimamodellen

Die Geschichte von Klimamodellen ist deutlich länger, als man zunächst vermuten mag, und ihre Anfänge reichen bis in die Antike zurück. So versuchte der Überlieferung nach bereits Aristoteles (384–322 v. Chr.) zu ergründen, warum sich das Wetter ändert und warum es Jahre mit Trocken- und Regenperioden gibt. Er prägte auch den Begriff „Klima", der aus dem Altgriechischen mit „neigen" übersetzt werden kann. Dass der Begriff damals in einem anderen Kontext als heute benutzt wurde, wird spätestens dann klar, wenn man liest, dass Aristoteles das Klima etwa als Ursache für die Überlegenheit der Griechen gegenüber den Barbaren ausmachte: Das eigene Klima war dem fremder Landstriche überlegen.

War das Wissen um die physikalischen Zusammenhänge in der Atmosphäre zur Zeit vor Christi Geburt auch noch nicht besonders ausgeprägt, so können die Anfänge der Beschäftigung mit dem Wetter und den Prozessen in der Atmosphäre sicherlich als Meilenstein der modernen Meteorologie und Klimaforschung gelten, der frühe Impulse etwa zur Entwicklung von Messgeräten gab – deren Früchte wir letztlich noch heute ernten. So gesehen entwickelte Aristoteles in seiner Auseinandersetzung mit den Prozessen in der Atmosphäre und ihren Wechselwirkungen mit dem Ozean und dem Land/der Kryosphäre bereits ein erstes Klimamodell.

Ein wichtiges und schönes Zeugnis jener frühen Zeit der Meteorologie und Klimaforschung ist etwa der „Turm der Winde", der noch heute am Rand der Athener Altstadt zu bewundern ist. Um 100 vor Christus erbaut, diente er den Athenern als Uhrenturm mit der Funktion einer Wetterstation (vgl. u. a. http://de.wikipedia.org/wiki/Turm_der_Winde_%28Athen%29).

In den kommenden Jahrhunderten wurde das Klima für alles Mögliche und Unmögliche verantwortlich gemacht. So wurde es als ursächlich sowohl für das Sexualleben der Menschen als auch die jeweilige Staatsform und die Verteilung von Bodenschätzen angesehen. Darüber hinaus galt es als ewig konstant.

Wichtige Impulse erhielt die Klimatologie durch den Berliner Universalgelehrten Alexander von Humboldt (1769–1859), der sich unter anderem mit der Veränderung der mittleren Temperaturen in Abhängigkeit von der geographischen Breite und der Höhe über dem Meeresspiegel befasste.

„Ein großer Schritt in Richtung der heutigen Modelle war schließlich die Übertragung der Naturbeobachtungen ins Labor, also der Versuch, die in der Natur beobachteten Phänomene mit bekannten physikalischen Parametern zu erfassen und sie so für die Forschung begreifbar und reproduzierbar zu machen", sagt Claussen. „So vollzog sich mit der Nachstellung – oder auch Modellierung – der atmosphärischen Phänomene im Labor der Schritt hin zu mathematischen Modellen der Atmosphäre, die auch heute noch die Grundlage aller modernen Klimamodelle darstellen."

„Einer der größten Glücksfälle der modernen Klimaforschung ist sicherlich, dass der US-amerikanische Chemiker Charles D. Keeling 1958 im Rahmen seiner Promotion den Auftrag erhielt, die CO_2-Konzentration der Luft auf dem Hawaiianischen Mauna-Loa-Observatorium in rund 4000 m über dem Meeresspiegel zu messen.", sagt der Klimatologe Prof. Dr. Wilhelm Kuttler von der Universität Duisburg-Essen. War die Messkampagne an der Reinluftstation auf Hawaii ursprünglich nur für die Dauer von zwei Jahren geplant, so führten die erstaunlichen Ergebnisse der Messungen, die eine immer weiter zunehmende CO_2-Konzentration anzeigten, zu einer Verlängerung der Messkampagne bis heute (vgl. Abb. 6.1). Bei der Nennung der Keeling-Kurve darf aber auch der Ideengeber der Messungen nicht unerwähnt bleiben: der US-Ozeanograph und Klimatologe Roger Revelle, dessen Weitsicht die Einrichtung der Messstation auf Hawaii zu verdanken ist.

„Seit nunmehr über 50 Jahren stellt diese kontinuierliche Messreihe den wichtigsten Grundpfeiler in der Diskussion über den anthropogenen Klimawandel dar und wird auch häufig als Fieberkurve der Erde bezeichnet" (vgl. Abschn. 6.2 und Abb. 6.1), erläutert Kutter. Und diese Fieberkurve (Abb. 6.1) spricht eine deutliche Sprache: Betrug die CO_2-Konzentration zu Beginn der Messungen noch 315 ppm (*parts per million*, entspricht 0,0315 Volumenprozent), so ist sie nunmehr auf 391,05 ppm angestiegen (Quelle: NOAA, Mauna-Loa-Observatorium, Mittelwert für September 2012).

Neuer CO_2-Rekordwert in der Atmosphäre

Am 10. Mai 2013 wurde die – allerdings nur symbolisch bedeutsame – Marke von 400 ppm CO_2 in der Atmosphäre überschritten und die Instrumente auf dem Mauna Loa maßen erstmals in der Geschichte der Menschheit einen Tagesdurchschnittswert von 400,08 ppm CO_2. Zur besseren Einordnung des Wertes hier noch einmal die Umrechnung ppm und Volumenprozent: 400,08 ppm entsprechen 0,0408 Volumenprozent – d. h. auf eine Million Teilchen Luft kommen jetzt etwas mehr als 400 Teile CO_2.

Vergleichen wir diesen Wert mit Mittelwert des Septembers des Jahres 2012, der 391,05 ppm betrug, so können wir allein in den acht Monaten zwischen den Messungen einen Anstieg der CO_2-Konzentration um 8,58 ppm feststellen. Über ein ppm pro Monat CO_2 mehr innerhalb des letzten Dreivierteljahres!

Eine gute und kurze Einordnung des neuen CO_2- Rekordwertes findet sich etwa in der Onlineausgabe der Rheinischen Post (RP-Online von 10.05.2013):

CO_2-Dichte in Atmosphäre so hoch wie nie
Washington – 10.05.2013: (…) Der Anteil des klimaschädlichen Kohlendioxids in der Atmosphäre hat die symbolisch bedeutsame Grenze von 400 Teilen von einer Million (ppm) erreicht. Wie US-Forscher am Freitag mitteilten, wurde diese Schwelle am Donnerstag erstmals in der Geschichte der Menschheit überschritten.

In der Messstation der Nationalen Behörde für Ozeanologie und Atmosphären-forschung (NOAA) in Mauna Loa im Bundesstaat Hawaii wurde ein Tagesdurch-schnittswert von 400,03 ppm CO_2 gemessen, im Scripps-Institut für Ozeanologie im kalifornischen San Diego waren es 400,08 ppm.

Der Leiter des Earth System Science Center an der Penn State University, Micha-el Mann, äußerte sich sehr besorgt über das Tempo, mit dem die CO_2-Konzentration in der Erdatmosphäre steigt. „Es gibt keinen Präzedenzfall in der Geschichte der Er-de für solch einen abrupten Anstieg der Treibhausgaskonzentrationen", sagte Mann der Nachrichtenagentur AFP. Lebewesen könnten sich an langsame Veränderungen ihrer Lebensbedingungen anpassen, bei dieser rasanten Veränderung sei dies aber nicht zu erwarten.

Mann führte aus, die Wissenschaft gehe davon aus, dass die CO_2-Konzentration in der Erdatmosphäre zuletzt vor mehr als zehn Millionen Jahren so hoch gewesen sei. Damals sei es auf der Erde heißer gewesen und die Meeresspiegel hätten dutzende Meter über den derzeitigen gelegen.

Der Kommunikationschef des Umwelt-und Klimaforschungsinstituts Grantham an der Londoner School of Economics and Political Science, Bob Ward, erklärte, die Menschheit sei dabei, „ein prähistorisches Klima zu schaffen, in der sich unsere Ge-sellschaft enormen und potentiell katastrophalen Risiken ausgesetzt sieht".

6.1.2 Der Weg zu modernen Klimamodellen

„Das Wetter von morgen ist sehr stark vom Wetter von heute geprägt" – dieser Grundsatz spiegelt sich sowohl in der Klimaforschung wie auch in der Konfiguration von Wetter-vorhersagemodellen wider. Sie werden mit der Erfassung des Anfangszustands (also der Aufnahme der meteorologischen Parameter des heutigen Wetters) initialisiert und rech-nen von da an in die Zukunft.

„Klimamodelle hingegen beruhen auf dem Grundsatz, dass sich die Erde im Strahlungs-gleichgewicht zwischen der Einstrahlung der Sonne und der thermischen Ausstrahlung der Erde und ihrer Atmosphäre befindet", erläutert Dr. Paul Becker, Vizepräsident des Deut-schen Wetterdienstes. „Jeder Körper emittiert genauso viel Strahlung, wie er absorbiert – und die thermische Ausstrahlung der Erde ist abhängig von der Beschaffenheit ihrer Ober-fläche und der chemischen Zusammensetzung der Atmosphäre. Um dieses Strahlungs-gleichgewicht in einem Klimamodell zu erlangen, rechnet das Modell so lange, bis sich dieses Gleichgewicht im modellierten Klimasystem eingestellt hat."

Gestört wird dieses Gleichgewicht seit dem Beginn der Industrialisierung durch die Emission von Treibhausgasen in die Atmosphäre. Dieser zusätzliche Antrieb des Klimasys-tems, verursacht durch menschliche Aktivitäten, bestimmt die Zeitrechnung in den Klima-modellen: „Dem Klimasystem im Gleichgewicht wird die beobachtete Konzentration von Treibhausgasen beigefügt und damit der zeitliche Verlauf der Klimaänderung seit der In-dustrialisierung in die Zukunft simuliert", erklärt Becker.

Die Modellierung sowohl der Wettervorhersage als auch des Klimas basiert auf den physikalischen Erhaltungsgrößen Impuls, Energie und Masse. Deren Erhaltungsprinzipien können in mathematischen Gleichungen ausgedrückt werden: Bewegungsgleichung, erster Hauptsatz der Thermodynamik und Kontinuitätsgleichungen. Diese Gleichungen bilden ein System nichtlinearer partieller Differentialgleichungen zweiter Ordnung, die für jeden Punkt der Erdatmosphäre gelöst werden müssen. Dies ist natürlich nicht möglich, da es unendlich viele Punkte mit infinitesimalem, d. h. einem unendlich kleinen Abstand zueinander in der Atmosphäre gibt. Ein Ausweg aus diesem Problem, ist, die Erde mit einem dreidimensionalen Gitternetz zu überziehen und die Gleichungen lediglich für die dadurch entstehenden diskreten Gittereinheiten zu lösen.

Jeder, der sich einmal mit Differenzial- und Integralrechnung befasst hat, hat eine Idee von dem mathematischen Aufwand, den die Forscher bei solchen Berechnungen betreiben müssen. Zwar vermögen die heutigen Supercomputer in den Rechenzentren der Institute unglaublich viele Rechenoperationen gleichzeitig durchführen, doch können sie eben nicht die physikalischen Prozesse in Gleichungen umsetzen, die zur Simulation im Klimamodell notwendig sind. Dieser Schritt muss nach wie vor von einem schlauen Menschen entwickelt werden. Dass die Lösung dieser Probleme nicht „vom Himmel gefallen" ist, liegt ebenso auf der Hand, wie der Umstand, dass die Beschreibungen der physikalischen Prozesse im Klimamodell verbesserungsfähig sind – und es auch immer bleiben werden. Viele „Streitereien" der Klimaforscher beziehen sich dann auch auf die Verbesserung der Modelle. Diese umfassen die Erhöhung der Genauigkeit des physikalischen Prozesses ebenso wie die Berücksichtigung bisher vernachlässigter Prozesse, sofern diese als klimarelevant erkannt werden.

Um der Komplexität des Klimasystems der Erde gerecht zu werden, arbeiten in den Instituten verschiedene Forschergruppen zusammen, von denen sich jede „nur" mit einem Teilaspekt des Klimasystems beschäftigt. Gut nachzuvollziehen ist dies bei einem Blick auf die Struktur des Max-Planck-Institut für Meteorologie (MPI-M), die drei Abteilungen – Atmosphäre, Land und Ozean im Erdsystem – und drei selbstständige Forschungsgruppen – Feuer, Meereis und Turbulente Mischungsprozesse im Erdsystem – aufweist.

Doch stopp! Anscheinend geht ein riesiger Haufen Daten und jede Menge „Gehirnschmalz" in die Entwicklung der Modelle ein – und spätestens jetzt erhebt sich die Frage, was eigentlich ein Modell ist. Wie funktioniert es und was leistet es? Auf der Suche nach Antworten wird man zum Beispiel in Hamburg fündig: am Deutschen Klimarechenzentrum (DKRZ), am Zentrum für Marine und Atmosphärischen Wissenschaften (ZMAW), einer Gemeinschaftseinrichtung der Universität Hamburg und der Max Planck Gesellschaft sowie am MPI-M.

Ein Mitglied der Klimamodellierungsgruppe am MPI-M ist Dr. Marco Giorgetta. Der geborene Schweizer ist Physiker, promovierte 1996 in Hamburg, und arbeitet in der Klimamodellier-Gruppe des MPI-M. In einem Workshop für Wissenschaftsjournalisten gab er einmal tiefere Einblicke in seine tägliche Arbeit:

„Da ist zunächst erst einmal die Frage zu klären: Was ist überhaupt ein Modell?", begann Giorgetta. „Ein Modell dient generell der Veranschaulichung eines Objekts oder Prozesses, das in der Realität zu groß (wie etwa das Sonnensystem), zu klein (wie etwa ein Molekül) oder zu komplex (wie etwa das Klima unseres Planeten) ist, um ad hoc verstanden oder überblickt zu werden." Als Ausweg aus diesem Dilemma versuchen die Wissenschaftler die Wirklichkeit mit Hilfe der bekannten Naturgesetze zu beschreiben und abzubilden. Da in der Natur aber eine Vielzahl von Prozessen gleichzeitig ablaufen, die sich ihrerseits auch noch gegenseitig bedingen und miteinander interagieren, zerlegen die Wissenschaftler die komplexen Prozesse in Teilaspekte, um sie zunächst einzeln qualitativ und quantitativ zu beschreiben. „Ein Klimamodell ist dementsprechend die formale Beschreibung der Prozesse und der Interaktionen zwischen den beteiligten Prozessen, die das Klima und die damit verbundenen Phänomene in der Atmosphäre, auf dem Ozean und an Land bestimmen", sagt Giorgetta.

Und wie bei Naturwissenschaftlern üblich, nutzen sie zur Beschreibung der einzelnen Prozesse die gängigen Gesetzmäßigkeiten der Naturwissenschaften, wie etwa Massen-, Energie- und Impulserhaltungssätze aus der Physik, aus denen sich die Bewegungsgleichungen oder die Thermodynamik der Luft ergeben, sowie weitere Kenntnisse aus Beobachtungen, Labormessungen und Theorie z. B. über Strahlungseigenschaften der Gase, aus denen sich die Luft zusammensetzt. Allein aus der – bis hierher immer noch unvollständigen – Aufzählung wird schnell ersichtlich, dass in die korrekte Beschreibung der Prozesse eine immense Menge von Parametern einfließen.

Im nächsten Schritt werden die Grundgleichungen, die die Abläufe im Klimasystem beschreiben, in eine von Computern lösbare Form gebracht und mittels einer Programmiersprache in ein Programm übersetzt, das dann von einem Computer abgearbeitet werden kann. „In Hamburg benutzten wir vor allem den Großrechner des DKRZ. So entstehen Modelle für die verschiedenen Komponenten des Klimasystems: Atmosphäre, Ozean, und Land. In einem weiteren Schritt führen wir schließlich die einzelnen Komponenten zu einem Erdsystem-Modell zusammen", sagt Giorgetta.

Doch das klingt einfacher als es ist: „Aufgrund der Menge der Wechselwirkungen im realen Klimasystem und dessen Größe können Klimamodelle nur den wesentlichsten Teil davon beschreiben", erläutert Giorgetta. So kann die Zirkulation in der Atmosphäre auf heutigen Rechnern nur bis zu einer Auflösung von typischerweise 100 km aufgelöst werden, wenn mit dem Modell Klimavariationen über ein ganzes Jahrhundert oder länger betrachtet werden sollen. Ebenso werden Prozessbeschreibungen auf ihre essenziellen Effekte reduziert um den Rechenaufwand einzuschränken. Die Kunst besteht darin diese Vereinfachungen so zu wählen dass die wichtigsten Eigenschaften des Klimasystems immer noch realistisch simuliert werden.

In der Forschung werden Vereinfachungen oft auch zielgerichtet eingesetzt, sei es in der Gestaltung des Modells oder der Experimente, um bestimmte Phänomene, z. B. tropische Wolken, zu isolieren und unter idealisierten Bedingungen untersuchen zu können. Die geschickte Kombination von „maßgeschneiderten" Experimenten führt oft schneller zum Ziel, nämlich dem besseren Verständnis des Klimasystems, als wenn nur das möglichst realistische, aber auch sehr aufwändige Klimamodell allein genutzt wird.

So beschreiben die idealisierten und die vereinfachten Simulationen und Modelle jeweils nur einen Teilaspekt und -prozess des Klimas, wie etwa die Verdunstung über Land, über dem Meer oder die Meereisbildung. „Bei den idealisierten Modellen legen wir den Fokus auf einzelne Prozesse", erklärt Giorgetta. „Ein Vorteil dieser Modelle ist, dass wir viele Prozesse mit relativ wenigen Daten prinzipiell nachbilden können."

Im Gegensatz zu den vereinfachten und idealisierten Modellen beinhalten die Komponentenmodelle bereits alle wesentlichen Prozesse und deren Interaktionen. „Klassische Komponentenmodelle wären etwa Atmosphären- oder Ozeanmodelle", sagt Giorgetta. „In die Komponentenmodelle fließen bereits eine Vielzahl von Einzeldaten und das explizite Wissen um deren Interaktionen ein. Es fehlen aber notwendigerweise die Interaktionen zwischen den Komponenten"

Die Steigerung der Komponentenmodelle sind dann die realitätsnahen Erdsystemmodelle, die die Komponentenmodelle – etwa der Atmosphäre, des Ozeans, der polaren Eiskappen und der Prozesse über Land miteinander verbinden. „Hier fließt das einzelne ‚Modell-Wissen' zusammen und erzeugt ein neues, realitätsnahes Modell, mit dem wir die Prozesse im Erdsystem beschreiben können", erläutert der Physiker.

Dass die Leistungsfähigkeit auch eines solchen Modells durch die Unterschiede der geographischen Breite, etwa zwischen den Prozessen in den Tropen und den gemäßigten Breiten, massiv beeinflusst wird, liegt auf der Hand und so müssen die Wissenschaftler ihre Modelle immer kleinräumiger machen, um sich der Realität sukzessive anzunähern.

Aber immerhin, selbst mit einer so groben Unterteilung der Systeme in Ozean, Atmosphäre und Land können die Forscher das Zusammenspiel zwischen den einzelnen Komponenten des Erdsystems prinzipiell auf dem Computer nachbilden. Das es zunächst relativ grob ist, liegt genauso auf der Hand, wie die Tatsache, dass eine genauere Nachbildung der real auf der Erde ablaufenden Prozesse das Anfangsmodell immer feiner und umfangreicher werden lässt. So spielen etwa allein im Ozean die Prozesse der Verdunstung und der Tiefenwasserbildung eine wichtige Rolle (Kap. 5), die mit der geographischen Breite variiert.

Mit den Erdsystemmodellen haben die Forscher ein Hilfsmittel, mit dem sie – flapsig formuliert – herumspielen können: sie können einzelne Parameter verändern und schauen, wie sich im Ergebnis das Klima des Planeten verändert. So können die Hamburger die Auswirkungen von sich verändernden Parametern – wie etwa dem CO_2-Gehalt der Atmosphäre – simulieren und Prognosen für die Zukunft erstellen, also Szenarien erstellen, wie sie auch in den Sachstandsberichten des IPCC aufgeführt werden.

Dass der Umfang und die Leistungsfähigkeit der Modelle und der Rechner, auf denen sich diese Modelle benutzt werden, immens sein muss, liegt bei der Komplexität der Prozesse und deren Interaktionen auf der Hand. Beschreibt ein Klimamodell doch ein System gekoppelter Kreisläufe in der Atmosphäre, dem Ozean und der Landoberfläche/Kryosphäre.

Das bisher ausgereifteste Erdsystemmodell der Hamburger, MPI-ESM, umfasst mehr als 100.000 Zeilen Fortan Code plus Programmbibliotheken und externen Daten für die Randbedingungen – wie etwa die Höhe der Landoberfläche, die Tiefe des Ozeans, die Stärke der solaren Einstrahlung (inklusive der Sonnenaktivität!), sowie die Konzentration von Luftbestandteilen wie Kohlendioxid, Methan oder Lachgas.

Für die Modellierungen mit MPI-ESM nutzen die Hamburger die Daten aus der Atmosphäre, (wie etwa Zusammensetzung, Feuchte und Aerosole), des Ozeans (Temperatur, CO_2-Sättigung, etc.), der Meereisbedeckung, der Landvegetation sowie die Kryosphäre (mit den Inlandeismassen Grönlands und der Antarktis, dem Meereis, Schnee und die Permafrostböden). Hinzu kommen außerdem die marine und terrestrische Biosphäre, das Erdreich, und – wenn die Klimaentwicklung über viele Jahrtausende hinweg betrachtet wird – die geologischen Rahmenbedingungen der Erdkruste inklusive des oberen Erdmantels, die zusammen die sogenannte Lithosphäre bilden. „Diese Unterteilung erfolgt im Wesentlichen aufgrund der beteiligten Medien/Aggregatzustände (gasförmig, flüssig, fest) und der Zeitskalen, die für typische Änderungen in den Untersystemen beobachtet werden können", ergänzt Claussen. „Als Kontrolle für die Güte unserer Modelle nutzen wir die Daten aus der Vergangenheit, wie etwa den historischen Klimaaufzeichnungen. Wir füttern unsere Modelle mit den historischen Daten und schauen, ob sie zu dem Ergebnis kommen, was wir bereits kennen – denn die Intensität der Sonneneinstrahlung und den CO_2-Gehalt der Atmosphäre der letzten Jahrtausende kennen wir ja."

Definition Klimamodelle

Eine recht kurze und „knackige" Definition von Klimamodellen findet sich auf den Webseiten des Hamburger Bildungsservers, den ich generell als Quelle seriöser Informationen – nicht nur zum Klimawandel – empfehlen kann. Dort beantwortet Dr. Dieter Kasang vom Deutschen Klimarechenzentrum die Frage „Was sind Klimamodelle?" folgendermaßen:

> Klimamodelle simulieren das Klimasystem der Erde und seine Veränderungen auf der Grundlage von physikalischen Gesetzen durch mathematische Gleichungen, die in einem dreidimensionalen Gitternetzsystem rund um den Globus gelöst werden. Diese Gleichungen bilden, soweit möglich, die einzelnen Komponenten des Klimasystems und ihre komplexen Wechselwirkungen ab. Wie alle Modelle stellen auch Klimamodelle komplexe Vorgänge vereinfacht dar und sind damit nur ein vergröbertes Abbild der Realität, dienen aber gerade dadurch auch dem Verständnis hochdifferenzierter dynamischer Systeme. Ziel gegenwärtiger Klimamodelle ist es, durch die Einbeziehung möglichst vieler relevanter Prozesse die Wirklichkeit so realitätsnah wie möglich abzubilden.

Projektionen des Klimas der Zukunft

Nun, die Modelle scheinen zu funktionieren. Aber was sagen sie für die Zukunft aus, und wie geht das mit der Projektion des Klimas in die Zukunft?

„Projektion ist genau das richtige Stichwort", erläutert Prof. Dr. Mojib Latif vom Helmholtz-Zentrum für Ozeanforschung, GEOMAR Kiel. „Bei unseren, mit Hilfe der Klimadaten aus der Vergangenheit entwickelten, Modellen nutzen wir die heutigen Randparameter – Messwerte der Atmosphäre, des Ozeans, der Landoberfläche und der polaren Regionen – und verändern jeweils nur einen einzigen Parameter, wie zum Beispiel die Konzentration des CO_2. Dann schauen wir nach, was mit dem Gesamtsystem passiert. Das heißt, wir nehmen verschiedene Anstiege, etwa des CO_2, an und lassen die Computer das Klima mit den angenommenen Werten rechnen."

Was den Realitätsgehalt der Annahmen angeht, so stützen sich die Klimaforscher auf die Beobachtungen und Anstiege der CO_2-Konzentration und der Temperatur aus der jüngeren Vergangenheit – und projizieren die beobachtete Steigerung in die Zukunft. „Und genau das ist der Unterschied zwischen einer Vorhersage und einer Projektion", erläutert Latif und ergänzt: „Wenn man so will, braucht man gar nicht so viel für eine Klimaprojektion. Man muss nur die Parameter des Ist-Zustands des Klimas kennen und realistische Annahmen für deren Veränderung in der Zukunft treffen." Kommt es etwa bei der Wettervorhersage ganz entscheidend auf die hohe Detailtreue und Messgenauigkeit der einzelnen Parameter an, so beginnen die Projektionen der Klimaforscher mit einem Klima im Strahlungsgleichgewicht, das durch die Emission von Treibhausgasen gestört wird.

Na, das klingt ja gar nicht so kompliziert. Beschäftigen wir uns einmal näher mit den Annahmen – den Szenarien, die die Klimaforscher für ihre Untersuchung nutzen:

Bei ihren ersten (und in der Zwischenzeit veralteten) Szenarien (den sogenannten SRES-Szenarien) und Projektionen änderten die Forscher nur einen der Parameter des Ist-Zustandes der momentanen Atmosphäre, also in der Regel die Treibhausgas-Konzentration, und nahmen als neuen Wert eine realistische Entwicklungen des Treibhausgas-Ausstoßes für die Zukunft an.

6.1.3   Klimaszenarien

Klimaszenarien – schon wieder so ein sperriger Begriff … Ohne allzu tief in die Details der (alten und neuen) Szenarien einsteigen zu wollen, möchte ich an dieser Stelle einmal nachschauen, was eigentlich hinter diesem Wort steckt und was die Szenarien besagen.

Wie oben bereits anklang, sind Klimaszenarien die Umsetzung von Annahmen für die Entwicklung einzelner Parameter – also Gedankenmodelle des Klimas der Zukunft. Bei den Szenarien wird im Prinzip ein Parameter in den Startparametern der Klimamodelle geändert und das Modell im Großrechner mit den neuen Rahmenbedingungen gestartet. In der Regel wird also etwa nur die CO_2-Konzentration verändert und geschaut, wie sich das Erdsystem mit den neuen Parametern verändert.

„Wenn man so will, sind die IPCC-Szenarien Annahmen für die Entwicklung einer globalen Wirtschaft, die ihre Energie primär aus der Verbrennung fossiler Brennstoffe bezieht", sagt Dr. Paul Becker vom Deutschen Wetterdienst.

Gut, dann schauen wir doch einmal, was das Intergovernmental Panel on Climate Change (IPCC) – und damit auch die Gemeinschaft der Klimaforscher – so an Szenarien benutzte! Ich beschränke mich im Folgenden bewusst auf die in der Zwischenzeit veralteten SRES-Szenarien (benannt nach dem *Special Report on Emissions Scenarios* des

IPCC), denn sie illustrieren recht gut die Idee, die hinter der Formulierung der Szenarien steht. Wer Näheres zu den Veränderungen der Szenarien und den aktuellen RCP-Szenarien (von *Representative Concentration Pathways*) erfahren will, sei hier auf die umfangreichen Publikationen des IPCC (Link am Ende des Abschnitts) und die hervorragenden Erläuterungen des Deutschen Wetterdienstes verwiesen. Den Link zu den DWD-Dokumenten finden Sie am Ende dieses Abschnitts.

Also, wie kommen die Klimaforscher auf die Idee, Szenarien zu entwickeln?

Die treibende und grundlegende Frage aller Projektionen ist natürlich die, wie sich das Klima vor dem Hintergrund steigender anthropogener Emissionen entwickelt und welche Folgen der zu erwartende Klimawandel hat.

Um gleich die größte Schwierigkeit und Unsicherheit bei derartigen Abschätzungen vorwegzunehmen, sei bereits an dieser Stelle bemerkt, dass soziale, ökonomische und politische Entwicklungen, die einen entscheidenden Einfluss auf die Entwicklung der Emissionen haben, grundsätzlich nicht vorhersagbar sind – da müsste man schon die Kristallkugel einer Wahrsagerin zu Rate ziehen, denn so bedeutsame gesellschaftliche Entwicklungen, wie etwa des Zusammenbruch des Ostblocks oder den deutschen Ausstieg aus der Kernenergie, ließen sich im Vorfeld nicht einmal erahnen.

Was soll man also machen – und wie kann man mit derartigen Unsicherheiten so verantwortungsvoll umgehen, dass auch ein einigermaßen realistisches Ergebnis dabei herauskommt? Eine Form des Umgangs ist die, auf die sich auch das IPCC verständigt hat: Man analysiert den Ist-Zustand der Atmosphäre und schaut sich die Entwicklung der Rahmenparameter des Klimas in der jüngeren Vergangenheit an.

Mit den ablesbaren Trends der Vergangenheit, etwa der Steigerung der CO_2-Konzentration der Atmosphäre, überlegt man sich dann prinzipielle Möglichkeiten für deren zukünftige Entwicklung. Diese wären etwa:

1. Von der Politik wird nicht umgesteuert, es herrscht *business as usual*, und es ändert sich nichts an der Zunahme des Ausstoßes von CO_2. Die CO_2-Konzentration in der Atmosphäre steigt also weiter so rasant wie bisher.
2. Die Politik erkennt das Problem und erlässt bindende Gesetze, um den Ausstoß an Treibhausgasen nicht weiter zu erhöhen – sie versucht den Status quo zu halten.
3. Die Politik erkennt das Problem, senkt den Ausstoß von Klimagasen und unternimmt alles, um das CO_2 wieder aus der Atmosphäre zu holen.

Über die Sinnhaftigkeit und die Realitätsnähe der beiden letzten Möglichkeiten ist in den letzten Jahren viel berichtet worden, und es ist an dieser Stelle müßig, auf das Gebaren einzelner Staaten und Interessensgruppen einzugehen.

Verkürzend lässt sich zusammenfassen:

1. Mache ich einfach so weiter wie bisher?
2. Friere ich die Entwicklung auf dem heutigen Stand ein und hoffe, dass das reicht?
3. Siegt die Vernunft, und ich versuche, Fehler der Vergangenheit zu korrigieren?

Eigentlich alles ziemlich gut nachvollziehbare Fragen, die den generellen Umgang mit jedem beliebigen Problem – und der Suche nach Lösungen – beschreiben.

Von der Theorie zur Realität

Mag so etwas wie der sofortige Stopp bei vielen – meist monokausalen – Entscheidungen in vielen Bereichen auch unmittelbar den gewünschten Erfolg bringen, so muss man bei einem so komplexen System wie dem Klima in Betracht ziehen, dass selbst sofortige Veränderungen an der Ursache des Problems keinen unmittelbaren Erfolg haben. Aufgrund der Trägheit des Klimasystems und der langen Verweildauer der Treibhausgase in der Atmosphäre würde die globale Erwärmung selbst bei einem sofortigen Stopp aller weiteren Emissionen zunächst weiter ansteigen (Kap. 5).

So weit, so gut, aber was hat es mit den IPCC-Szenarien auf sich? Wie Dr. Paul Becker mit seiner Bemerkung „Die Szenarien entsprechen im Prinzip der weltweiten Entwicklung einer Wirtschaft, die auf der Verbrennung fossiler Energieträger basiert" zum Ausdruck brachte, handelt es sich um Emissionsszenarien, die den Annahmen eines weiter steigenden, gleichbleibenden oder abnehmenden Wachstums der Industrie folgen.

Doch – wie so oft – ist die Realität komplexer als die Theorie. Deshalb unterliegen auch die Szenarien des IPCC einem kontinuierlichen Überarbeitungsprozess mit dem Ziel, die „Abbilder der Zukunft" bestmöglich zu beschreiben.

Wie komplex allein schon die Entwicklung von Szenarien sein kann, lässt sich erahnen, wenn man sich mit den älteren Szenarien des IPCC beschäftigt, die für den vierten Sachstandsbericht galten. Wie oben dargestellt, hängen die Treibhausgas-Emissionen entscheidend von der sozioökonomischen Entwicklung der Welt und einzelner Regionen ab. Um diesem Umstand Rechnung zu tragen, ging das IPCC bereits im Jahr 2000 von einer großen Spannbreite von Annahmen über die künftige Entwicklung der Menschheit aus, aus denen es auch eine entsprechend breite Palette von Emissionsszenarien ableitet, die wiederum die Grundlage für Projektionen über die künftige Klimaentwicklung bilden. So basierte der dritte Sachstandsreport des IPCC von 2001 auf nahezu 40 Szenarien, die je nach Annahme über die weitere Entwicklung der menschlichen Weltgesellschaft in vier „Szenario-Familien" (A1, B1, A2, B2) gegliedert sind.

Um einen kleinen Einblick in die Komplexität der Überlegungen und Szenarien der IPCC-Forscher zu geben, möchte ich hier exemplarisch das alte IPCC-Szenario „A1" vorstellen, dass auch im zweiten Sachstandsbericht genutzt wurde. Es macht deutlich, wie viele Details die Wissenschaftler in ihre Betrachtungen einfließen lassen und wie viele Unsicherheiten in den Annahmen stecken.

IPCC-Szenario A1

Bei Szenario A1 gehen die Forscher von einer Welt mit einem sehr raschen Wirtschaftswachstum aus, deren Bevölkerungszahl nach einem Maximum in der Mitte des 21. Jahrhunderts wieder absinkt. Außerdem wird in diesem Szenario eine rasche Entwicklung und Einführung neuer und effizienterer Technologien angenommen.

Hinsichtlich der sozioökonomischen Entwicklung gehen die Forscher davon aus, dass sich die Regionen der Welt annähern und es zu einem weitgehend ähnlichen Pro-Kopf-Einkommen kommt – was soziale Spannungen vermeiden helfen würde und die Wahrscheinlichkeit von abrupten sozioökomonischen Veränderungen relativ klein hält.

Innerhalb des Szenarios wird hinsichtlich der Nutzung der Energieressourcen aber noch weiter unterschieden: So gibt es ein Unterszenario, das intensiv fossile Energiequellen nutzt, ein Unterszenario, das primär regenerative Energiequellen nutzt, und ein drittes Unterszenario, bei dem alle Energiequellen ausgewogen genutzt werden.

Quelle der obigen Ausführungen sind der Hamburger Bildungsserver und die deutsche Koordinationsstelle des IPCC. Ausführliche Informationen zu den erwähnten Szenarien finden sich auf dem Hamburger Bildungsserver (http://bildungsserver.hamburg.de).

Für Details zu den neuen RCP-Szenarien des IPCC, die im fünften Sachstandsbericht, der im Frühjahr 2014 erscheinen wird, Anwendung finden, sei auf die Links zur Dokumentensammlung des Deutschen Wetterdienstes und des IPCC am Ende des Abschnitts verwiesen.

6.2   Klimakonferenzen

Oha, bei jeder Auseinandersetzung mit diesem Thema wird es heikel – aber sei's drum! Die folgenden Abschnitte entstanden, als die Klimakonferenz in Doha, der Hauptstadt von Katar am Persischen Golf, gerade begann. Schaute man Ende November 2012 in die Gazetten, Internet-Blogs und Kommentarspalten, dann war der Klimawandel mal wieder ganz oben angelangt in der öffentlichen Aufmerksamkeit.

„Schön", mag man denken, „endlich ist das für unser aller Leben so wichtige Thema Klima mal wieder ganz oben auf der internationalen Agenda". Alle Welt blickt nach Doha und erwartet – mehr oder minder gespannt – das schon fast rituelle Scheitern der Verhandlungen.

So weit, so schlecht – und so bekannt ist das Szenario, das sich in schöner Regelmäßigkeit wiederholt: Klimagipfel, Erdgipfel … Leider sind die Begrifflichkeiten genauso austauschbar wie die Ergebnisse und Positionen der Teilnehmer der internationalen Tagungen – aber das ist eine andere Geschichte, von der einige Aspekte im Kap. 8 aufgegriffen werden.

Wäre ein Ergebnis der Konferenz, das diesen Namen auch tatsächlich verdiente, nicht so wichtig, könnte man sich ob dieses internationalen „Klima-Theaters" nur amüsiert zurücklehnen. „Schön, dass wir darüber gesprochen haben", könnte man schon zu Beginn der Veranstaltung das Fazit aus den laufenden Verhandlungen ziehen. „Alles schön und gut, aber wir haben da gerade ganz andere Probleme …"

Na wenn sich diese Haltung mal nicht schon bald rächt!

Aber wie auch immer – neu an der 18. UN-Klimakonferenz in Katar ist zum einen der Austragungsort. Katar ist ein Land etwa von der Größe Schleswig-Holsteins, das bis auf die Öl- und Gasförderung keine eigene Industrie hat und von der Mineralwasserflasche bis zum Auto alles importiert. Hinzu kommt, dass der CO_2-Ausstoß pro Kopf selbst im Vergleich zu den USA exorbitant ist; nahezu alles wird mit dem Geld aus dem – noch – im Überfluss vorhandenen Öl und Erdgas gelöst: sowohl die Bezahlung der importierten Waren als auch etwa die Seewasserentsalzung zur Trinkwassergewinnung. Ich habe Katar 2008 bei der Arbeit in einem internationalen Projekt kennengelernt und in dem Wüstenstaat viele Umweltsünden und eine unfassbare Ressourcenverschwendung gesehen. Zur Ehrenrettung des sehr gastfreundlichen Emirats muss allerdings auch bemerkt werden, dass die staatlichen Autoritäten und die Planer um die Umweltprobleme des Landes wissen und bereits begonnen haben gegenzusteuern. Gleiches gilt für das Öl und das Erdgas des Landes: Auch die Katarer wissen, dass ihre Vorräte irgendwann zu Ende gehen werden, und versuchen jetzt den Erlebnistourismus zu fördern und auf die Energieerzeugung durch Solarstrom umzusteigen.

Neu an der Konferenz in Doha ist außerdem, dass in der Zwischenzeit immer mehr Institutionen den Klimawandel als wichtiges Thema begriffen, von denen man es im ersten Moment gar nicht vermuten würde. Das jüngste Beispiel ist sicherlich die Weltbank, die in einer Studie zum Klimawandel nachdrücklich vor den Folgen der Erwärmung warnt.

Besonders bemerkenswert ist zudem, dass jetzt eine große internationale Institution, die zudem keine Umweltschutzorganisation ist, nämlich die Weltbank, das sogenannte Zwei-Grad-Ziel erstmals öffentlich in Frage stellt. Wer hätte das noch vor einem Jahr gedacht! Natürlich sind die Motive der Banker klar und ihr Denken auf Kosten und Profit ausgerichtet, aber dennoch geht ihre Aussage in die richtige Richtung – nämlich endlich einen international verbindlichen Klimaschutzvertrag auszuhandeln, der auch das Papier wert ist, auf dem er geschrieben steht. Den Link zur Studie der Weltbank finden Sie am Ende des Abschnitts.

Die Analysten der Weltbank warnen in ihrer Studie *Turn down the Heat* („Verringert die Erderwärmung") eindringlich vor den unabsehbaren Folgen des Klimawandels, der – Zwei-Grad-Ziel hin, Zwei-Grad-Ziel her – jetzt aller Wahrscheinlichkeit schon um vier Grad Celsius bis zum Ende des Jahrhunderts betragen wird – und mehr!

Aber „schlimmer geht immer", wie der Spiegel in seiner Online-Ausgabe vom 3. Dezember 2012 berichtete: „Wenn wir so weitermachen wie bisher, werden es fünf Grad bis zum Ende des Jahrhunderts werden", erläutert Glen Peters vom norwegischen Forschungsinstitut Cicero (Center for International Climate and Environmental Research an der Universität Oslo).

Wettlauf mit der Zeit

Wissenschaftler und Analysten der Weltbank erwarten also eine Erwärmung von vier Grad und mehr – alle Achtung! Vier bis fünf Grad! Um diese Zahlen ein bisschen (be-)greifbarer zu machen, erinnern wir uns kurz an das Kap. 3 zurück und daran, dass der Unterschied der globalen Mitteltemperatur zwischen den Eiszeiten und heute sich auf ganze fünf Grad Celsius belief!

Fünf Grad bewirkten also den Unterschied zwischen einer Erde, die in vielen Bereichen einer Eiskugel glich, und dem blühenden blauen Planeten von heute – und wir legen mit unserem CO_2-Austoß noch das Gleiche drauf! Was fünf Grad – und vielleicht noch mehr – für das Angesicht und die Bewohnbarkeit unseres Planeten bedeuten werden, kann man sich leicht selbst ausmalen!

So weit, so gut – oder auch schlecht, denn der Welt läuft ob des Wankelmuts der Entscheidungsträger und der durchsichtigen, aber höchst erfolgreichen Lobbypolitik etwa der Energiewirtschaft die Zeit davon. Jedes verlorene Jahr ohne ein international verbindliches Abkommen wird sich in mehrfacher Hinsicht rächen: Zum einen schreitet die Erwärmung mit all ihren Folgeproblemen ungehindert weiter fort, und zum anderen werden die Folgekosten der Erwärmung explodieren. Durch unser Nichtstun schaffen wir darüber hinaus aber gerade auch Fakten, mit denen bereits unsere Kinder und Kindeskinder werden leben müssen! Um es ganz deutlich auf den Punkt zu bringen: Wir zerstören mit unserem jetzigen Nichtstun die Lebensgrundlage kommender Generationen!

Dennis Meadows, der Hauptautor der bekannten Studie *Die Grenzen des Wachstums* des Club of Rome, die bereits vor 40 Jahren vor den Folgen einer ungebremsten Ressourcenausbeutung und Umweltverschmutzung warnte, ist noch skeptischer: In einem Gespräch mit der Frankfurter Allgemeine Zeitung erklärte er, dass für ihn der Klimawandel nicht mehr zu stoppen sei und dass er aufgehört habe, noch an die Vernunft der Menschheit zu glauben. Seit den gescheiterten Verhandlungen in Kopenhagen erwartet er auch von Doha schlicht nichts! Derzeit bleibt nur zu hoffen, dass er Unrecht hat!

In der Zwischenzeit ist die Klimakonferenz in Doha Geschichte und leider waren wieder die nur allzu bekannten öffentlichen Reaktionen zu sehen – und leider nicht nur bei den internationalen Entscheidungsträgern: Schaut man in die Kommentare zu Artikeln, die sich in überregionalen deutschen Tageszeitungen mit dem Klimawandel auseinandersetzen, sieht man auch hier sehr deutlich, wie sehr die Argumente der Klimaskeptiker verfangen haben. Schade auch, zu sehen, auf welchem Niveau schon wieder die Debatte tobt: Mal ist von „CO_2-Fetischisten", „CO_2-Teufeln" und „Exorzisten" die Rede, mal haben „die Grünen den Klimawandel erfunden" und mal ist CO_2 „gar kein Treibhausgas".

Angesichts solcher Kommentare könnte man sich eigentlich nur an den Kopf fassen und sich kaputtlachen – aber leider bleibt einem jeder Anflug von Amüsement im Halse stecken! Bezeichnend für das Niveau der Debatte ist, dass jede Menge selbsternannter Klimaexperten sich über die weltweit von nahezu allen renommierten Klimaforschern bestätigte Tatsache hinwegsetzen, dass der CO_2-Austoß der Menschheit verantwortlich für den Klimawandel seit Beginn der Industrialisierung ist oder ihn zumindest maßgeblich mitbefeuert. Schon ein beängstigendes Phänomen von Größenwahn, der zudem auch noch jeder akademischen Qualifikation Hohn spricht – insbesondere dann, wenn man die Postings weiterliest und feststellt, dass viele Autoren offenbar immer noch nicht den Unterschied zwischen Klima und Wetter kennen.

Was ist bloß los mit den Leuten? Liegt die Verweigerungshaltung vieler „Skeptiker", die wissenschaftlichen Fakten zu akzeptieren, vielleicht darin begründet, dass es in der menschlichen Natur liegt, „frohe" Botschaften eher zu glauben und sich zu eigen zu machen als Botschaften, die eine Veränderung des eigenen Handelns oder Lebensstils einfordern? – Bequemer ist natürlich die Einstellung, dass der Mensch den Klimawandel nicht verursacht und daher genauso weitermachen kann wie bisher. Oder liegt es vielleicht an der Schlichtheit der Aussagen der „Skeptiker" (wie etwa: „Nein, CO_2 ist gar kein Treibhausgas, sondern bringt meine Limonade zum sprudeln – und außerdem: jede Pflanze braucht CO_2 zum Leben – wie kann es dann schädlich für das Klima sein?"), die einfach „eingängiger" und leichter verständlich sind als komplexe Zusammenhänge in den Naturwissenschaften, die zudem offenbar immer noch zu schlecht kommuniziert werden?

Schlimm und wirklich schade ist aber auch zu sehen, wie unsauber schon wieder mit den Begrifflichkeiten hantiert wird. So werden auch jetzt wieder Gefühl und Wissen ebenso „in einen Topf geworfen" wie Klima und Wetter, Vorhersage und Projektion etc. – Hauptsache das, was dann daraus abgeleitet wird, passt in das eigene Weltbild.

Aber sei's drum, über mögliche Motive könnten wahrscheinlich ganze Heerschaaren von Psychologen promovieren und/oder habilitieren …

Ist das bei „normalen" Menschen schon schade genug, griff aber leider auch wieder das im Vorwort beschriebene Prozedere in der medialen Berichterstattung. Auch jetzt machten sich wieder zu wenige Journalisten die Mühe, einmal genau hinzuschauen – und bedienen mit schlafwandlerischer Sicherheit die alten Reflexe: In bester journalistischer Manier wurden die Neuigkeiten zugespitzt, und man pendelte wieder zwischen den Extremen – Hauptsache es gab eine „knackige" Schlagzeile. Schade! Wirklich schade, weil sich die Leser wieder genervt abwenden und der Welt die Zeit davonrennt!

Aber wie auch immer – seit der Klimakonferenz 2009 in Kopenhagen ist die internationale Klimaforschung mit Zweifeln an der Methodik und der Seriosität der Forschung behaftet.

Aber stopp! 2009? Klimakonferenz in Kopenhagen? Da war doch was – oder? Irgend so ein Skandal um Klimaforscher, „Tricks" und gefälschte oder unseriös erhobene Daten. – Da war doch was!?

Ja, da war etwas: Im Vorfeld der Kopenhagener Weltklimakonferenz wurde der Diebstahl zumeist privater E-Mails einer international vernetzten Gruppe englischer Klimaforscher bekannt. Schier unglaubliche Interna aus der internationalen Klimaforschung kamen ans Licht der Öffentlichkeit. Offenbar stritten die Forscher miteinander um die Daten und die Schlüsse, die daraus zu ziehen sind – und in einigen E-Mails war sogar von „Tricks" die Rede, mit deren Hilfe Daten bearbeitet wurden.

Streit, Tricks … oho, und was kommt da wohl noch alles ans Licht?

Schnell keimte der Verdacht auf, dass die Temperaturmessungen von den Forschern schlampig gesammelt oder manipuliert wurden, um in die Bilder zu passen, die die Forscher gern hätten. Und – fast noch schlimmer: Nicht genug, dass irgendetwas mit den Daten gemacht wurde, die Wissenschaftler stecken sogar genau diese Daten auch noch in die Modelle, mit denen sie die Zukunft des Klimas und unseres Planeten prognostizieren. Das kann, nein, muss doch schiefgehen – oder? Also alles Schwindel, Betrug und Verschwörung um die Klimaforschung?

Doch halt! Was war passiert? Erinnern wir uns kurz an den Spätherbst 2009 zurück: Ein paar Wochen vor der Kopenhagener Weltklimakonferenz hackten Cyber-Kriminelle (Datendiebstahl und unautorisiertes Eindringen in fremde Computernetze ist nun einmal illegal) den E-Mail-Server der Universität von East Anglia in England und erbeuteten hunderte meist privater, aber auch offizieller E-Mails von renommierten Klimaforschern aus Großbritannien. Damit erhielten sie Einblick in den offiziellen und privaten Gedankenaustausch der Mitglieder des Klimaforschernetzwerks in den letzten dreizehn Jahren.

Neben der netzwerkinternen Diskussion und dem Streit um wissenschaftliche Inhalte fielen den Kriminellen aber auch E-Mails mit vertraulichen Gedanken, Zweifeln an eigenen und fremden Ergebnissen sowie flapsigen Formulierungen in die Hände. Persönliche Einschätzungen und Äußerungen, die sich sowohl kritisch mit den eigenen Forschungsergebnissen als auch – mal mehr und mal weniger ernsthaft – mit den Vorwürfen und Argumenten von Klimaskeptikern auseinandersetzen. Ein gefundenes Fressen für entsprechend motivierte Kreise, die die E-Mails genüsslich ausschlachteten, ihre Auswertungen veröffentlichten und in Anspielung auf die Watergate-Affäre nun das *„Climate Gate"* ausriefen.

Auch wenn in einer nachfolgenden hochoffiziellen Untersuchung keinem einzigen Forscher Schlampigkeit oder wissenschaftliches Fehlverhalten nachgewiesen werden konnte, war der Schaden vor, während und nach der Konferenz immens. Schade, aber leider typisch für die Medien ist, dass über die Berechnungen von Wissenschaftlern der University of Berkley, die die umstrittenen Daten und Ergebnisse bis ins kleinste Detail nachgerechnet hatten und auf die gleiche Temperaturentwicklung seit 1850 kamen wie ihre gescholtenen britischen Kollegen, einige Monate kaum mehr berichtet wurde. So blieben leider auch die Unterstellungen der „Skeptiker" mehr oder minder unwidersprochen im öffentlichen Gedächtnis.

Und leider ist das immer noch so: Fällt der Begriff Klimamodell, denken viele sofort an *„Climate Gate"*, und schon umweht die ganze Klimaforschung der Hauch des Unseriösem und Verschwörerischen. Seit *„Climate Gate"* steht die ganze Klimaforschung unter dem Generalverdacht, dass die Forscher die ganze Sache mit der Erwärmung nur erfunden hätten, um ihre eigenen Jobs zu sichern und öffentliche Fördermittel für ihre teuren Untersuchungen und Reisen einzuwerben.

Einige Kommentatoren wittern gar eine internationale Verschwörung der Klimaforscher gegen … – ja, gegen wen oder was eigentlich?

Gegen eine Industrie, die – gerade im Rohstoffsektor – vielfach auf Teufel komm raus die Natur ausbeutet und nur auf eigenen Vorteil bedacht ist? Oder vielleicht gegen den Teil der Menschheit, der sowieso alles besser weiß und Wissenschaft für Teufelswerk oder von Interessen gesteuert hält? Vielleicht sogar eine weltumfassende Verschwörung der Klimaforscher gegen die ganze Menschheit oder gar die Welt an sich?

Nicht zu vergessen bei alledem sind natürlich die „gleichgeschalteten" oder „links-grün besetzten" Medien, die ungeachtet des „gesunden Menschenverstands" nur „in Alarmismus" machen – und das natürlich auch nur, um ihre Auflage zu erhöhen. Schließlich ist ja der winterliche Schnee vor der Tür der „beste Beweis" dafür, dass es keinen Klimawandel gibt!

Unwissenheit, Verschwörungsdenken und Misstrauen gegen die Wissenschaft allerorten …

Besonders beeindruckend und symptomatisch für die manchmal schon an einen Glaubenskrieg erinnernde Debatte um die Existenz des Klimawandels und – natürlich noch emotionaler – den menschlichen Einfluss auf das Klima, sind Veröffentlichungen einiger Klimaskeptiker, wie etwa die des Schweizer Mathematikers Werner Furrer. Er tut den Klimawandel in seinen Publikationen im Internet rundherum als Schwindel ab und berichtet in seinen Schriften, die zum Beispiel mit „Klima-Wandel? Klima-Schwindel!" überschrieben sind, von einer globalen Verschwörung der Klimaforscher und einer käuflichen Wissenschaft.

„Klima-Wandel? Klima-Schwindel!"

Der so überschriebene Text Furrers ist mir bei der Suche nach beispielhaften Textstellen von „Klimaskeptikern" besonders aufgefallen, weil er die Vorbehalte gegen die Forscher, die Forschung und die Presse so überaus plakativ auf den Punkt bringt. Das Zitat seines Textes soll ausdrücklich kein persönlicher Angriff gegen den mir unbekannten Herrn sein – und wer im Internet weitersucht, wird jede Menge andere Texte mit ähnlichem Inhalt und ähnlichen Formulierungen finden.

Furrers Text erscheint mir deshalb so bemerkenswert, weil er sowohl den Glaubens- als auch den Verschwörungsaspekt ausgesprochen drastisch darstellt. So schreibt er unter anderem von einer „Climatology-Kirche", von „Ayatollahs", „Klima-Götzen" und ominösen „Machthabern des Klima-Schwindels". Von einer international organisierten „Klima-Schutzgeld-Erpressung" ist ebenso zu lesen wie von „Wissenschafts-Söldnern", die der UN-Organisation IPCC dienen. Das IPCC veranstaltet Furrers Ansicht nach „Wettbewerbe für die besten Horror-Geschichten zum Klima".

Bei all diesen „Enthüllungen" zum IPCC darf natürlich auch das „Argument" der kalten Winter in Europa (Abschn. 2.1 „Wetter und Klima") nicht fehlen, das in

Furrers Augen allein schon die Existenz des Klimawandels widerlegt. Umweltschutz-organisationen und die Medien sind – wer hätte auch etwas anderes erwartet – bei Furrer „Komplizen und Propaganda-Organe der CO_2-Glaubenslehre" …

Der geneigte Leser möge sich bitte sein eigenes Bild machen! Den Link zum Text Furrers finden Sie am Ende des Abschnitts.

Besonders schön, weil so gut in ein Kapitel zum Thema Klimakonferenzen passend, ist auch der folgende Satz Furrers: „Das Klima lässt sich mit wissenschaftlich seriösen Metho-den nicht voraussagen. Anderslautende Behauptungen sind Wahrsagerei und nicht Wis-senschaft."

Ja richtig! Genau da haben wir einen der Hauptknackpunkte in der Wahrnehmung und des Umgangs mit der Klimaforschung: Die Begriffe werden nicht sauber verwendet – in diesem Fall wird (bewusst?) nicht zwischen einer Voraussage und einer Projektionen dif-ferenziert. Projektionen werden mit Voraussagen gleichgesetzt, was schlichtweg Unsinn ist! Klimaforscher erstellen Projektionen und machen keine Voraussagen! Eine Projektion beruht auf einer wissenschaftlich erhobenen und reproduzierbaren Analyse der momen-tanen Situation und auf seriösen Annahmen – wie den Szenarien des IPCC, die ihrerseits auf Trends und dem menschlichen Verhalten basieren, die sich aus der Vergangenheit ab-leiten lassen. Projektionen sind keine ominösen Voraussagungen, sondern Wenn-dann-Rechnungen!

Projektionen sind keine Voraussagen!

„Gleichwohl ist das Klima berechenbar", erläutert Mojib Latif vom Kieler GEOMAR. „Das beste Beispiel sind etwa die Jahreszeiten. Der Sommer ist wärmer als der Win-ter. Das weiß jedes Kind. Und der Grund dafür ist auch klar: Der Sonnenstand ändert sich im Laufe eines Jahres. Im mathematischen Sinne ändert sich damit eine Rand-bedingung, und diese bringt Ordnung ins Chaos. Bei der Klimaerwärmung liegen die Dinge ähnlich: Ändert sich die Zusammensetzung der Luft, verändert sich da-mit auch eine Randbedingung des Klimas. Nur wissen wir nicht, wie sie sich in der Zukunft ändern wird, und wie wir uns verhalten werden. Und deswegen spricht man nicht von Vorhersagen, sondern von Projektionen."

Man kann zu den Thesen Furrers und anderer „Klimaskeptiker" stehen wie man will, aber an zwei ihrer oft benutzten Argumente möchte ich exemplarisch zeigen, was bei ge-nauerem Hinsehen davon zu halten ist:

Vorwurf 1: „Die Klimaforscher haben den Klimawandel erfunden, damit sie ihre Jobs behalten und weiterhin öffentliches Geld bekommen (und natürlich auch Geld von der Industrie, die von der Entwicklung ‚grüner' Technik profitiert)." Dazu ist folgendes zu bemerken: Die Mitarbeit im IPCC ist rein ehrenamtlich und wird von den beteiligten Wissenschaftlern neben ihrer eigentlichen Arbeit, etwa als Professor an einer Universität, geleistet. Die Wissenschaftler sind in ihrer Funktion als Professor – sei es an einer Universität oder einem Institut – fest und unbefristet beschäftigt bzw. verbeamtet. Sie müssen sich also kaum Sorgen um ihre finanzielle Absicherung oder Zukunft machen. Das „Job-Argument" ist schlichter Blödsinn!

Vorwurf 2: „Die Klimaforscher sind sich nicht einmal untereinander einig und streiten über Methoden und Ergebnisse – wie kann oder soll der Normalbürger eine Aussage glauben, die sogar unter Forschern umstritten ist?"

Ja, was für ein absoluter Glücksfall für die Wissenschaft! Es wird gestritten, und die Debatte um die Methoden, Ergebnisse und mögliche Verbesserungen geht weiter! An dieser Stelle sei bemerkt, dass es erstens – auch in der Wissenschaft – keine absoluten Wahrheiten gibt und, zweitens, genau der Disput und das Vertreten einer anderen Meinung **der** Antrieb von Wissenschaft überhaupt ist. In allen Wissenschaftsdisziplinen werden Ergebnisse anderer Arbeitsgruppen immer wieder in Frage gestellt und neue Lösungsansätze diskutiert – davon lebt die Wissenschaft! Und was für einen Außenstehenden wie ein „Streit" aussehen mag, ist der normale Disput zwischen Wissenschaftlern und die Triebfeder wissenschaftlicher Forschung schlechthin – zumal weltweit kein ernst zu nehmender Wissenschaftler die Existenz des Klimawandels leugnet. Bei vielen Disputen geht es unter anderem darum, die Modelle zu verbessern. Die Trends (der globalen Erwärmung) sind unbestritten!

Einen Einblick in die bisher bekannt gewordenen Aktivitäten und Methoden der Industrie, die Propaganda gegen die Existenz des Klimawandel und die Klimaforschung betrieben hat – und immer noch betreibt – findet sich auf den Internetseiten der Wochenzeitung DIE ZEIT „Die Klimakrieger". Den entsprechenden Link finden Sie am Ende des Abschnitts.

Ich kann die Lektüre des Textes nur empfehlen, schildert er doch detailliert die perfiden Machenschaften etwa der amerikanischen Ölindustrie. Nach dem Lesen des Beitrags erscheinen viele – für einen Mitteleuropäer zum Teil nur schwer nachvollziehbare – Verhaltensweisen der US-Amerikaner in einem neuen Licht.

Die Keeling-Kurve

Eines der bekanntesten und wichtigsten Diagramme der Klimaforschung ist die sogenannte Keeling-Kurve. Sie geht auf die zufällige Entdeckung eines Chemiedoktoranden in den 1950er-Jahren zurück und dokumentiert eindrucksvoll den steten Anstieg der CO_2-Konzentration in der Atmosphäre.

Die Süddeutsche Zeitung würdigte in einem Beitrag vom 17. Mai 2010 die Bedeutung der Keeling-Kurve für die Klimaforschung:

Neben der Tür (… des Observatoriums auf dem Mauna Loa …) ist die Messkurve auf einer Bronzetafel eingraviert. Sie zeigt den unaufhaltsamen Anstieg der CO_2-Werte seit

Beginn der Messungen 1958, überlagert vom jährlichen Ein- und Ausatmen der Natur: Von Mai bis Oktober sinken die Werte, wenn Bäume und andere Pflanzen auf der Nordhalbkugel Kohlendioxid verbrauchen, weil sie wachsen und neue Blätter bekommen.

Den Rest des Jahres steigen die Werte wieder (…) Und jedes Jahr erreicht die Kurve im Mai einen neuen Höhepunkt, weil die vielen Milliarden Menschen der Erde Kohlendioxid aus ihren Auspuffen und Schornsteinen geblasen haben.

Weil dieser Verlauf den Einfluss von Natur und Menschheit auf die globale Umwelt dokumentiert, ist die Keeling-Kurve ein zentrales Symbol des Klimawandels.

„Die Messreihe belegt, dass die Menschheit ihre planetarische Unschuld verloren hat: Sie verändert die Erde", sagt Hans Joachim Schellnhuber, Leiter des Potsdam-Instituts für Klimafolgenforschung. „Es war die richtige Messung zur richtigen Zeit an der richtigen Stelle." Keeling ist daher oft als „Vater der Klimaforschung" bezeichnet worden.

„Ohne seine Arbeit wäre unser Wissen über den Klimawandel heute um zehn bis 20 Jahre weniger weit fortgeschritten, als es ist", zitiert die BBC Andrew Manning vom britischen Wetterservice Met Office. Seine amerikanischen Kollegen von der Wetterbehörde NOAA, die das Mauna-Loa-Observatorium betreibt, nennen Keelings Daten den „unbestreitbaren Grundstein der Klimaforschung".

Forscher rechnen die Messkurve vom Mauna Loa zu den drei wichtigsten Experimenten der Wissenschaftsgeschichte (…)

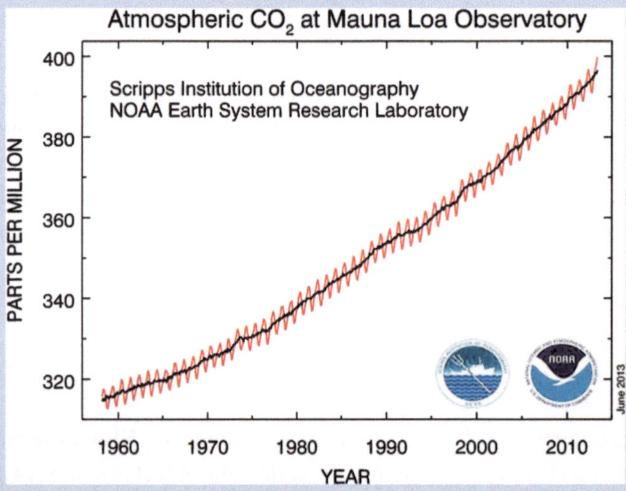

Abb. 6.1 Die Keeling-Kurve zeigt die Zunahme der atmosphärischen CO_2-Konzentration (*rote Linie*) über die Zeit an der Messstation am Mona Loa auf Hawaii (© NOAA). Das „Pendeln" der Werte um den Mittelwert (*schwarze Linie*) dokumentiert das im Text der Süddeutschen Zeitung beschriebene „Ein- und Ausatmen" der Natur. © Dr. Pieter Tans, NOAA/ESRL (www.esrl.noaa.gov/gmd/ccgg/trends/) and Dr. Ralph Keeling, Scripps Institution of Oceanography (scrippsco2.ucsd.edu/)

Gut, die Keeling-Kurve bestätigt also in wissenschaftlich nachvollziehbarer Art und Weise, dass die CO_2- Konzentration in der Atmosphäre massiv ansteigt. So weit so schlecht – aber wie sind die Zahlen zu bewerten? Wie lange kann das noch so weiter gehen? An der Beantwortung derartiger Fragen arbeiten unter anderem die Forscher der Schweizer Arbeitsgruppe des Klimaphysikers Prof. Dr. Reto Knutti von der Eidgenössischen Technischen Hochschule (ETH) Zürich.

Um die globale Erwärmung auf 2 °C gegenüber der vorindustriellen Zeit zu beschränken, müsste nach den Berechnungen der Schweitzer die CO_2-Konzentration der Atmosphäre auf höchstens 450 ppm beschränkt bleiben (Zum Vergleich: Messungen der CO_2-Konzentration der in Eiskernen eingeschlossenen Luft ergaben, dass die CO_2-Konzentration der Atmosphäre in den letzten rund 800.000 Jahren nie größer als 300 ppm war).

Nach dieser Rechnung verblieben den Menschen also noch nicht einmal mehr 50 ppm, um das Zwei-Grad-Ziel noch zu erreichen. Eine abstrakte Zahl, die nur dann (be-)greifbar wird, wenn man sich vergegenwärtigt, dass sich die CO_2-Konzentration der Atmosphäre allein in der zweiten Hälfte des 20. Jahrhunderts um rund 76 ppm erhöhte.

Um das Zwei-Grad-Ziel überhaupt noch erreichen zu können, berechneten die Forscher der ETH Zürich einen „Fahrplan" für die nötige CO_2-Reduktion in der nahen Zukunft: Danach müssten die Emissionen weltweit bis 2050 um ca. 50 % und bis 2100 um ca. 80 % reduziert werden!

Ihr schneller Zugang zu weiteren Informationen:

▶   Furrer: Klimawandel? – Klimaschwindel!

▶   Hamburger Bildungsserver (Stand 12.2012)

- IPCC-Dokumentensammlung

- Keeling-Kurve

Und

- Neuer CO_2-Rekordwert

▸   Süddeutsche Zeitung zur Keeling-Kurve

▸   Zu den RCP-Szenarien des IPCC (aus der Dokumentensammlung des Deutschen Wetterdienstes)

▸   Turm der Winde

▸   Studie der Weltbank

▶   DIE ZEIT zu den Lobbyaktivitäten der Energiewirtschaft

Klimaservices 7

Soweit, so gut – mit den Klimamodellen haben sich die Klimaforscher also ein mächtiges Werkzeug geschaffen, mit dem sie – trotz aller Einschränkungen – in der Lage sind, auf der Basis wissenschaftlicher Informationen Projektionen für das Klima der Zukunft zu erstellen. Wie man sich gut vorstellen kann, ist es für die Verantwortlichen und Planer aller Ebenen, angefangen bei der Bundesregierung bis hin zum Leiter des Rettungsdienstes eines Landkreises, immens wichtig zu wissen, was im und durch den Klimawandel auf ihn zukommt bzw. zukommen kann.

Welche Auswirkungen hat der Klimawandel auf die nahe und die fernere Zukunft, unsere Umwelt, auf die Stadt, in der wir leben, und den Strand oder die Skipiste, die wir im Urlaub besuchen? Und was können wir angesichts der immer wieder scheiternden internationalen Klimakonferenzen tun, um die schon jetzt eingetretenen – oder bereits absehbaren – Folgen des sich verstärkenden Klimawandels doch noch abzuwenden oder in erträglichen Grenzen zu halten? Wie können wir uns also anpassen?

Und wieder Fragen über Fragen zu einer ungewissen – warmen – Zukunft. Antworten auf all diese Fragen versuchen die vielen Projekte zu geben, die derzeit in Deutschland unter der Überschrift „Anpassung (Adaption) an den Klimawandel" laufen. Wie wichtig derartige Untersuchungen bereits für heutige Planungen sind, wird einem schnell klar, wenn man sich vergegenwärtigt, dass die Sanierung einer Kanalisation oder der Ausbau eines Flughafens Auswirkungen auf die Region und das regionale Klima für einen langen Zeitraum haben. So wird beispielsweise für Neu- und Umbauten von Regen- und Abwasserleitungen mit einer durchschnittlichen „Lebensdauer" des Leitungsnetzes von rund 70 Jahren gerechnet.

Eine lange Zeitspanne, in der sich einige der Planungsgrundlagen, wie etwa die Menge des bei Starkregen oder in Trockenperioden anfallenden Regenwassers, massiv verändern werden. Und schon schließen sich ganz konkrete Fragen der Wasserversorger an: Wie viele Starkregenereignisse werden kommen, und wie viel Wasser werden sie bringen? Wie müssen die Abflüsse der Zukunft dimensioniert sein, damit im Falle eines Falles nicht ganze Stadtteile unter Wasser stehen?

R. Schacht, *Wann bekommen die Küstenbewohner denn nun nasse Füße?*,
DOI 10.1007/978-3-658-00327-2_7, © Springer Fachmedien Wiesbaden 2014

Gerade an scheinbar so nebensächlichen Fragestellungen, wie der nach der Dimensionierung der Stadtentwässerung, offenbart sich sehr plakativ das Problem der Planer: Ist der Rohrdurchmesser zu klein dimensioniert, fließt das Regenwasser bei starken Niederschlägen nicht ab, und im Zweifelsfall stehen ganze Stadtteile unter Wasser. Ist der Rohrdurchmesser zu groß, ist während der „Normal-" und „Trockenzeiten" die Fließgeschwindigkeit in den Röhren zu gering, und die vom Wasser mitgeführte Schwebfracht fällt aus. Was zunächst nicht besonders dramatisch erscheint, kann rasch zu einem Hygieneproblem werden, wenn sich in dem stagnierenden Wasserkörper Schwebfracht absetzt und Krankheitserreger, etwa aus Fäkalien, großmaßstäblich vermehren.

Macht schon dieses eine Beispiel deutlich, welche Probleme und Fragestellungen sich für die Infrastrukturanpassung des Städtebaus ergeben, so haben größere Bauprojekte nicht nur eine noch längere „Lebenszeit", sondern interagieren zum Teil sogar auch mit dem regionalen Klima und Wetter – und können sogar auch ungeahnte und -geplante Rückkopplungsprozesse auslösen. Klassische Beispiele für derartige Projekte sind etwa der Aus- oder Neubau eines Flughafens oder der Bau eines neuen Stadtteils. Die offensichtlichsten Auswirkungen derartiger Baumaßnahmen auf das Regionalklima sind sicherlich die Beeinflussung des regionalen Wasserhaushaltes durch großflächige Oberflächenversiegelung des Bodens und die thermische Beeinflussung während sogenannter Strahlungswetterlagen (Hochdruckwetterlagen mit geringer Bewölkung und höchstens schwachem Wind). Hinzu kommen die Einflüsse der regionalen Windsysteme durch Hochhäuser und Häuserzeilen. Doch dazu später mehr.

7.1   Klimaservices des Deutschen Wetterdienstes

Als der amtlichen Dienststelle zur Wetter- und Klimabeobachtung in Deutschland kommt dem Deutschen Wetterdienst (DWD) neben der Aufgabe der Sammlung, Aufarbeitung und Bereitstellung wissenschaftlicher Daten, auch bei der Frage nach möglichen Adaptionsmaßnahmen eine zentrale Rolle zu. Wo sonst wenn nicht hier können sich die Entscheidungsträger aus Politik und Wirtschaft kompetenten Rat von einer neutralen, behördlichen Stelle holen? Schließlich ist der DWD eine Anstalt des öffentlichen Rechts im Geschäftsbereich des Bundesministeriums für Verkehr, Bau und Stadtentwicklung.

Was die Beratungskompetenz des DWD angeht, können die Offenbacher auf eine rund 50-jährige Erfahrung zurückgreifen. Seit seiner Gründung gehören zu den Aufgaben des DWD die Beratung der Landwirtschaft, des Gesundheitswesens und der Städteplanung sowie auch das Normungswesen (etwa bei der Dimensionierung von Heizungsanlagen) und – natürlich – die Erstellung der täglichen Wettervorhersage. Hinzu kommt seine wichtige Funktion als nationales Warnzentrum (vgl. Abb. 4.8) – eine Aufgabe, die in Zeiten des fortschreitenden Klimawandels immer wichtiger wird.

Um dieser Aufgabe gerecht zu werden, erweiterte der DWD vor gut fünf Jahren seine Klima- und Umweltberatung um die Leistungen der Klimaservices des DWD (Climate

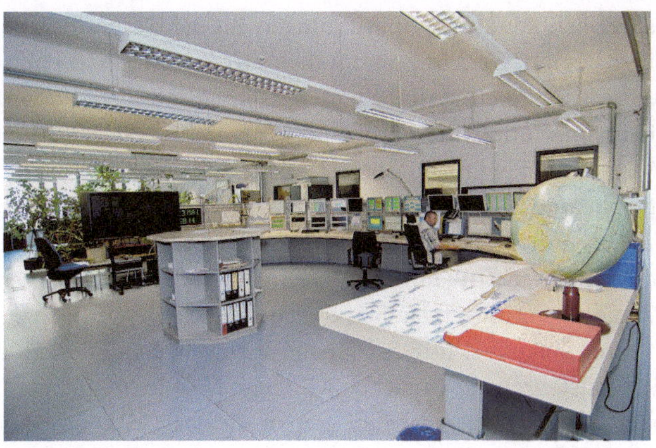

Abb. 7.1 Das nationale Warnzentrum des DWD in Offenbach (Foto: R. Schacht)

Services), die vom Meteorologen und Vizepräsidenten des DWD, Dr. Paul Becker, geleitet werden.

In den Climate Services versuchen die Wissenschaftler des DWD aus den bisherigen Erkenntnissen und Befunden aus Klimaprojektionsdaten und der Erforschung der Interaktionen der Komponenten des Klimasystems ein in sich geschlossenes Bild der Facetten des Klimawandels in Deutschland abzuleiten, um Politik und Planern geeignete Anpassungsvorschläge für die erwarteten Veränderungen zu unterbreiten. Und das so konkret wie nur irgend möglich: So nutzen die Offenbacher Meteorologen detaillierte kleinräumige Untersuchungen, um Empfehlungen für die Entscheider auf regionaler und lokaler Ebene geben zu können.

„Die jetzt schon beobachteten, realen Folgen der Erwärmung vor Augen, stehen die Entscheidungsträger in Politik und Wirtschaft zunehmend vor der Frage, was der Klimawandel für die Zukunft Deutschlands, eines Bundeslands, einer Region, Kommune oder Stadt bedeutet", sagt Becker. „Und da setzt die Beratungskompetenz der Klimaservices des Deutschen Wetterdienstes ein." Angefangen bei der Bundesregierung über die Bürgermeister einer Stadt oder Gemeinde, bis hin zum Leitungsgremium großer Firmen, beraten die Offenbacher Experten alle Entscheidungsträger und Planer im Land. „Einen zunehmenden Beratungsbedarf sehen wir derzeit bei den Stadtplanern", ergänzt der Pressesprecher des DWD, Gerhard Lux. „Dort werden die Weichen für eine lebenswerte Zukunft in unseren Städten gestellt."

Und der Beratungsbedarf ist genauso groß, wie die Unsicherheiten der Frager: Wie sieht die Zukunft Deutschlands und meiner Stadt im Klimawandel konkret aus? Steigt die Zahl schwerer Unwetter und Wirbelstürme – und wenn ja, in welchem Maß? Muss die regionale Landwirtschaft lernen, mit mehr Dürren oder mit mehr Regen umzugehen? Und wie steht es mit den Wintern? Kommen schneeärmere Winter auch auf die Wintersportregionen zu, und wie lassen sich die dann wegbrechenden Ströme von Wintersportlern substituieren?

Erscheinen derartige Fragekomplexe noch relativ „harmlos", so ändert sich das schnell, wenn man die Auswirkungen auf die Gesundheit der Bevölkerung betrachtet! Wie steht es mit den konkreten Auswirkungen auf die Gesundheit der Einwohner einer Stadt oder einer Region? Sind in Zukunft mehr Tote, etwa durch Hitze- oder Blitzschlag zu befürchten? Müssen die Katastrophenschutzorganisationen, Rettungsdienste und Krankenhäuser sich klima- und witterungsbedingt auf einen höheren Patientenandrang gefasst machen? Was ist mit den Organisationen, die technische Hilfe bei Unfällen und Brand- oder Katastrophenfall leisten? Reicht die Dimensionierung der Pumpen des Technischen Hilfswerks (THW) und der Feuerwehren aus, um mit den erwarteten Änderungen der Niederschlagsmengen zurechtzukommen, oder werden leistungsfähigeren Pumpen benötigt, um die in Zukunft zu erwartenden Starkregenereignisse bewältigen zu können?

Und – ganz wichtig für die norddeutschen Bundesländer – wie ist das eigentlich mit dem Küstenschutz? Brauchen wir angesichts des steigenden Meeresspiegels höhere Deiche oder reichen noch stärkere Pumpen für das THW, um Deichbrüche zu verhindern oder vollgelaufene Landstriche und Innenstädte wieder leer zu pumpen? Sind die Deiche hoch genug und ausreichend standfest, oder müssen in Zukunft mehr Sandsäcke vorgehalten werden?

Schon anhand dieser kleinen Fragensammlung wird schnell offensichtlich, dass sich an die derzeit laufenden Veränderungen, und die möglichen Anpassungen an sie, ein riesiger Haufen offener Fragen anschließt. Als Basis für Antworten nutzen die beteiligten Wissenschaftler des DWD die in den vorausgegangenen Kapiteln dargestellten Daten aus der Vergangenheit und versuchen sie in die Zukunft zu projizieren.

„Ein hochaktueller, aber weitgehend unbekannter Aspekt der Anpassung an den Klimawandel betrifft die Nutzung und den Einsatz regenerativer Energien im Rahmen der deutschen Energiewende", erläutert DWD-Pressesprecher Gerhard Lux. „So erhebt sich etwa die Frage, wie sich die regenerativen Energiequellen im Klimawandel verhalten, sich entwickeln und wie sie mit den veränderten Umweltbedingungen zurechtkommen. Gibt es – gerade auch regional – in Zukunft mehr und hefigere Stürme oder mehr windstille Tage. Ändern sich vielleicht sogar die regionalen Windsysteme? Zu welcher Jahres- und Tageszeit sollen die Energieerzeuger auf welche Ressource der erneuerbaren Energien zurückgreifen? – und so weiter."

Und schon türmt sich ein neuer Fragenberg allein im Zusammenhang mit der Energiewende auf. „Nun, der kräftigste Wind, der etwa die Windkraftanlagen antreibt, weht normalerweise im Herbst und im Frühjahr", erklärt Lux das Problem. „So liegt es nahe, dass in diesen Jahreszeiten primär die Windenergie genutzt wird und man etwa die Energie, die bei Ablassen des aufgestauten Wassers aus Talsperren gewonnen wird, für die Jahreszeiten aufspart, in denen weniger Wind weht. So würden einerseits Überkapazitäten vermieden und andererseits potenzielle Energieengpässe umgangen." Und was für die Jahreszeiten gilt, lässt sich auch auf die Tageszeiten übertragen: Da nachts keine Sonne scheint, liefern Solaranlagen keinen Strom – und als Ausweg könnte man nachts vorwiegend auf Wasserkraft setzen. „Diese scheinbar so offensichtlichen Probleme und Lösungen spielen in der momentan laufenden Debatte um die Energiewende eine wichtige Rolle", sagt Lux. „Wobei sich die Lösung der Fragen dadurch erheblich kompliziert, dass sich auch die Ressourcen selbst – wie etwa der Wind – im Klimawandel verändern."

Insgesamt sehen die Forscher des DWD für die Zukunft im Klimawandel eine geringere Niederschlagsmenge und einen Anstieg der Starkregenereignisse in Deutschland. Eine Situation, die erhebliche Konsequenzen etwa für den Katastrophen- und Bevölkerungsschutz hat! So müssen sich etwa die Stadtwerke, Rettungsdienste, Feuerwehren und das THW sowohl auf sehr trockene Perioden einstellen, in denen sie die Trinkwasserversorgung und die medizinische Versorgung der Bevölkerung zu gewährleisten haben. Andererseits müssen sie auf sintflutartige Niederschlags- und Hochwasserereignisse vorbereitet sein, um deren Folgen ausgleichen und im Zweifelsfall ganze Landstriche leerpumpen und Menschen aus überfluteten Siedlungen retten zu können. Bei solchen Überlegungen wird schnell klar, dass die Entscheider in den kommunalen Verwaltungen sowohl eine genaue Beschreibung des „Ist"-Zustandes als auch möglichst verlässliche Projektionen für eine zukunftssichere Regionalplanung benötigen.

Zu solchen Fragen kommen noch die, die mit der Gesundheit der Bevölkerung und dem Leben in den Metropolregionen im weitesten Sinn zu tun haben: Gibt es in Zukunft mehr Tropennächte, bei der viele Menschen unter der Hitze leiden? Wie kann man sich auf Hitzesommer vorbereiten und die Folgen mildern? Werden Sommer wie der von 2003, als in Mittel- und Westeuropa rund 35.000 Hitzetote zu beklagen waren, in Zukunft zum Normalfall?

Aber wie kann man sich solch großen Fragenkomplexen, die darüber hinaus mit so vielen Unwägbarkeiten besetzt sind, überhaupt nähern?

Ein erster Schritt ist die Erstellung und Bereitstellung einer ausreichend großen Datenbasis, die professionell gemanagt wird. Dieser wichtige Schritt ist im Stammhaus des DWD in Offenbach mit dem Climate Data Center, kurz CDC, realisiert worden. Auf dem Großrechner des DWD (vgl. Abb. 7.2) werden themenbezogen alle Klimadaten bereitgestellt und archiviert.

Auf Grundlage der CDC-Daten erstellte der DWD unter anderem bereits den *Deutschen Klimaatlas*, der auf regionaler Ebene die Entwicklung des Klimas in Deutschland zeigt. „Aufgrund des hohen Regionalisierungsgrades unser Aussagen sind wir gefragte Berater, wie etwa bei den Stadtplanern der Metropolregionen Deutschlands", sagt Lux.

Denn eines ist bei alles Diskussionen um die Folgen des Klimawandels und die Kontroversen um die zu umzusetzenden Maßnahmen sicher: „Verlässliche wissenschaftliche Informationen bilden die Grundlage für die Anpassung an den Klimawandel", sagt der Generalsekretär der Weltorganisation für Meteorologie, WMO, Michel Jarraud.

7.2   Regionale Adaptionspläne

7.2.1   Eine Metropolregion im Klimawandel: Frankfurt am Main

Ein konkretes Beispiel für Arbeiten der Klimaservices des DWD sind die Untersuchungen und Empfehlungen der Behörde in der – und für die – Metropolregion Frankfurt.

Abb. 7.2 Rechenzentrum des Deutschen Wetterdienstes in Offenbach (Foto: R. Schacht)

Metropolregion – ein häufig benutztes, aber meist nur vage definiertes Schlagwort, dass zusammenfassend vielleicht als großer Wirtschaftsraum beschreiben lässt, zu dem sowohl eine, oder mehrere, bedeutende Städte, als auch das ländliche Umland gehören. Das Bundesamt für Bauwesen und Raumordnung definiert für Deutschland insgesamt sieben Metropolregionen: Hamburg. Berlin/Brandenburg, Rhein/Ruhr, Halle/Leipzig-Sachsendreieck, Rhein/Main, Stuttgart und München.

Gut, aber was zeichnet eine Metropolregion konkret aus? Die beste Definition fand ich beim Institut für Ökonomische Bildung in Oldenburg:

Eine Metropolregion ist ein großer Wirtschaftsraum.
Sie umfasst eine oder mehrere bedeutende Städte und die ländlichen Gebiete um sie herum. Diese Region ist eng miteinander verflochten. Metropolregionen sind Motoren der gesellschaftlichen, wirtschaftlichen, sozialen und kulturellen Entwicklung (Quelle: Institut für Ökonomische Bildung in Oldenburg, http://www.ioeb.de).

Na, jetzt wird es langsam konkreter: Metropolregionen sind also durch eine oder mehrere große Städte sowie eine größere Anzahl Menschen gekennzeichnet, die in einer urbanen und industriell genutzten Region arbeiten und leben.

Dass die Urbanisierung mit einer umfangreichen, flächigen Bebauung einhergeht, liegt ebenso auf der Hand, wie die Tatsache, dass die Bebauung einen Einfluss auf das lokale Klima hat. Jeder kennt das – oft als „städtischen Mief" umschriebene – Klima großer Städte, das durch deutlich erhöhte Temperaturen und eine schlechtere Luftqualität gegenüber dem Umland charakterisiert ist. Neben der Bebauung sind offenbar auch eine erhöhte Luftverschmutzung, die industrielle Erwärmung sowie die Versiegelung des Bodens verantwortlich für die Ausbildung eines Stadtklimas. In der Klimatologie wurde daher der

Begriff des „urbanen Wärmeinseleffekts" (abgekürzt: UHI, für *Urban Heat Island*) einge-führt, der insbesondere die höhere Tagesdurchschnittstemperatur einer Stadt gegenüber dem Umland beschreibt.

Als ein führender Experte Deutschlands für das Stadtklima gilt der Klimatologe Prof. Dr. Wilhelm Kuttler von der Universität Duisburg-Essen. „Städtische Wärmeinseln sind auf verschiedene Ursachen zurückzuführen", erläutert Kuttler. „So fördern zum Beispiel die hohe Einwohnerzahl, die hohe Bebauungsdichte sowie eine starke Oberflächenversie-gelung und die Verdrängung verdunstungsaktiver Flächen die Bildung einer mächtigen Dunstglocke über der Stadt und die Ausbildung eines Temperaturunterschieds zwischen Stadt und Umland: Die Stadt wird zu einer urbanen Wärmeinsel."

Kuttler sieht die Metropolregionen der Erde als Bereiche, die sich durch die hohe Bevöl-kerungsdichte, Oberflächenversiegelung und -erwärmung sowie die hohe Luft- und Um-weltverschmutzung von ihrer Umgebung abheben und schreibt in einem Beitrag für das Journal *Environmental Sciences Europe* (Kuttler 2011): „(…) Der globale Klimawandel (…) wird vorrangig durch CO_2 und andere (…) Spurengase verursacht, wodurch die globa-le Mitteltemperatur weiterhin ansteigen soll. Die auch hierauf beruhende Beeinflussung der allgemeinen Zirkulation der Atmosphäre, die durch die Heterogenität der Erdober-fläche bedingte Regionalisierung des Klimas führen zu räumlich unterschiedlich starken Ausprägungen des vorhergesagten Temperaturanstiegs. Zu den Gebieten, die durch den Klimawandel in besonderem Maße betroffen sind, zählen die Metropolregionen der Erde. (…)"

Auch er sieht die Folgen des Klimawandels für die Metropolregionen und fordert:

> (…) Um den prognostizierten Wirkungen der Klimaänderungen in urbanen Gebieten be-
> gegnen zu können, sollten sich die Stadt und Umweltplanung dieser Probleme bereits zum
> gegenwärtigen Zeitpunkt annehmen.

Und genau das haben die Wissenschaftler des DWD getan und sich die Metropolregion Frankfurt am Main im Detail angesehen:

Die Region besitzt alle Kriterien für eine urbane Wärmeinsel, ist sie doch durch eine hohe Bebauungsdichte, Luftprobleme und die Versiegelung großer Flächen charakterisiert. „Frankfurts Stadtplaner und Behörden müssen sich schon heute darum kümmern, wie sich das Leben im Ballungsraum Frankfurt mit dem Klimawandel in den kommenden Jahren verändert", erläutert Becker. „Sollen heutige Planungen auch noch in 50 Jahren sinnvoll sein, müssen künftige klimatische Veränderungen und deren Auswirkungen auf die städ-tischen Lebensbereiche so detailliert wie möglich simuliert werden – gerade auch vor dem Hintergrund, dass wir mit einer Zunahme extremer Wetterereignisse rechnen."

Haben detaillierte Untersuchungen wie in Frankfurt bisher noch Modellcharakter, so sind sie aber auch bereits für weitere Ballungsräume und sogar einzelne Stadtteile von Ber-lin und Köln in Arbeit. „Wie wichtig unsere Untersuchungen sind, wird schnell klar, wenn man sich überlegt, dass mehr als die Hälfte der deutschen Bevölkerung in den Ballungs-räumen lebt", fügt Becker an und befürchtet: „Ohne die richtigen Anpassungsmaßnahmen wird die Lebensqualität in den Ballungsräumen massiv sinken."

Ok, aber was können die Stadtplaner konkret tun, um die Lebensqualität in den Ballungsräumen zu erhalten? Von besonderer Relevanz ist für den DWD die Zunahme der Temperaturen: „Die bisherigen Studien zeigen, dass der Klimawandel in unseren Städten sehr wahrscheinlich zu einer hohen Zunahme der Wärmebelastung führen wird", erklärt Becker. Er sieht die Zahl der Sommertage mit maximalen Lufttemperaturen von mindestens 25 °C ebenso ansteigen wie die Anzahl der Tropennächte, in denen die Lufttemperatur nicht unter 20 °C absinkt. Gerade in den Tropennächten können die Städte nicht mehr stark genug auskühlen, was oft zu Schlafbeschwerden und Gesundheitsstörungen bei den Einwohnern führt. „Ohne wirksame Anpassungsmaßnahmen würde sich die Lebensqualität der städtischen Bevölkerung deutlich verschlechtern, und die Gefahren für die Gesundheit vor allem älterer und kranker Menschen wüchse", befürchtet Becker. „Wollen wir auch in einigen Jahrzehnten noch in Städten mit einer hohen Lebensqualität wohnen, müssen wir uns jetzt darum kümmern, ein verträgliches Stadtklima zu schaffen und es auch zu erhalten."

Am Beispiel von Frankfurt am Main konnten die Experten des DWD zeigen, dass der Bebauung der Städte eine besonders hohe Relevanz zukommt. „Die Städte heizen sich durch die Wärmeabsorptions- und -speicherfähigkeit ihrer Bausubstanz, die geringe Durchlüftung und die siedlungsbedingte Wärmeproduktion wesentlich stärker auf als ihr Umland – und bilden urbane Wärmeinseln", erläutert Becker. Für Frankfurt prognostiziert der DWD deutlich mehr Sommertage als bisher: „Es wird bis 2050 im Jahresdurchschnitt fünf bis einunddreißig Tage mehr mit einer Mindesttemperatur von fünfundzwanzig Grad Celsius geben", sagt Becker. „Und auch die Anzahl der ‚heißen Tage' mit mindestens dreißig Grad Celsius und der Tropennächte wird deutlich zunehmen."

Bei der öffentlichen Vorstellung der Ergebnisse sah auch der Bundesminister für Verkehr, Bau und Stadtentwicklung, Dr. Peter Ramsauer, Handlungsbedarf für die künftige Entwicklung der Städte: „Der Klimawandel wird sich zunehmend auf das Bauwesen und die dazugehörige Infrastruktur auswirken", so Ramsauer. „Die Städte müssen sich deshalb frühzeitig auf klimatische Veränderungen vorbereiten und die nun vorliegenden Erkenntnisse nutzen. Frischluftschneisen sowie innerstädtische Grünflächen als Ausgleichs- und Entlastungsflächen werden immer wichtiger." (Quelle: Presseerklärung des DWD vom 21. Februar 2011)

Aber wie sind die DWD-Experten überhaupt an eine so komplexe Aufgabe herangegangen, und wie kann man eine Stadt fit für den Klimawandel machen – zumal für Veränderungen geplant werden muss, die erst in der Zukunft eintreten werden?

„Wer das Klima präzise beobachten und dessen mögliche Veränderungen wissenschaftlich analysieren will, benötigt zwei entscheidende Ressourcen", erläutert Becker. „Die Erste ist ein flächendeckendes meteorologisches Messnetz zur genauen Wetterbeobachtung. Die Zweite ist ein möglichst lang zurückreichendes Archiv von Klimadaten – sozusagen das klimatische Langzeitgedächtnis. Und über diese beiden Ressourcen verfügen allein große staatliche Wetterdienste wie der DWD."

So umfasste das Messnetz des DWD allein 2010 über 2000 haupt- und nebenamtliche Wetterwarten sowie Wetter- und Niederschlagsstationen, 17 Wetterradarstationen, neun Radiosonden-Stationen mit jährlich 7000 Wetterballon-Aufstiegen, Wetterdaten von 260 Flugzeugen der Lufthansa und die Wettermeldungen von über 800 Handelsschiffen, die mit Messinstrumenten des DWD ausgerüstet wurden. Hinzu kommen noch die Daten verschiedener Wettersatelliten, wie etwa des von EUMETSAT in Darmstadt betreuten Wettersatelliten *Meteosat* und *Metop*. (Über die historischen Klimadaten des DWD berichten die Abschn. 4.2 und 4.3)

Im konkreten Fall der Untersuchungen in Frankfurt ergänzten über das Stadtgebiet verteilte Messstationen wie auch mobile Messeinheiten die Datenbasis und führen zu einem entsprechend hohen Regionalisierungsgrad.

„Die Dichte der aufgenommenen Klimadaten wächst permanent mit der technischen Entwicklung. Dazu trägt die zunehmende Automatisierung der Messnetze ebenso bei wie die Etablierung moderner, flächendeckender Messverfahren mit Satelliten- und Radarsystemen", erklärt Becker. Hinzu kommt, dass der DWD über seine internationale Vernetzung Zugang zu den Klimameldungen und -archiven weltweit hat, die er in seinem Großrechner zusammenführt. Grob geschätzt enthalten die Archive des DWD derzeit etwa einhundert Milliarden Klimadaten sowie rund 250 Terabyte Satellitendaten. „Zu den bereits vorhandenen Daten kommen noch die täglich anfallenden Wetter- und Klimaprognosen aus den Computermodellen", ergänzt Becker.

Sämtliche Klimadaten von Deutschland sind im Nationalen Klimadatenzentrum (NKDZ) archiviert, das die Beobachtungsdaten aus dem Stationsmessnetz des DWD aufbereitet. Die lokalen Messwerte, etwa zur Untersuchung der Problematik des Klimas einer Metropolregionen, werden unter Berücksichtigung geographischer Gegebenheiten auf größere Flächengebiete umgerechnet und spannen ein Netz mit einem Kilometer Maschenweite über ganz Deutschland auf – „und geben für jeden Rasterpunkt die gewünschten Klimadaten an", fügt Becker an.

Ein Beispiel ist die konkrete Anwendung der Daten in Strahlungs- und Windkarten des DWD, die bereits jetzt für die Planung von Solar- oder Windenergieanlagen herangezogen werden.

7.2.2 Anpassungsstrategien im Norden: die Metropolregion Hamburg

Doch nicht nur der Deutsche Wetterdienst ist aktiv im Umgang mit den zu erwartenden regionalen Veränderungen durch den Klimawandel. So hat sich im Norden der Republik etwa das Projekt KLIMZUG-NORD formiert, in dem sich Experten aus Hochschulen, außeruniversitären Forschungseinrichtungen, Behörden, Unternehmen und Verwaltungsorganen gemeinsam mit den regionalen Herausforderungen und möglichen Anpassungsstrategien für die nördlichste Metropolregion befassen.

Zu den Zielen des Projekts ist auf seiner Internetseite zu lesen:

Der Schwerpunkt von KLIMZUG-NORD liegt auf der Entwicklung von Techniken und Methoden zur Minderung der Klimafolgen und der Anpassung von Gesellschaft und Ökonomie an die erhöhten Risiken durch den Klimawandel.

Der Klimawandel verstärkt künftig die schon bestehenden Spannungsfelder zwischen der wachsenden Metropole Hamburg und der sie umgebenden ländlichen Region sowie zwischen den Anforderungen einer dynamischen Wirtschaftsregion und den Erfordernissen des Naturschutzes. Entscheidend für das Gelingen der Anpassung an den Klimawandel ist die Einbindung aller wichtigen Handlungs- und Entscheidungsträger der Region in eine gemeinsame Anpassungsstrategie (…) (Quelle: http://klimzug-nord.de).

Das Projekt verfolgt eine Verbindung von naturwissenschaftlichem, ökonomischem und technologischem Fachwissen. Politische, administrative, wissenschaftliche und privatwirtschaftliche Akteure schließen sich zu einem Verbund zusammen, um den Dialog zwischen Wissenschaft, Wirtschaft und Politik mit dem Ziel zu verstärken, gemeinsam die Folgen des Klimawandels und konkrete Schwerpunkte des Handelns für die Metropolregion bis zum Zeithorizont 2050 aufzuzeigen.

Neben Hamburg umfasst die Metropolregion die an die Hansestadt angrenzenden Landkreise des nördlichen Niedersachsens und südöstlichen Schleswig-Holsteins mit ihren Städten sowie das Elbeästuar. Insgesamt leben in der Region über 4,3 Millionen Menschen, wovon rund 1,8 Millionen allein auf die Stadt Hamburg selbst entfallen.

Zum Klima der Metropolregion Hamburg

Auf der Suche nach Auskünften zum Klima der Region Hamburg wird man beim Hamburger Klimabericht (www.klimabericht-hamburg.de) fündig. Er stammt aus dem Jahr 2011 und wurde von den Instituten Klimacampus Hamburg, dem Norddeutschen Klimabüro und dem Helmholtz-Zentrum für Material- und Küstenforschung Geesthacht herausgegeben.

Von einer Bestandsaufnahme ausgehend, war es das Ziel der beteiligten Forscher, die bestehenden Wissenslücken zu schließen und konkrete Ideen zur Adaption an den Klimawandel für die nördlichste Metropolregion zu entwickeln. Herausgekommen ist eine umfassende Betrachtung einer landschaftlich äußerst vielfältigen Region mit den vielbefahrenen Schifffahrtsregionen der östlichen Deutschen Bucht, dem Elbeästuar und den vorwiegend ländlich geprägten Landkreisen um die Hansestadt herum.

Als Kurzversion könnte man zusammenfassen:

Bisher ist das Klima der Region durch die Lage zwischen den Deutschen Meeren, der Nord- und der Ostsee, gekennzeichnet. Typisch sind milde Winter, mäßig warme Sommer bei einem wechselhaften Wetter. Meteorologische Messreihen belegen einen Temperaturanstieg seit 1900 um etwa ein Grad Celsius – mit dem Trend, das sich die Winter insgesamt stärker erwärmt haben als die Sommer. Der Wärmeinseleffekt Hamburgs ist deutlich ausgeprägt und beträgt im Jahresmittel mehr als ein Grad Celsius.

Ästuar-Management am Beispiel der Elbe

Eine wichtige Herausforderung für jede Stadt, die in Reichweite des Meeres liegt, ist der steigende Meeresspiegel. Stellvertretend für alle anderen Städte der Welt, wie etwa London oder Bangkok, möchte ich am Beispiel der Metropolregion Hamburg zeigen, welche Probleme es im Zusammenspiel von Fluss/Natur und Mensch gibt und wie der Klimawandel das – ohnehin breite – Problemfeld beeinflusst.

In Hamburg wirken sich die Änderungen des Meeresspiegels in der Deutschen Bucht über die Elbe auch direkt auf den Hafen und das angrenzende Stadtgebiet aus. Wie verletzlich selbst eine relativ weit im Binnenland liegende Metropole ist, hat unter anderem die verheerende Sturmflut des Jahres 1962 gezeigt, bei der über 300 Menschen den Tod fanden.

Aber zurück zur heutigen Situation Hamburgs. Wie andere Metropolen liegt auch Hamburg an einem großen Fluss, der es mit dem Meer verbindet, wobei die Elbe Lebensader, Handelsweg und Bedrohung zugleich ist. Von besonderer Bedeutung für die alte Hansestadt ist der Hafen, der für die großen Containerschiffe nur über die Elbe erreichbar ist. Wie groß die Bedeutung des Hafens für die Metropolregion ist, fassen die beteiligten Wissenschaftler der Hamburg Port Authority (der Hamburger Hafenbehörde) und der Wasser- und Schifffahrtsdirektion Nord im sogenannten Tideelbekonzept zusammen:

> Der Hamburger Hafen ist als internationale Drehscheibe der größte Hafen Deutschlands und der zweitgrößte Europas. Gemeinsam mit den Elbeseehäfen Niedersachsens und Schleswig-Holsteins sind die Unterelbehäfen die größten Arbeitgeber Norddeutschlands und somit auch unverzichtbar für die wirtschaftliche Entwicklung Hamburgs, Schleswig-Holsteins und Niedersachsens (Quelle: www.tideelbe.de/files/strategiepapier_tideelbe_deu.pdf).

Hm, liest man derartige Formulierungen, wird einem schnell klar, dass es sich bei allen Diskussionen um den Umgang mit dem Hamburger Hafen und dem Elbe-Ästuar um den klassischen Interessenskonflikt zwischen Umweltschutz und Wirtschaft handeln muss – und dass bei allen Entscheidungen zur Adaption an den Klimawandel eine Abwägung der Interessen erfolgen muss: Einerseits ist die Elbe Lebens- und Transportader für die Stadt und ihre Wirtschaft, andererseits stellt sie mit ihren unterschiedlichen Wasserständen auch spezielle Anforderungen an die Stadt und ihre Infrastruktur.

Dass diese Anforderungen breiter sind als man zunächst annehmen mag, verdeutlicht ein Gespräch mit der Leiterin der Abteilung Tideelbe und Hydrologie von der Hamburg Port Authority, Dr. Nicole von Lieberman: „Der Hamburger Hafen ist nicht nur ein Anlaufpunkt für Schiffe aus aller Welt, sondern auch ein Platz, an dem die Sedimente und Schadstoffe aus dem Fluss und der Nordsee akkumulieren", sagt Liebermann. „Hinzu kommt, dass die teilweise erheblichen Strömungsgeschwindigkeiten des Flusses nicht nur große Mengen Sedimente und Giftstoffe – im oberen Bereich flussabwärts und im von der Tide beeinflussten Bereich sowohl flussab- als auch aufwärts – transportieren, sondern dass sich diese Sedimente und Giftstoffe auch im Bereich des Hafens ablagern."

Diesen Befund und die Anforderungen der Handelsschifffahrt vor Augen, wird klar, dass die Hafenbehörde immer auf der Suche nach einem Mittelweg sein muss, der einerseits den wirtschaftlichen Anforderungen nachkommt – und etwa die Fahrrinne für immer grö-

ßere Schiffe befahrbar hält –, und der andererseits Umweltgesichtspunkte berücksichtigt, um die erhöhten Schadstoffeinträge und deren Akkumulation im Hafenbecken in Grenzen zu halten. „Eine nicht ganz triviale Aufgabe", schmunzelt Liebermann. „Denn mit jeder Maßnahme, wie etwa der Vertiefung der Fahrrinne, lösen wir zwar das Problem, dass dann auch noch größere Schiffe mit noch größeren Tiefgang den Hamburger Hafen anlaufen können – schaffen damit andererseits aber auch neue Strömungs- und Sedimentverteilungsverhältnisse, die dann ihrerseits wieder ganz neue Probleme schaffen können."
Im Tideelbekonzept wird das Problem folgendermaßen zusammengefasst:

Wissenschaftliche Erkenntnisse und die Beobachtungen der Menschen vor Ort deuten jedoch darauf hin, dass die hydromorphologische Entwicklung dieser Lebensader in eine unerwünschte Richtung weist: Die Aktivitäten der Menschen sowie natürliche dynamische Prozesse haben dazu geführt, dass die Flut mit zunehmender Energie in das Elbeästuar vordringt. Gleichzeitig hat die Fähigkeit des Ästuars, diese Energie durch eine vielfältige Struktur in einem breiten, sich ständig verändernden für ungestörte Ästuare typischen Strombett abzupuffern, immer weiter abgenommen.

Und da haben wir wieder den Interessenskonflikt: Damit in der Zukunft auch immer größer werdende Schiffe den Hamburger Hafen anlaufen können, muss die Fahrrinne der Elbe weiter vertieft werden. Ein Unterfangen, das aber auch zu veränderten Strömungsgeschwindigkeiten des ausströmenden Fluss- und des einströmenden Nordseewassers führt. Das schneller fließende Wasser erodiert seinerseits das Flussbett und bewegt große Mengen Sedimente in der Fahrrinne und im Hafen hin und her. Was also tun – ausbaggern oder nicht? „Im Hafen Hamburg wurde immer zur Unterhaltung gebaggert", erklärt Liebermann. „Und dies wird auch weiterhin so bleiben. Der Kern der Frage ist also eher, wie sich die Baggermengen reduzieren lassen."
Na, da haben die Fachleute von der Hafenbehörde ja noch einiges an Arbeit vor sich.
Aber es gibt auch gute Meldungen: Was den Giftstoffeintrag in den Hamburger Hafen aus dem Hinterland angeht, sieht Liebermann über die Jahre eine deutliche Verbesserung: „Gelangten zu Zeiten des Ostblocks noch große Mengen ungeklärter Abwässer und Giftstoffe aus der Industrie und der Landwirtschaft in den Fluss, so hat sich die Wasserqualität der Elbe nach dem Wechsel des politischen Systems in den Osteuropäischen Ländern deutlich verbessert."
Was den Hochwasserschutz der Region angeht, haben die Planer und Behörden es auch bei der Elbe mit dem alten, menschengemachten Problem regulierter Flüsse und enger Bebauung in – ehemals natürlichen – Überflutungsregionen der Flüsse zu tun. Im Tideelbekonzept heißt es dazu:

Die Besiedlung der Wachstumsregion Unterelbe hat dazu geführt, dass heute eingedeichte Bereiche, die ursprünglich im ständigen Einfluss der Tide lagen, als Wohn- und Wirtschaftsraum genutzt werden. Die Nutzung von Wasserflächen als Arbeitsplatz spielt ebenso eine Rolle wie die Verwendung von Tidegewässern als Wohnfläche, so wird z. B. in Hamburg trotz aller damit verbundenen Sicherheitsrisiken diese Nutzung stark beworben.

Und da haben wir das Hauptproblem mit regulierten Flusslandschaften: Die Menschen siedeln in den Aueregionen der Flüsse oder betreiben dort Gewerbe oder Landwirtschaft und, – was Wunder – ärgern sich, wenn das von ihnen genutzte Areal bei Hochwasser unter Wasser steht. „Schön blöd", mag man denken, sind das doch nun wirklich hausgemachte Probleme. Richtig! Doch müssen die Behörden darauf reagieren:

> „Wie bei allen Nutzungen muss auch für die Besiedlung der Schutz der hier lebenden und wirtschaftenden Menschen im Vordergrund stehen. So ist der Hochwasserschutz zwar keine Funktion des Ästuars, bei der Planung aller Aktivitäten kommt ihm aber zweifelsohne eine prioritäre Rolle zu", heißt es dazu im Tideelbekonzept.

„Na klasse", mag man denken. Also muss die Allgemeinheit mal wieder die Probleme Einzelner ausbaden – und finanzieren –, die auf absolute Unüberlegtheit zurückgehen und vermeidbar gewesen wären! Doch stopp! So einfach ist das Ganze auch nicht, denn durch die Konzentration von Menschen und Industrie in einem Ballungsraum werden dort schlicht die Flächen knapp. Und was bleibt? Um überhaupt noch Bebauungs- und Gewerbeflächen erschließen zu können, werden dann irgendwann auch die ehemaligen Auebereiche der Flüsse zur Bebauung ausgeschrieben.

Angesichts solcher Themen kann man sich schnell in eine Diskussion um grundlegendes Planen und die Kurzsichtigkeit menschlichen Handels verlieren, die ich hier jetzt aber nicht führen will.

Auch die Autoren des Tideelbekonzepts sind sich der Problematik bewusst und analysieren die Situation folgendermaßen:

> Die morphologische Strukturvielfalt des Elbeästuars wird maßgeblich beeinflusst von der Tide und ist im natürlichen Zustand gekennzeichnet durch einen intensiven Feststofftransport verbunden mit einer ständigen Umformung von Gewässersohle und Vorland. Charakteristische Merkmale sind Stromspaltungen, Umlagerungen, wechselnde Gewässerbreiten, Kolke und Auflandungen in Form von Watten, Sänden und Inseln, Bildung von Nebenarmen und Uferabbrüchen. (…)
> Ursprünglich lagen entlang des Elbe-Hauptstromes weite unbesiedelte Vorländer, in denen die dynamischen Prozesse eines natürlichen Flusssystems anthropogen unbeeinflusst ablaufen konnten. Besonders während der Sturmfluten fanden dort umfangreiche Materialumlagerungen durch Erosion und Sedimentation statt. Es bildeten sich ständig neue Rinnen und Priele, die auch als Pionierstandorte für Flora und Fauna dienen. Auf Grund der periodischen Überflutungen entstanden verschiedene Süß- und Brackwasserzonen mit Anbindung an die Elbe. Die Naturlandschaft wurde jedoch bereits sehr früh (etwa seit dem 11. Jahrhundert) durch Ackerbau, Weidewirtschaft, Besiedlung, Deichbau und Wasserbau in eine Kulturlandschaft umgewandelt (vgl. Abb. 7.3).
> Hierbei kam es wiederholt zu grundlegenden strukturellen Veränderungen der Böden, sowie von Flora und Fauna der Überschwemmungsgebiete im gesamten Elbeästuar.

Das derartige Veränderungen auch massive Konsequenzen für den Hochwasserschutz haben, liegt auf der Hand. So heißt es im Strategiepapier Tideelbe weiter:

> Die natürliche Anpassung des Ästuars an den steigenden Meeresspiegel wurde seit der Besiedlung durch den Menschen mittels künstlicher, zunehmend technischer Bauwerke wie Deiche

Abb. 7.3 Die Skizzen zeigen die starken Veränderungen des ursprünglich dynamischen Elbeästuars durch menschliche Kulturtätigkeiten (Quelle: Strategiepapier Tideelbe)

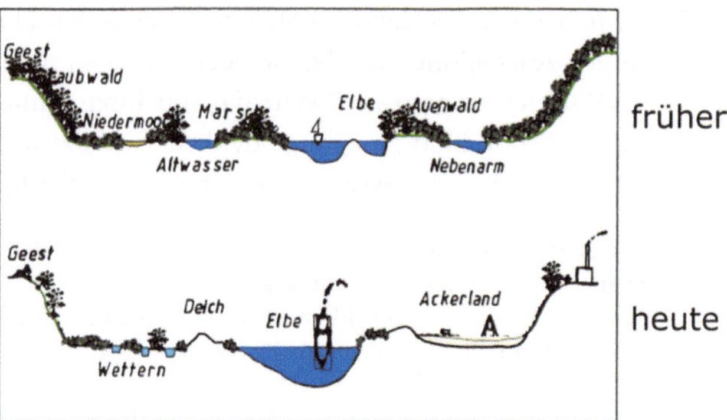

und Sperrwerke mehr und mehr behindert. Natürlicherweise wäre die Marsch aber durch Aufsedimentation auf der gesamten Elbtalbreite mitgewachsen.

Durch die Entwässerung des Deichhinterlandes mit den darauf folgenden Setzungen und der Abkopplung von der Sedimentation konnte die Geländeoberfläche im Hinterland nicht mehr den generell steigenden Wasserständen der Elbe folgen. Damit wurde eine Entwässerung des Deichhinterlandes immer aufwendiger. Von 1955 bis heute wurden auf diese Weise die Vordeichfläche und der Flutraum im Bereich der Tideelbe einschließlich Hamburgs um rund 209 km^2 verringert.

Darüber hinaus standen nach der Errichtung der Sperrwerke auch die Deichvorländer der Nebenflüsse nicht mehr ungehindert als Überflutungsraum zur Verfügung. Dieses bedeutete auch den Verlust weiterer ökologisch wertvoller tidebeeinflusster Vorland- und Flachwassergebiete. Auch wenn einzelne Maßnahmen die zur Einschnürung des Gewässerquerschnitts im Mündungsbereich beigetragen haben die einlaufenden Sturmtiden zu drosseln, weisen Siefert und Havnoe (1988) den Eindeichungsmaßnahmen in ihrer Gesamtheit einen Einfluss zu, der zu einer Erhöhung der Sturmflutscheitel in Hamburg von fast einem halben Meter geführt hat.

Na wunderbar, die Eindeichungsmaßnahmen in der Unterelbe haben also die Flutgefahr in Hamburg um fast einen halben Meter erhöht. Aber es geht noch weiter:

Die Gesamtheit dieser Änderungen führte dazu, dass die Tidewelle aufgrund verminderter Dämpfungseinflüsse (… immer …) weiter stromauf vordringen konnte. In der Elbe ist die Tidegrenze durch das Wehr Geesthacht fixiert. Die Reflexion der Tidewelle dort, wie auch Teilreflexionen im Hamburger Hafen, haben zu einer Erhöhung des Tidehubs beigetragen. Verdeutlicht wird dies durch die Verformung der Tidekurve, mit einem steil ansteigenden Flutast und einem flacher abfallenden Ebbeast.

Dieses geht einher mit einer Schwächung der Durchströmung von Flachwasserbereichen und Nebenelben, wodurch sich wiederum neue Verlandungseffekte einstellen.

Es ist davon auszugehen, dass bei diesem Prozess ein Wirkungskreislauf entsteht. Je mehr Bereiche im Tideraum verlanden, umso mehr Flutraum wird der Tidedynamik entzogen. Dies kann dazu führen, dass mehr Sediment durch die Flut stromauf transportiert werden kann und Verlandungstendenzen hierdurch verstärkt werden.

Neben den Veränderungen in der Tideelbe spielen aber auch Veränderungen im Mündungsbereich des Ästuars bei der Entwicklung der hydrologischen und morphologischen Verhältnisse eine Rolle. So sind in dem seit jeher von Erosion und Sedimentation geprägten dynamischem System in den letzten Jahren verstärkt Tendenzen zur Aufweitung des Mündungstrichters zu beobachten. Die Ursachen hierfür sind heute noch nicht abschließend geklärt. Durch die Aufweitung der Mündung kann mehr Tideenergie in das Ästuarsystem vordringen.

Hm, flapsig formuliert klingt das alles gar nicht gut, was die beteiligten Wissenschaftler zu den Folgen der menschlichen Veränderungen an der Elbe herausgefunden haben. Und dementsprechend fällt auch die Zusammenfassung des Berichts aus:

Insgesamt ist zu beobachten, dass die geänderten Randbedingungen eine Verlagerung der Sedimentationsprozesse weiter in das System hinein und damit in Richtung Hamburg bewirkt haben. Die Sedimentdynamik ist hierbei nicht nur von natürlichen geänderten Randbedingungen abhängig, sondern reagiert auch auf eine Vielzahl von menschlichen Handlungen.

Na, und wie geht das jetzt weiter, wenn die Folgen des Klimawandels das Ästuar beeinflussen? Mit der Beantwortung derartiger Fragen befasst sich das Projekt KLIWAS (www.kliwas.de). Das Akronym steht für Klima, Wasser, Schifffahrt, entsprechend den Schwerpunkten des Vorhabens, das die Auswirkungen des Klimawandels auf Wasserstraßen und Schifffahrt untersucht.

Aber auch die Hamburger Hafenbehörde war in Sachen Anpassungen an den Klimawandel aktiv. „Allein aufgrund ihrer Lage an der Schnittstelle zwischen Land und See sind Seehäfen vom Klimawandel besonders verwundbar", erläutert Dr. Nicole von Liebermann von der Hamburg Port Authority,. „Aber leider sind die Vorhersagen der Veränderungen des Meeresspiegels gerade auf der lokalen Ebene noch sehr unsicher."

Was also tun? „In einer ersten Studie zu den zu erwartenden Änderungen durch den Klimawandel wurden nicht nur Veränderungen der Temperatur und des Niederschlags in Betracht gezogen, sondern insbesondere Wert auf die Veränderungen des Meeresspiegels, des Tidenhubs und der zu erwartenden Veränderung der Windstärke und der Wellenhöhe gelegt", führt Liebermann aus. „Hinzu kommen die Auswirkungen sich verändernder Wellen- und Windstärken sowie Sturmflutereignisse auf die Infrastruktur des Hafens, wie etwa Kräne, Eisenbahntrassen, Straßen, Brücken und Kaimauern etc., deren Lage und technische Ausführung bei einem steigenden Meeresspiegel eventuell angepasst werden müssen."

Wie sehr sich alleine schon während der letzten zehn Jahre die Verhältnisse verändert haben, wird klar, wenn man sich den globalen Meeresspiegelanstieg (20 cm) und die Erhöhung der globalen Durchschnittstemperatur (0,75 °C) der letzten 100 Jahre anschaut (v. Storch und Claussen 2011). Hinzu kommt ein regionaler Meeresspiegelanstieg in der Nordsee von 25 bis 30 cm während der letzten 100 Jahre (Fickert und Strotmann 2010).

Dass der Meeresspiegel weiter ansteigt, kann als gesicherte Erkenntnis gelten, wobei sich nur noch die Frage erhebt, um wie viel – und noch genauer: Wie hoch steigt der Meeresspiegel in dem betrachteten Gebiet? „Da sind – wie bei allen Prognosen – die Unsicherheiten hoch", sagt Liebermann. Je kleinräumiger, also lokaler, die Betrachtungen werden, umso größer werden die Unsicherheiten. „Und eben diese Unsicherheiten müssen wir in unsere Überlegungen für erfolgreiche Anpassungsstrategien miteinbeziehen", sagt Liebermann. „Hinzu kommt die Entwicklung von Methoden, mit denen wir den Erfolg der Anpassungsstrategien bestimmen können." Als kritische Einflussfaktoren für den Betrieb im Hafen identifizierte die Hamburgerin die Änderung der Sedimentationsverhältnisse (im Hafen und im Elbeästuar), die Verlängerungen der als *down times* bezeichneten Be- und Entladezeiten von Seeschiffen sowie bauliche Maßnahmen, die den geänderten Anforderungen Rechnung tragen.

7.2.3 Kontrastprogramm: Leben mit dem Fluss

Quasi als Kontrastprogramm zu den in den Industriestaaten zumeist regulierten Flüssen wie der Elbe möchte ich im Folgenden meine Beobachtungen bei einer Journalistenreise mit der Naturschutzorganisation EURONATUR zu den kroatischen Save-Auen schildern. Hier praktiziert die weitgehend von Landwirtschaft und sanftem Tourismus und Landwirtschaft lebende Gesellschaft immer noch eine Weidewirtschaft, wie sie im Mittelalter auch bei uns praktiziert wurde.

Im Gebiet der Save-Auen findet sich eines der letzten noch weitgehend intakten Flussmittellauf- und Auegebiete Europas. So gut wie ungestört durch großräumige Flussbegradigungen und -befestigungen verändert die Save hier noch frei ihre Bahn und mäandriert durch die Ebene. Die weitläufigen Auwälder bilden einen idealen Lebensraum und Rastplatz für seltene Tierarten wie Kraniche, Moorenten, Wespenbussarde, Seidenreiher sowie Schwarzstörche und Seeadler. Die Menschen leben seit Jahrhunderten mit und von dem Fluss, und die periodisch auftretenden Überflutungen der Gegend gehören ebenso selbstverständlich zum Alltag wie die Jahreszeiten.

Im Gegensatz etwa zu Mitteleuropa haben die Menschen an der Save früh einen traditionellen Weg gefunden, sich dem Rhythmus aus Überschwemmung und Trockenheit anzupassen und mit den Veränderungen des Flussbetts zu leben. Das gilt für die Behausungen ebenso wie für die Art- und Weise des Ackerbaus und der Viehzucht. Man lebt mit dem Fluss und den natürlichen Überschwemmungen.

So sind etwa die typischen, althergebrachten Eichenholzhäuser so gebaut, dass das Erdgeschoss bis auf Klein- und Gartenmaterial (wie Schubkarren) leer ist und problemlos eine Überflutung übersteht. Der Wohnbereich befindet sich im ersten Stock und im Dachgeschoss. Steht bei Hochwasser das Erdgeschoss unter Wasser, nutzen die Bewohner aus dem ersten Obergeschoss ein Boot, um ihren Alltagsgeschäften nachzugehen. Verlagerte die Save ihr Bett in Richtung auf die Häuser zu, wurden die Holzhäuser einfach mit Ochsenkraft aus dem Gefahrenbereich herausgezogen oder abgebaut und ein paar Meter weiter erneut aufgestellt. Im Lauf der Jahrhunderte perfektionierten die Menschen die Auf- und Abbautechniken der Häuser so weit, dass sie keine Nägel oder ähnliches benutzten, sondern ein Stecksystem entwickelten, mit dem sich das Haus im Falle eines Falles schnell demontieren und montieren ließ.

Ähnliches gilt für den Ackerbau: Da Überschwemmungen nicht selten in die Erntezeit fielen und ganze Weizenernten vernichtet wurden, entschloss man sich, vorwiegend Mais anzubauen, dessen Kolben problemlos auch vom Boot aus geerntet werden können.

Auch die Viehzucht wurde an das Leben am Fluss angepasst und entspricht heute noch der Weidewirtschaft, wie sie auch in Mitteleuropa während des Mittelalters praktiziert wurde. Die Bauern treiben morgens ihre Kühe auf sogenannte Hutweiden (Hut von „hüten"), die dem gesamten Dorf gehören, und abends wieder zurück. Auf den riesigen Weideflächen bewegten sich die Tiere völlig frei und nutzten etwa den Wald als Unterstand und natürlichen Sonnenschutz. Auch die Hutweiden liegen im Überschwemmungsbereich der Save und werden periodisch überflutet. Um nach einer Überschwemmung die vom Flusswasser abgelagerte Schlammschicht aufzubrechen und die Weiden wieder für Grasfresser benutzbar zu machen, treiben die Dorfbewohner als erste Tiergruppe Schweine auf die Weiden, die auf der Suche nach Essbarem den Boden umgraben und den Boden für die Samen der Gräser bereiten, die später von den Kühen und Pferden genutzt werden können. Um die Tiere auf den riesigen Weideflächen zusammenzuhalten, nutzen die Bauern seit Jahrhunderten das natürliche Sozialverhalten der Tiere aus, die sich selbstständig als kleine Herden oder Gruppen organisieren und – man lese und staune – auf Zuruf des Hirten abends wieder in den Stall ziehen.

Doch auch dieses kleine Paradies ist bedroht. So will die Bevölkerung immer mehr in modernen, gemauerten Häusern wohnen, und Teerstraßen am Fluss fordern die Befestigung der Ufer der Save.

Eine Zerstörung des einmaligen Naturparadieses hätte die Umsetzung der Pläne der kroatischen Regierung zufolge, die die Save und die Donau mit der Adria verbinden will, um die Schifffahrt zu erleichtern. Allein die erste Ausbaustufe würde 80 Millionen Euro kosten – und das für nicht einmal 200 Schiffe im Jahr. Aus Sicht von EURONATUR und dem WWF, die an ähnlichen Projekten an den Flüssen Mur und Drau zusammenarbeiten, ein GAU für die Natur und eine gigantische Geldverschwendung. Hinzu kommt, dass sie nach geltendem EU-Recht auch noch illegal wäre (wenn Kroatien schon EU-Mitglied wäre), denn die geplanten Maßnahmen werden gegen die in der EU verbindlich geltende Wasserrahmenrichtlinie verstoßen. Würden die Maßnahmen trotzdem umgesetzt, müssten sie nach dem EU-Beitritt (der für Sommer 2013 geplant ist) großenteils wieder rückgebaut werden – was für eine Verschwendung von Steuergeld der EU-Bürger!

Dass sich das Modell des Lebens an den Save-Auen nicht etwa auf die industriell genutzte Elbregion übertragen lässt, liegt auf der Hand. Doch meine ich, dass es ein gutes Beispiel ist, wie man mit der Natur und nicht gegen sie leben kann. Außerdem denke ich, dass die hiesige Industriegesellschaft durchaus etwas von den kroatischen Bauern lernen kann: Lässt man die natürlichen Überflutungsgebiete (die Auen) unbebaut, hat man seinen Frieden mit dem Fluss und keine Überschwemmungsprobleme im Unterlauf mehr! Denn eines ist nach Auskunft der Umweltschützer und der Behörden sicher: Werden die Save und die anderen Flüsse der Region begradigt und eingedeicht, fallen auch die Überflutungsgebiete weg, und das Wasser kann ungehindert in die Regionen im Flussunterlauf

eindringen. Was so etwas gerade auch für große Städte bedeutet, ist spätestens seit der Elbe-
und Oderflut 2009 und dem Sommerhochwasser von 2013 bekannt.

7.3 Küstenschutz an der deutschen Nord- und Ostseeküste

Ein – allein schon von der Dimension her – ganz anderes Problem haben die für den Küstenschutz zuständigen Behörden Schleswig-Holsteins und Niedersachsens.

So liegt rund ein Viertel der Landoberfläche Schleswig-Holsteins nur wenige Meter über
dem mittleren Meeresspiegel (Normalnull). Insgesamt 3900 km^2 sind damit – gerade bei
Sturmereignissen, bei denen sich die Effekte von Sturm und steigendem Meeresspiegel
addieren – vom Meer bedroht und könnten bei extremen Sturmhochwassern überflutet
werden. (Quelle: Ministerium für Energiewende, Landwirtschaft, Umwelt und ländliche
Räume des Landes Schleswig-Holstein)

Um zu veranschaulichen, was das bedeutet, hier ein paar Zahlen des Ministeriums: „In
diesen Küstenniederungen wohnen etwa 354.000 Menschen und sind Sachwerte in Höhe
von 48 Milliarden Euro vorhanden.“

„Alle Achtung“, mag man denken, so viele Menschen und so viele Sachwerte, in einer
der eher dünn besiedelten Regionen Deutschlands. Und nun? Dass das Problem mit den
Sturmfluten an der Küste aus der Geschichte gut bekannt ist, vermittelt schon ein Sprich-
wort von der Westküste: „Wer nicht deichen will, muss weichen …“

Auch heute noch setzen die hier lebenden Menschen auf ein bewährtes Mittel, um die
latente, aber nichtsdestotrotz sehr schnell real werdende Gefahr einer Sturmflut zumindest
abzuschwächen und sich zu schützen: den Bau von Deichen.

So schreibt das Ministerium:

> Um Überschwemmungen zu verhindern, wird insbesondere in den Marschen an der West-
> küste seit fast 1000 Jahren mit dem Anfang des Deichbaus intensiv Küstenschutz betrieben.
> Durch diese Anstrengungen ist heute das schleswig-holsteinische Marschgebiet – wie fast die
> gesamte Festlandküste des Wattenmeeres – durch eine Deichlinie vor Hochwassern geschützt.
> Auch an der Ostküste von Schleswig-Holstein werden die größeren Niederungsgebiete, wie die
> Probstei, der Oldenburger Graben und die Niederungen auf Fehmarn, durch Deiche gesichert.
>
> Sozio-ökonomische Nutzungen wie Besiedlung, Landwirtschaft oder industrielle Pro-
> duktion in diesen Küstenniederungen wurden erst durch den Küstenschutz ermöglicht bzw.
> können langfristig nur unter der Voraussetzung eines funktionierenden Küstenschutzes statt-
> finden. Neben Hochwasserschutz wird seit etwa einem Jahrhundert Erosionsschutz, d. h. die
> Vermeidung bzw. Verringerung von Landverlusten durch Buhnenbau, Sandvorspülungen
> etc., praktiziert (Quelle: Generalplan Küstenschutz (2001). www.schleswig-holstein.de/…/
> vorl_Generalplan_Kuestenschutz__blob=publicationFile.pdf).

Ok, man hat also aus der Vergangenheit gelernt und betreibt aktiven Küstenschutz –
aber: Wird das für die Zukunft reichen?

Antworten auf derartige Fragen versuchen das Kieler Ministerium für Energiewende, Landwirtschaft, Umwelt und ländliche Räume des Landes Schleswig-Holstein sowie die entsprechende Behörde Niedersachsen zu finden.

Grundlagen ihrer Betrachtungen sind die Messdaten des DWD und der Pegel an Nord- und Ostsee – und die sprechen eine deutliche Sprache: Seit 1868 sind die Pegel um gut einen Meter angestiegen! Im Folgenden möchte ich exemplarisch die Entwicklung des Meeresspiegels in der Ostsee zeigen:

Alle Pegelmessungen an den deutschen Küsten zeigen die gleiche Tendenz! So auch an der Ostsee: Langzeitmessungen der Pegelstände der Ostsee dokumentieren eine Verdoppelung der Geschwindigkeit des Meeresspiegelanstiegs in den letzten 20 Jahren auf derzeit drei Millimeter pro Jahr. In den letzten Jahrzehnten war zwar eine Beschleunigung zu beobachten, allerdings lässt sie aktuell wieder nach.

„Unsere Beobachtungen bestätigen die Vorhersagen des vierten Sachstandsberichts des Weltklimarates", erläutert Prof. Dr. Reinhard Dietrich vom Institut für Planetare Geodäsie der Technischen Universität Dresden (TUD). Für die letzten 100 Jahre maßen die Sachsen einen Anstieg des Meeresspiegels der Ostsee von insgesamt 15 cm.

Bei ihren Untersuchungen beziehen sich die Dresdner Geowissenschaftler auf Messungen der Höhe des Meeresspiegels an über zwanzig verschiedenen Messpunkten (Pegeln) entlang der deutschen Ostseeküste. „Die Messwerte bilden eine bisher einmalige Reihe ozeanografischer Daten, die 150 Jahre in die Vergangenheit zurückreichen", erläutert Dietrich. „Das Besondere an unseren Daten ist, dass sie um die Bewegungen der Erdkruste korrigiert sind und konkrete Zahlen zur Veränderung des Meeresspiegels in der Ostsee liefern." Diese Korrekturen sind in der Ostsee von immenser Bedeutung, beziehen sie doch die Bewegungen der umgebenden Landmassen in die Messungen mit ein. Entgegen unserem alltäglichen Empfinden, dass der Erdboden stabil und unverrückbar ist, hebt und senkt er sich unmerklich im Rhythmus der Gezeiten unter unseren Füßen – in Mitteleuropa um rund 80 cm. Hinzu kommen regionale Hebungs- und Senkungsbewegungen, die auf großräumige geologische Prozesse zurückzuführen sind und über einen langen Zeitraum ablaufen.

Die für den Ostseeraum wichtigste großräumige Bewegung ist der seit Ende der letzten Eiszeit vor gut 10.000 Jahren anhaltende Aufstieg Skandinaviens (Glazio-Isostasie). Nach dem Abtauen der bis zu 3000 m dicken eiszeitlichen Inland-Eismassen hebt sich das Land nördlich einer Linie etwa parallel zur Mecklenburger Darß-Küste um bis zu zehn Millimeter pro Jahr. Forscher des Instituts für Ostseeforschung (IOW) in Warnemünde fanden heraus, dass sich – quasi im Gegenzug – der Küstenbereich Mecklenburg-Vorpommerns absenkt. Und das hat Folgen. „Mecklenburg-Vorpommern verliert durchschnittlich 40 cm Küste im Jahr", sagt der Geologe und emeritierte Leiter der meeresgeologischen Abteilung in Warnemünde Prof. Dr. Jan Harff vom IOW. Seit Jahren beschäftigt er sich mit der geologischen Geschichte der Ostsee und den Folgen des Klimawandels für die Region.

Wie also wird sich der Meeresspiegel der Ostsee entwickeln und wie der Mensch reagieren? „Auch wenn die Ostsee zum Weltmeer gehört, so nimmt sie schon allein aufgrund ihrer Anbindung an den Ozean eine Sonderrolle ein", sagt Harff. „Es kommt sehr darauf an, welches Gebiet der Ostsee wir betrachten." Gleicht die Hebung Skandinaviens den Pegelanstieg in der nördlichen Ostsee in etwa aus, so addieren sich die Senkungsbeträge in der südöstlichen Ostsee zum Meeresspiegelanstieg hinzu.

„Bei unseren Planungen für den Küstenschutz haben unsere Mitarbeiter die Problematik steigender Pegel in Zeiten des Klimawandels soweit möglich einbezogen", erläutert Frerk Jensen von der in Schleswig-Holstein für den Küstenschutz an Nord- und Ostsee zuständigen Behörde, dem Landesbetrieb für Küstenschutz, Nationalpark und Meeresschutz (LKN) in Husum. Die Landesbehörde steht in enger Verbindung mit den Forschungseinrichtungen des Landes und Bundes und beobachtet das Ansteigen der Fluten der Nord- und Ostsee genau. Die Küstenschutzpläne gelten für einen Zeitraum von jeweils zehn Jahren und schreiben die zu treffenden Maßnahmen fest.

Und was sind das für Maßnahmen?

Die Behörden setzen auf die bewährten Methoden der Deichverstärkung, des Regiebetriebs (der Unterhaltung der Küstenschutz-Anlagen) und Sandvorspülungen (am bekanntesten vor Sylt). Hinzu kommt die Instandhaltung und ggf. Anpassung von 140 konstruktiven Bauwerken im Küstenschutz, wie Sperrwerke, Häfen, Hallig- und Deichsiele.

Bei der Deichverstärkung und -erhöhung rechnet das für den Küstenschutz zuständige Ministerium für Energiewende, Landwirtschaft, Umwelt und ländliche Räume Schleswig-Holsteins einen sogenannten Klimazuschlag von einem halben Meter ein. „Hinzu kommt seit 2009 die sogenannte Baureserve (Abb. 7.4). Wenn ein Deich verstärkt werden muss, wird die Außenböschung flacher als bisher üblich und die Deichkrone breiter ausgestaltet. Dadurch ergibt sich schon heute eine noch höhere Klimareserve als durch den Klimazuschlag. Zugleich haben dadurch nachfolgende Generationen die Möglichkeit, dem Deich ohne zu großen Aufwand eine Kappe aufzusetzen, um somit nochmals einen Meter Meeresspiegelanstieg auszugleichen", erläutert der Gesamtverantwortliche für die Umsetzung von Küstenschutzmaßnahmen in Schleswig-Holstein, Ministerialdirigent Dietmar Wienholdt, und ergänzt: „Allein für Schleswig-Holstein ist nach dem neuen Generalplan Küstenschutz 2012 die Verstärkung von 93 der 433 km Landesschutzdeiche geplant." An der Westküste von Schleswig-Holstein existieren zudem noch etwa 550 km Mitteldeiche, die quasi als zweite Deichlinie (hinter den Landesschutzdeichen) eine doppelte Sicherheit für die dahinter lebenden Menschen bewirken und deshalb erhalten werden müssen.

Eine Besonderheit der deutschen Nordseeküste ist das Wattenmeer – ein sehr spezieller Naturbereich, der sich durch periodisches Trockenfallen und Überfluten sowie lokal hohe Strömungsgeschwindigkeiten des Tidewassers und eine hohe Artenvielfalt auszeichnet. Zu den vielen biologischen Besonderheiten des Areals kommen aber auch dessen geologische: So geben die aus der Deutschen Bucht einlaufenden Wellen einen Großteil ihrer Energie an den Boden ab und erodieren dabei Sediment und lagern es um. Von daher sind die großen Wattflächen ein wichtiger Wellenschutz für die Inseln, Halligen und die dahinter befindliche Festlandküste. Bei steigenden Pegeln verändert sich aber auch die Lage der Erosionsbasis der Wellen und damit auch die Umlagerungsbasis.

In Folge dieser Verschiebung erwarten die Behörden eine stärkere Verlagerung der existierenden Rinnen, eine starke Erosion der Seeseite der nordfriesischen Außensände, eine

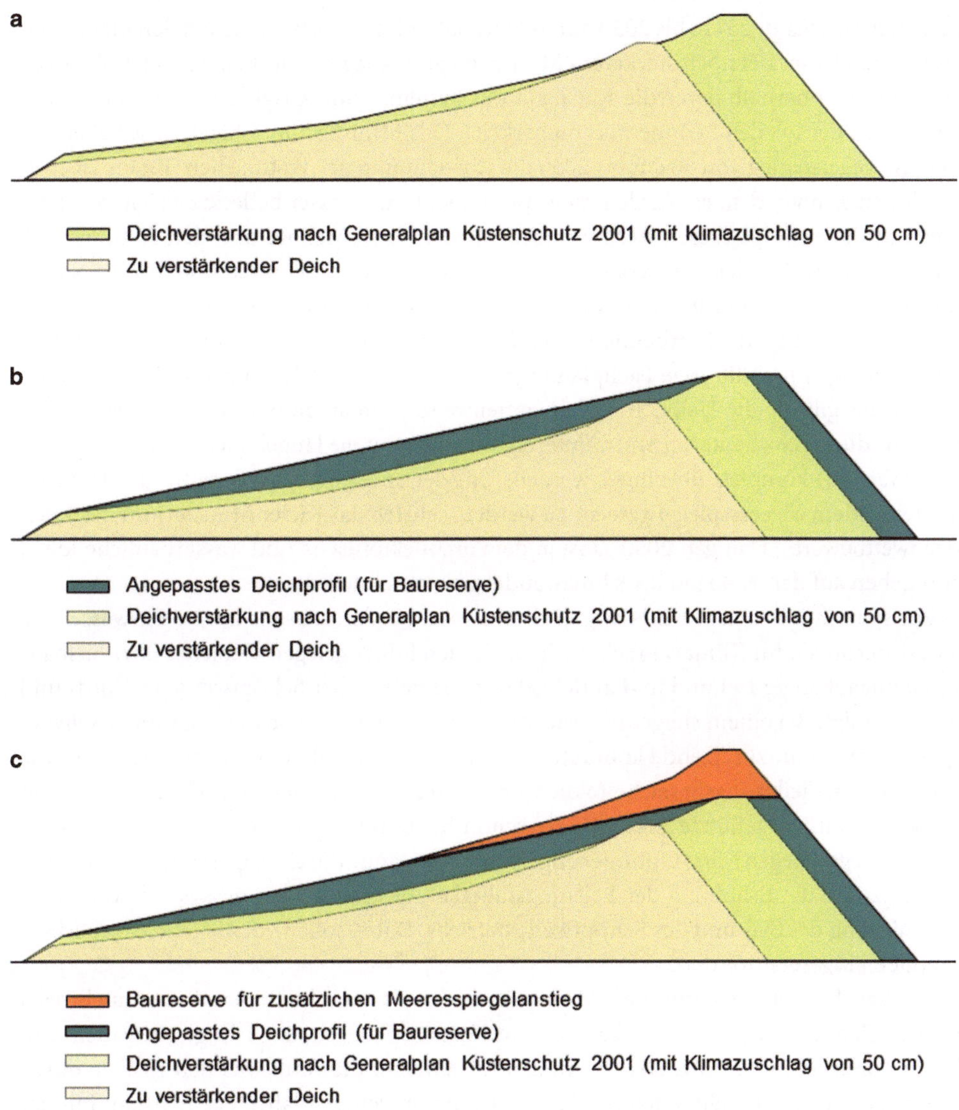

Abb. 7.4 Deichbau- und Verstärkungsmaßnahmen des Ministerium für Energiewende, Landwirtschaft, Umwelt und ländliche Räume des Landes Schleswig-Holstein (MELUR) nach dem Generalplan Küstenschutz 2011 (© Hofstede)

verstärkte Erosion in den tieferen Rinnen und eine starke Sedimentation auf den Wattflächen, den Sänden und Salzwiesen. Fasst man diese Erwartungen zusammen, so ergibt sich eine komplette Umgestaltung der Morphologie des heutigen Wattenmeeres!

Als Schlussfolgerungen aus den bisherigen Studien vermuten die Kieler, dass das Wattenmeer insgesamt einen hohen Widerstand gegen Änderungen hat und einen Meeresspiegelanstieg von bis zu 25 cm bis 2050 durch Materialumlagerungen zwischen den Elementen ausgleichen kann. Bei noch stärkerem Meeresspiegelanstieg existiert eine (gebietsabhängige) Schwelle, oberhalb derer die Kapazität des Systems zum Ausgleich erschöpft ist (abhängig von der lokalen Sedimentverfügbarkeit). Das Ministerium schätzt, dass bei einem Meeresspiegelanstieg von 50 cm bis 2050 die Ausdehnung der Wattflächen um bis zu 15 % abnehmen könnte, d. h. es würden mehr permanent mit Wasser bedeckte Flächen entstehen. Um die sich aus diesen Vermutungen für den Küstenschutz und den Nationalpark Wattenmeer ergebenden Konsequenzen besser einschätzen zu können und um für Naturschutz und Küstenschutz gemeinsame Erhaltungsziele und Handlungsoptionen abzuleiten, hat das Ministerium die Erarbeitung einer „Wattenmeerstrategie 2100" in Auftrag gegeben, die Grundlage für zukünftige Fachplanungen zum Erhalt des Wattenmeeres werden soll.

Gleiches gilt für die Halligen – kleinen, teilweise permanent bewohnten Inseln in der Nordsee, die bereits heute bei Sturmflutereignissen bis auf die Hügel mit den Wohnhäusern (den Warften) komplett überflutet werden. Um der speziellen Problematik der Halligen bei steigendem Meeresspiegel gerecht zu werden, schrieb das Kieler Ministerium 2012 den Ideenwettbewerb „Halligen 2050" aus, in dem architektonische und wasserbauliche Ideen zum Leben auf den Halligen im Klimawandel gesammelt wurden.

Ein spezielles Problem Schleswig-Holsteins und Niedersachsens ist die Entwässerung der Niederungen im Klimawandel, die heute in den höher gelegen Gebieten über Sielbauwerke tideabhängig frei und in den tief gelegen Gebieten über Schöpfwerke in Nord- und Ostsee erfolgt. Bei einem steigenden Meeresspiegel wird die Entwässerung immer schwieriger. Als zügig umzusetzende konkrete Gegenmaßnahmen plant das Ministerium für die sogenannten Niederungsbereiche (akut vom Meeresspiegelanstieg betroffene, weitgehend landwirtschaftlich genutzte Flächen, die schon heute nur wenig oberhalb des mittleren Meeresspiegels liegen) eine Optimierung der Wasserstände durch Anpassungen in der Flächennutzung, die Erhöhung der Leistungsfähigkeit des Entwässerungssystemssowie eine Optimierung des Siel-und des Schöpfwerksbetriebs. Dabei sollen vorwiegend erneuerbare Energien eingesetzt werden.

Zusätzlich zu den technischen Maßnahmen des Küstenschutzes sind aber auch nach wie vor Eigenvorsorge der Bevölkerung und Katastrophenschutz wichtige Aufgaben. Um das Bewusstsein in der Bevölkerung an den Küsten über die verbleibenden Risiken durch Sturmfluten wach zu halten, hat das Ministerium vor wenigen Jahren gemeinsam mit der Katastrophenschutzbehörde eine Postwurfsendung für die Bewohner der Niederungen erstellt und verteilt. Die Broschüre weist auf die Gefahren durch Sturmfluten hin, gibt Erläuterung zu staatlichen Vorsorgemaßnahmen und vermittelt Ratschläge zum richtigen Verhalten bei Sturmfluten. Hinzu kommen Karten der Gebiete mit potenzieller Sturmflutgefahr und Informationen zum Thema Klimawandel.

Eine umfassende Zusammenfassung zum Stand der Forschung und den erwarteten Veränderungen in Norddeutschland findet sich unter www.norddeutscher-klimaatlas.de.

7.4   Zivil- und Katastrophenschutz

Wie nicht anders zu erwarten, stellen die klimatischen Veränderungen auch neue Anforderungen an die Organisationen des Zivil- und Katastrophenschutzes. In Deutschland ist die nicht-polizeiliche Hilfe bei Notfällen und Katastrophen eine wichtige Säule der nationalen Sicherheitsarchitektur des Landes und wird zentral vom Bundesamt für Bevölkerungsschutz und Katastrophenhilfe (BBK) organisiert.

> Der Bevölkerungsschutz ist eine wesentliche Säule im Gesamtkonzept der nationalen Sicherheitsarchitektur der Bundesrepublik Deutschland. Er ist Teil der staatlichen Schutzpflicht bei der Sicherheit. Bund und Länder haben in Vorsorge- und Sicherstellungsgesetzen, im Zivilschutzgesetz, in den verschiedenen Brandschutz- und Katastrophenschutzgesetzen sowie in den Rettungsdienstgesetzen Einzelregelungen getroffen, die Bund, Länder und Gemeinden in einem gemeinsamen Hilfeleistungssystem zum Schutz der Bürger vereinen (Quelle: www.bbk.bund.de).

Neben den im medizinischen Bereich tätigen Organisationen, wie dem Arbeiter-Samariter-Bund, Deutsches Rotes Kreuz, Johanniter-Unfall-Hilfe und Malteser Hilfsdienst werden sich insbesondere die für die technische Hilfeleistung zuständigen Organisationen des Technischen Hilfswerks (THW) und der Feuerwehren auf eine geänderte Bedrohungslage einstellen müssen. Gehören Hilfeleistungen bei Deichbrüchen und Überflutungen nach Starkregenereignissen schon heute zu dem alltäglichen Aufgabenspektrum der technischen Hilfsleistungsorganisationen, so werden sie sich den neuen Erfordernissen – wie etwa einem höheren Meeres- und Flussspiegel und häufigeren Extremwetterereignissen – auch apparativ anpassen müssen.

Um den neuen Gefahren begegnen zu können, haben sich auf Seiten des Bundes das Bundesamt für Bevölkerungsschutz und Katastrophenhilfe (BBK), das Bundesinstitut für Bau-, Stadt- und Raumforschung (BBSR), der Deutsche Wetterdienst (DWD), die Bundesanstalt Technisches Hilfswerk (THW) und das Umweltbundesamt (UBA) in der „Strategischen Behördenallianz Anpassung an den Klimawandel" zusammengefunden.

In einer Presseerklärung des BBK vom 30. Oktober 2012 lässt die Behördenallianz keinen Zweifel daran, dass sie sich der neuen Gefahren bewusst ist, und leitet entsprechende Forderungen ab:

- Deutschland muss sich auf Wetterextreme vorbereiten
- Die Warnung der Bevölkerung und die Selbsthilfefähigkeit muss verbessert werden
- Die Städte müssen sich gegen Hitze wappnen
- Extremwetterereignisse erfordern immer wieder den Einsatz von Helferinnen und Helfern im Bereich des gesamten Bevölkerungsschutzes
- Über Klimarisiken muss intensiv informiert werden

Na dann viel Erfolg!

7.5 Geo- und Climate-Engineering als mögliche Lösungen des CO_2-Problems?

Im Zuge der Debatte um den Klimawandel wurde in den letzten Jahren auch viel über sogenannte Geo- und Climate-Engineering-Ideen und -Projekte berichtet. Leider wurden – und werden – auch hier medial sehr zugespitzt und zu schnell ebenso vermeintlich frohe Botschaften wie auch Horrormeldungen in die Welt posaunt, die der Ernsthaftigkeit der Debatte alles anderes als dienlich sind. Schade!

Aber gut, Geo- und Climate Engineering – was soll man sich darunter überhaupt vorstellen? Bei beiden Ansätzen wird versucht, mit technischen Mitteln das Klima einer Region oder auch des Planeten zu beeinflussen, um die Auswirkungen des Klimawandels zu minimieren – oder den Klimawandel wieder rückgängig zu machen. Was auf den ersten Blick gut klingt, birgt auf den zweiten Blick aber auch eine Menge neuer Gefahren und Fragen, denn selbst wenn die angedachten Maßnahmen funktionieren, wer entscheidet dann, wie weit etwa der Klimawandel „zurückgedreht" werden soll, und wer sagt schließlich wann es genug ist?

Hinzu kommt bei derartigen Überlegungen natürlich auch die Frage, ob die Akteure in Forschung, Gesellschaft und Politik wirklich wissen, worauf sie sich mit derartigen Maßnahmen einlassen – das heißt, ob man wirklich weiß, was man da unternimmt, und ob die Folgen derartiger Eingriffe in das Klimasystem absehbar, kontrollierbar und im Zweifelsfall auch revidierbar sind.

Aber wie auch immer – in einigen Regionen, wie etwa im trockenen westafrikanischen Mali, nutzen die Behörden schon seit Jahren die Methode des künstlichen „Regenmachens". Zeigt sich eine Wolke am Himmel, steigt ein Flugzeug auf, fliegt in die Wolke und versprüht feingemahlene Salzkristalle. Die Idee dahinter ist die, dass man die Salzkristalle als Kondensationskeime nutzt, an denen der Wasserdampf kondensiert und dann abregnet. Die Methode ist nicht neu und wird in verschiedenen Ländern der Erde mit einigem Erfolg eingesetzt. Den behördlichen Angaben zufolge konnten die Regenflieger Malis die Niederschlagsmenge um durchschnittlich zehn bis fünfzehn Prozent steigern. Immerhin, mag man denken, das ist doch schon ein Ansatz. Leider sieht man hinter diesen Erfolgszahlen nicht, was der Einsatz der Flugzeuge allein an laufenden Unterhaltskosten verschlingt. Unsummen für eines der ärmsten Länder der Erde.

Projekte von ganz anderen Ausmaßen sind die Ideen zum Climate Engineering, die sich manchmal ziemlich futuristisch anhören. So liest man etwa von künstlichen Sonnenschirmen im Erdorbit, die die Sonneneinstrahlung abmildern, oder von künstlichen Bäumen, die der Atmosphäre CO_2 entziehen. Eine recht gut gelungene grafische Zusammenfassung der momentan angedachten Lösungen – oder besser Maßnahmen – zeigt Abb. 7.5.

Man mag die Ideen im Einzelnen belächeln, aber sie zeigen alle eindeutig: Die Debatte läuft, und die Forscher und Ingenieure suchen aktiv und intensiv nach Lösungen, um den Klimawandel „zurückzudrehen". Bemerkenswert ist, dass offenbar keine Idee zu verrückt, unkonventionell, versponnen und futuristisch erscheint, als dass sie nicht zumindest ernsthaft durchdacht würde.

Climate Engineering

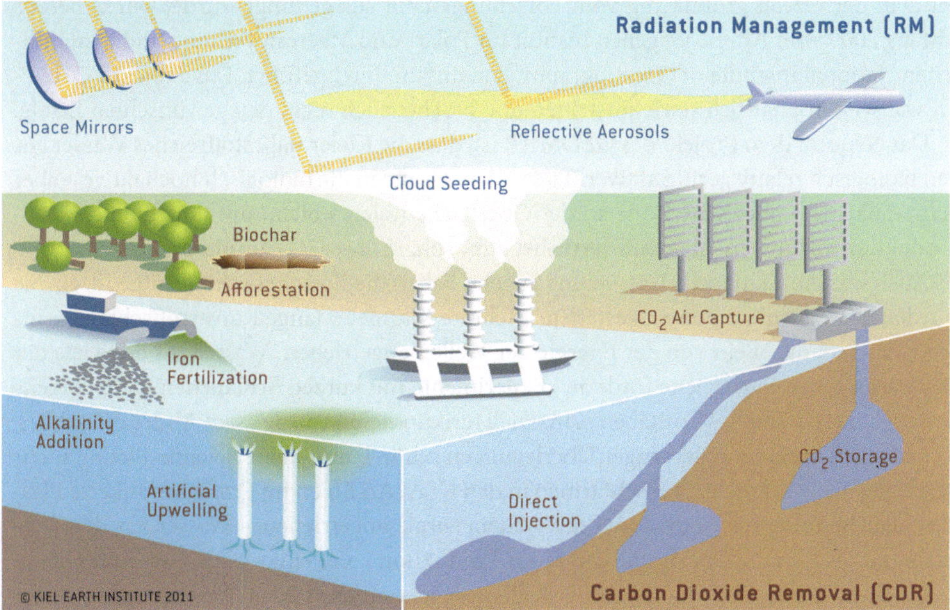

Abb. 7.5 zeigt eine Übersicht über die angedachten Maßnahmen des Climate-Engineering (© Kiel Earth Institute)

Ohne jetzt alle möglichen Projekte und Ideen aufzählen zu wollen, möchte ich im Folgenden exemplarisch ein Projekt vorstellen, mit dem der Atmosphäre CO_2 wieder entzogen werden könnte. Wichtig ist mir dabei, dass neben der Idee und ihrer möglichen Umsetzung deutlich wird, welche immensen neuen Risiken in der möglichen Umsetzung solcher Projekte liegen.

Am Kieler GEOMAR denkt der Ozeanograph und Leiter der Abteilung Biogeochemische Modellierung, Prof. Dr. Andreas Oschlies, darüber nach, wie man mithilfe künstlich erzeugter Planktonblüten die Ozeane bewegen könnte, noch mehr CO_2 als schon bisher aufzunehmen, und es dann schließlich auf den Meeresboden zu deponieren. In Abb. 7.5 wird diese Maßnahme als „artifical upwelling" dargestellt.

Die Idee, die marinen Mikroorganismen als „CO_2-Fresser" einzusetzen, geht auf eine Beobachtung in ozeanischen Auftriebsgebieten zurück. Hier gelangt an Nähr- und Sauerstoff reiches Wasser aus der Tiefe der Ozeane an die Meeresoberfläche, wo es ein vermehrtes Planktonwachstum auslöst, bei dem der dem Wasser und der Atmosphäre CO_2 entzogen wird. Nach dem Absterben der Organismen nehmen sie das in ihrer Biomasse gebundene CO_2 mit in die Tiefe und lagern es am Meeresboden ab. Was liegt also näher, als über ein künstlich erhöhtes Nährstoffangebot Planktonblüten anzuregen und so CO_2 in den Meeressedimenten zu deponieren?

Die Idee für solche Maßnahmen ist nicht neu und ein erstes wissenschaftliches Projekt, bei dem der Ozean großflächig vom Forschungsschiff aus gedüngt wurde, wurde bereits Anfang 2009 vom Alfred-Wegener-Institut für Polar- und Meeresforschung und dem indischen National Institute of Oceanography gemeinsam durchgeführt. Das Projekt LOHAFEX war wissenschaftlich stark umstritten und brachte auch nicht den gewünschten Erfolg.

Das Neue an dem Projekt des GEOMAR ist, dass die Kieler nährstoffreiches Wasser aus den biologisch relativ gering aktiven Tiefen der Ozeane in die biologisch hochaktive – aber nährstoffarme – photische Zone an der Oberfläche holen wollen, um dort die Planktonproduktion anzuregen, die dann vermehrt atmosphärisches CO_2 aufnimmt.

Auch was die technische Umsetzung angeht, haben die Forscher schon einige Ideen: Sie würden mit Venenklappen ausgestattete, mehrere Kilometer lange Kunststoffschläuche ins Meer hängen, die allein von der Energie der Wellen angetrieben, Wasser aus der Tiefe der Ozeane an deren Oberfläche fördern. „Experimente mit kurzen Schläuchen haben bereits bestätigt, das ein solches Vorhaben prinzipiell funktionieren würde", sagt Andreas Oschlies.

Dass die Umsetzung derartiger Überlegungen schon längst keine Science-Fiction mehr ist, zeigen auch Versuche in Fischfarmen in den USA. An Bojen im Ozean verankerte Plastikschläuche pumpen – nur durch die Wellenenergie angetrieben – Wasser aus der Tiefe nach und nach an die Oberfläche, wo es zur Produktion von Plankton als Fischfutter dient.

Doch – wie so vieles – hat natürlich auch diese Idee einen Haken, denn im Tiefenwasser der Ozeane sind nicht nur Nährstoffe enthalten, sondern ist auch CO_2 gelöst, das bei einer Veränderung des Umgebungsdrucks und der Umgebungstemperatur auch wieder aus dem Wasser in die Atmosphäre entweichen könnte. Ist die Idee mit der Umleitung des Tiefenwassers also alles in allem ein Irrweg, der anstelle einer Verbesserung der CO_2-Situation sogar noch eine Verschlechterung mit sich bringen kann?

Mitnichten: „Wir haben das Prozedere in einem Klimamodell getestet und nachgeschaut, ob überhaupt und – wenn ja – wo es Meeresgebiete gibt, in denen eine Nährstoffgetriebene Produktion an der Oberfläche tatsächlich eine Netto-CO_2-Aufnahme verursachen könnte – und sind in einigen Gebieten, im Pazifik und im südlichen Ozean auch fündig geworden", erläutert Oschlies.

Dass die Umsetzung derartiger Projekte eine Menge unkalkulierbarer Risiken birgt, liegt auf der Hand. Außerdem bedarf es internationaler Abkommen, die regeln, wann und wo derartige Maßnahmen gestartet werden dürfen und wo nicht. Hinzu kommt der Regelungsbedarf jeder einzelnen Maßnahme. So müsste beispielsweise klar definiert werden, ab welcher CO_2-Konzentration in der Atmosphäre die Maßnahme zu starten wäre und ab welcher CO_2-Konzentration sie wieder gestoppt werden müsste.

Führt man sich alleine diese wenigen Ungewissheiten vor Augen, wird schnell klar, dass sich hier ein ganzer Berg neuer Fragen aufbaut, auf den es noch nicht einmal ansatzweise erste Antworten gibt.

Einen weiteren und überaus wichtigen Aspekt von Climate-Engineering-Maßnahmen bringt Prof. Dr. Martin Visbeck ins Gespräch: „Was die Auswirkungen derartiger Maßnahmen auf das regionale Klima angeht, können wir derzeit nur spekulieren – und es besteht natürlich auch die Möglichkeit, dass sich ungewollte und unvorhergesehene Effekte etwa auch in Nachbarregionen einer laufenden Maßnahme einstellen. Wer dann sowohl wegen möglicher Schadenersatzzahlungen als auch wegen anderer, völkerrechtlich relevanter Fragen haftet, ist noch völlig offen."

Was die generelle Realisierbarkeit von Climate-Engineering-Projekten angeht, ist Oschlies jedoch optimistisch: „Ich denke, dass es nur eine Frage des ‚Leidensdrucks' durch die Veränderungen des Klimawandels ist, bis Climate-Engineering-Maßnahmen auch auf breiter Ebene akzeptiert und durchgeführt werden. Dass dann – etwa auf UN-Ebene – auch ein rechtlicher Rahmen sowohl für die Einsatzkriterien als auch für etwaige Schadensersatzklagen geschaffen werden muss, liegt auf der Hand."

> **Übersicht**
>
> Zusammenfassend zu den oben dargestellten Maßnahmen und Überlegungen bleibt zu bemerken, dass das Problem des Klimawandels und die daraus resultierenden Gefahren bei den Behörden „angekommen" sind. Man weiß recht genau um die konkreten und potenziellen Probleme und versucht bereits im Vorfeld mit konkreten Maßnahmen gegenzusteuern bzw. sich vorzubereiten. Das Hauptproblem, mit dem alle involvierten Behörden, Dienststellen und Forschungseinrichtungen kämpfen, ist die Genauigkeit der Vorhersagbarkeit der zu erwartenden Veränderungen durch den Klimawandel. Und was die Vorhersagbarkeit von Veränderungen angeht, zeigt sich derzeit allerorten, dass die in den Projektionen getroffenen Annahmen von der Geschwindigkeit des Klimawandels – in negativer Sicht – übertroffen werden.

Ihr schneller Zugang zu weiteren Informationen:

▸   Deutscher Wetterdienst – Klimaatlas

▶　**Deutscher Wetterdienst – Pressemitteilung**

▶　**KLIMZUG-NORD**

▶　**Schleswig-Holstein – Ideenwettbewerb „Halli 2050"**

▶　**Alfred-Wegener-Institut**

- GEOPHYSICAL RESEARCH LETTERS

- CLIMATE ENGINEERING

- KIEL EARTH INSTITUTE

- Deutsches Klimaportal

Nun gut, bis hierher haben wir alle möglichen und unmöglichen Methoden zur Erhebung geschichtlicher Daten sowie der Modellierung des Klimas und der regionalen Anpassung an die Folgen des Klimawandels kennengelernt. Und wie geht das jetzt weiter – und noch viel spannender: Wie geht die Menschheit mit den Gefahren um?

8.1 Zum Umgang mit Gefahren

Also, wann bekommen die Küstenbewohner denn nun wirklich nasse Füße?

Was sich zunächst nach einer Frage für die Glaskugel der Wahrsager anhört, ist in der Welt des Klimawandels zu einem wichtigen Angelegenheit geworden – nicht nur für die Küstenbewohner. Denn eines ist gewiss: Allein schon aufgrund der Trägheit des Klimasystems (Abschn. 5.2) und der langen Verweildauer etwa des CO_2 werden die Temperaturen und die Pegel der Meere weiter steigen, selbst wenn man sofort jeden weiteren Ausstoß verhindern würde. Wie also umgehen mit den Gefahren? Das Problem frei nach dem Motto „Mich wird es schon nicht betreffen" oder „Ach was, das wird alles gar nicht so schlimm" abzutun, wäre ein fatalistisches Aussitzen einer überaus realen Bedrohung – und absolut fahrlässig unseren Kindern und Kindeskindern gegenüber.

Was liegt näher, als einmal zu schauen, wie – potenziell und bereits konkret – Betroffene mit der Bedrohung umgehen.

Eines der Institute, das sich in Deutschland mit Fragen zur Wahrnehmung der laufenden Veränderungen des Klimas für die Bewohner – auch gerade der Küsten – beschäftigt, ist das Leibniz-Institut für Regionalentwicklung und Strukturplanung (IRS) im brandenburgischen Erkner.

Das IRS betreibt sozialwissenschaftliche Raumforschung, arbeitet also im Schnittbereich von Raum- und Sozialwissenschaften. Im Mittelpunkt der Forschungen der Brandenburger steht die Entwicklung von Städten und Regionen – auch mit Blick auf den Klimawandel und den damit verbundenen Herausforderungen. Unter der Überschrift „Kli-

R. Schacht, *Wann bekommen die Küstenbewohner denn nun nasse Füße?*,
DOI 10.1007/978-3-658-00327-2_8, © Springer Fachmedien Wiesbaden 2014

mawandel koordinieren: Herausforderungen und Handlungsoptionen" ist auf der Internetseite des Instituts (www.irs-net.de) nachzulesen:

> (… Die …) Folgen globaler Erwärmung – wie z. B. der Anstieg des Meeresspiegels, steigende Flusspegel oder die Zunahme von Extremwetterlagen – stellen gesellschaftliche und politische Akteure vor zentrale Herausforderungen.
>
> Die Entwicklung von Lösungsansätzen erweist sich insofern als kompliziert, als die Vorhersage genauer Folgen mit Unsicherheit behaftet ist. Da Klimafolgen zumeist langfristig erwartbar sind, stehen sie den eher kurzfristig orientierten politischen Handlungszyklen entgegen.
>
> Fest steht, dass Klimaschutz und Klimafolgen über spezifische lokale, regionale und staatliche Ebenen hinausgehen und unterschiedliche gesellschaftliche und politische Teilbereiche einschließen. Für ein gemeinsames strategisches Handeln sind daher Koordinationsprozesse zwischen den Akteuren aus Politik, Verwaltung, Wirtschaft, Wissenschaft und gesellschaftlichen Gruppen, unterschiedlichen Ministerien und nicht zuletzt zwischen verschiedenen räumlichen Ebenen notwendig.

Einer der Forschungsschwerpunkte am IRS ist die Frage, wie Klimarisiken, zum Beispiel das Ansteigen des Meeresspiegels, in verschiedenen Regionen wahrgenommen und verarbeitet werden. In einer Presserklärung des Instituts vom 1. Oktober 2012 sind die Ergebnisse einer Umfrage zur „gefühlten" Bedrohungslage durch den steigenden Meeresspiegel am Beispiel von Lübeck und Rostock auf den Punkt gebracht:

> Die Städte Rostock und Lübeck trennen nur rund 100 km und ihre naturräumliche Lage an der Ostseeküste ist nahezu identisch. Vergleichbar müssten daher auch die Einschätzung der Gefahren durch den Klimawandel und die daraus abgeleiteten Maßnahmen sein. Weit gefehlt, berichten IRS-Wissenschaftler in einem Artikel in der *Zeitschrift für Zukunftsforschung*: Soziale und kulturelle Unterschiede lassen stark differierende Wahrnehmungen des Klimawandels entstehen.

Aha, na das klingt ja spannend: Zwei deutsche Städte, die fast identische geographische Voraussetzungen mitbringen und den gleichen Gefahren und Bedrohungen ausgesetzt sind, reagieren anscheinend völlig unterschiedlich auf ein und dieselbe Bedrohung. Aber – warum ist das so?

„Obwohl beide Städte quasi dieselben natürlichen Risiken hinsichtlich Hochwasserereignissen aufweisen, sind die Gefährdungswahrnehmungen in den beiden Städten sehr unterschiedlich", sagt die Leiterin der Forschungsabteilung Kommunikations- und Wissensdynamiken im Raum am IRS, Privatdozentin Dr. Gabriela B. Christmann. „In den zwei Städten lassen sich verschiedene Verarbeitungsformen des Klimawandels feststellen: So werden in Lübeck die Gefahren des Klimawandels zwar gesehen und vor allem für die Altstadt thematisiert – insgesamt werden sie aber als bewältigbar wahrgenommen", sagt die Sozialwissenschaftlerin und ergänzt: „Die Befragten verweisen auf die Erfahrungen, die die Bewohner der Stadt in ihrer Geschichte mit Sturmfluten und Hochwasser bereits gemacht hat und denen sie in hanseatischer Manier bislang erfolgreich trotzen konnte."

Ganz anders sieht es im Osten der Republik aus. Zu Rostock berichtet das IRS in der Pressemitteilung:

„In Rostock spielen Klimathemen hingegen nur eine geringe Rolle – und sofern sie überhaupt zur Sprache kommen, werden sie nicht mit historischen Wissensmustern und Traditionen der Hansestadt verbunden", erläutert Christmann. (…) „Im Vordergrund der Diskussion in Rostock stehen aktuelle Probleme und Bedrohungen, wie etwa die hohe Arbeitslosigkeit und die Abwanderung. Im Klimawandel sehen die Rostocker eher eine Chance, diesen Trends begegnen zu können", sagt Christmann. „So hat man an der Warnow die große Hoffnung, dass man mit der globalen Erwärmung etwa den Tourismus, den Ausbau erneuerbarer Energien und damit die Wirtschaft vorantreiben kann."

Wie stark kulturelle Traditionen die Einschätzung von Gefahren beeinflussen, zeigt auch der Teil der Studie, der sich dem internationalen Vergleich widmet: So zeigen unsere niederländischen Nachbarn einen ganz anderen, fast schon als sportlich zu bezeichnenden Ansatz im Umgang mit den steigenden Fluten. Nur ein Drittel der befragten Experten in niederländischen Städten sieht den Anstieg des Meeresspiegels als Problem an. „Da die Niederländer seit Jahrhunderten mit Hochwasserschutz und Landgewinnung vertraut sind, wird der steigende Meeresspiegel dort als machbare Herausforderung angesehen", erläutert Christmann.

Ganz anders hingegen wird nach den IRS-Untersuchungen die Bedrohungslage in Polen eingeschätzt: „Für fast 57 % der befragten Experten in polnischen Küstenstädten ist der steigende Meeresspiegel ein großes Problem", erklärt Christmann. „Ein bemerkenswerter Befund, der der tatsächlichen Bedrohungslage – etwa im Vergleich zur Situation in den Niederlanden – entgegensteht. Der Grund dafür ist, dass in Polen das tradierte Wissen um die Prävention und die Bewältigung von Hochwasserereignissen an der Küste kaum existiert und die Bedrohung deswegen viel dramatischer erscheine."

Die Untersuchungen der Brandenburger Wissenschaftler sind Teil eines Forschungsprojekts im Rahmen des Potsdamer Forschungs- und Technologieverbundes für Naturgefahren, Klimawandel und Nachhaltigkeit (PROGRESS), und die Arbeitsgruppe um Christmann wollte herausfinden, wie das globale, abstrakte Phänomen des Klimawandels lokal wahrgenommen wird. „Dahinter steht die Vorstellung, dass eine bestehende Gefährdungssituation nicht automatisch als Bedrohung angesehen werden muss", erläutert der Pressesprecher des IRS Jan Zwilling. „Bedrohungen werden erst dann zu einer gesellschaftlichen Realität, wenn sie von den Menschen auch als solche erkannt werden", ergänzt Christmann. „Dabei kann es sogar passieren, dass eine reale Gefahr als harmlos wahrgenommen wird, weil man sich ihrer bewusst geworden ist und man sich gut vorbereitet fühlt."

Persönliche Wahrnehmung als Maß der Bedrohung

Hm, schon ein denkwürdiger Befund, der sich aus der Studie ergibt. Aber fassen wir zusammen: Das Vorhandensein tradierter Erfahrungen und bewährter Schutzkonzepte aus der Vergangenheit, wie etwa in Lübeck und den Niederlanden, geben den Einwohnern bedrohter Städte das Gefühl, sie seien „gut gewappnet" gegen die Gefahren des steigenden Meeresspiegels. So scheint insbesondere die persönliche

> Wahrnehmung der Folgen des Klimawandels ein entscheidender Aspekt zu sein, ob und wie er als Bedrohung angesehen wird.

Eine aktuelle Studie von Karen Akerlof von der George Mason University im US-Bundesstaat Virginia (Akerlof et al. 2012) beschäftigt sich genau mit diesem Problem:

Das Wetter begegnet jedem Menschen täglich und ist damit persönlich erleb- und erfahrbar. Das Klima hingegen ist als eine statistische Rechengröße definiert und zwar als Mittelwert meteorologischer Größen über einen 30-jährigen Zeitraum. Damit ist Klima per se nur schwer durch persönliche Erfahrung zu begreifen. Dennoch zeigt eine aktuelle Studie, dass es durchaus möglich ist, auch Klimaveränderungen persönlich wahrzunehmen.

Demnach schätzen Personen, die Folgen des Klimawandels bereits persönlich erlebt haben, den Klimawandel eher als Risiko ein als solche, die keine eigenen Erfahrungen damit gemacht haben.

Dies wird noch verstärkt, wenn es um lokale Veränderungen in der direkten Umgebung der Befragten geht.

Als häufigstes Anzeichen von Klimaänderungen werden genannt: Verschiebung von Jahreszeiten (36 %), Veränderung der lokalen Wetterphänomene (25 %), Wasserstandsänderungen in Binnengewässern (24 %), Veränderungen in Flora und Fauna (20 %) und beim Schneefall (19 %). Alle bis auf die letzte Beobachtung zum Rückgang von Schneefall waren auch tatsächlich aufgetreten.

Sowohl für die Einschätzung der in der Studie befragten Personen als auch für die weitere Kommunikation der Risiken des Klimawandels ziehen die US-Forscher folgendes Fazit:

Ob Anzeichen des Klimawandels überhaupt persönlich wahrgenommen werden, hängt auch mit der sozialen Umgebung und den kulturellen Überzeugungen der gesellschaftlichen Gruppe zusammen, in der die Befragten leben. Auch die persönliche Erwartung, ob sich Klimaänderungsphänomene in der Umgebung zeigen oder nicht, hat einen Einfluss darauf, ob sie bemerkt oder übersehen werden. Diese Einsichten haben direkte Konsequenzen für eine erfolgreiche Kommunikation von Klimathemen. Offenbar sind Kommunikationsstrategien, die sich lebendiger, erfahrbarer Elemente bedienen, erfolgreicher als solche, die reine statistische Informationen liefern.

Diese Beobachtungen decken sich mit den Erkenntnissen der IRS-Wissenschaftler: „Es ist insbesondere die persönliche Erlebbarkeit – entweder aus der konkreten Situation oder der Erinnerung heraus –, die Menschen die zunächst erst einmal abstrakten Gefahren des Klimawandels realisieren und im besten Fall handeln lässt", sagt Christmann. Dass jemand, der schon einmal von einer Naturkatastrophe betroffen war, eine andere Sensibilität hinsichtlich eines – wenn auch zunächst abstrakten – Gefahrenpotenzials hat, liegt auf der Hand. So sehen naturgemäß etwa die Menschen, die 2009 ich auf einer Pressereise mit der UN in der Sahelzone kennenlernte, die unmittelbaren Auswirkungen des Klimawandels jeden Tag – und auch wenn sie die Gefahr vielfach nicht akademisch korrekt benennen können, erleben (und erleiden) sie die Folgen der globalen Erwärmung tagtäglich. Einem solchen Erleben stehen die Erfahrungen der meisten Mitteleuropäer – bisher – diametral gegenüber: „In unserer Studie zeigte sich, dass die Notwendigkeit des Klimaschutzes in den Küstenregionen gleichwohl ernst genommen wird. Jedoch nicht, weil man glaubt, dass man in der Region vom Klimawandel selbst stark betroffen sein wird und für sich selbst Vorsorge treffen müsste, sondern weil man denkt, dass vor allem die Ärmsten der Armen in der dritten Welt betroffen sein werden", sagt Christmann. „Klimaschutz ist also eher eine Frage der abstrakten ethischen Verantwortung in einer globalisierten Welt."

Schon manchmal recht eigenartige Motive, die aber offenbar eng mit dem persönlichen Erfahrungshorizont der Befragten zusammenhängen. „Braucht man den Menschen in der Sahelzone sicher nicht zu erklären, was der Klimawandel für sie, ihr Leben und die Zukunft ihres Landes bedeutet, weil sie ihn täglich erleben, zeigt sich in den öffentlichen Diskursen Rostocks, dass man dort die Auswirkungen des Klimawandels nicht für sich oder die Stadt als Bedrohung sieht, sondern dass man eher das Meer als vom Klimawandel bedroht wahrnimmt – vor allem mit negativen Auswirkungen, etwa auf die Fischerei und damit auch auf die ökonomische Verwertbarkeit des Meeres", erläutert Christmann.

Wobei es mit Erfahrungen, und gerade auch kollektiven Erfahrungen, so eine Sache ist: „Aus Forschungsarbeiten zum kollektiven Gedächtnis wissen wir, dass bestimmte Erfahrungen – nach rund 60 Jahren, manchmal aber auch früher – wieder aus dem kollektiven Gedächtnis verschwinden können, wenn sie nicht mehr als bedeutungsvoll für eine Gesellschaft angesehen werden", sagt Christmann. Ein gutes Beispiel für Verdrängung oder Vergessen zumindest in der offiziellen Stadtpolitik – obwohl das Ereignis noch keine 60 Jahre zurückliegt – ist etwa die Sturmflut, die im Februar 1962 einige Stadtteile Hamburgs komplett verwüstete und 340 Menschenleben kostete.

Eine Sturmwetterlage in der Nordsee führte 1962 zu einer akuten Notlage für einige Stadtteile Hamburgs in unmittelbarer Elbnähe. Gerade der im Bezirk Hamburg Mitte auf der Elbinsel liegende Stadtteil Wilhelmburg war nach mehreren Deichbrüchen massiv von Überflutungen betroffen. Als besonders dramatisch erwies sich die Tatsache, dass im Bereich Wilhelmsburg immer noch viele Flüchtlinge des Zweiten Weltkriegs in Behelfsunterkünften in unmittelbarer Elbnähe lebten, die dem Wasser nur wenig entgegenzusetzen hatten.

Nach der Flut wurden die Deiche repariert und die Häuser wieder aufgebaut. Aber Wilhelmsburg sollte es auch weiterhin schwer haben: Heute zählt es zu den sozial benachteiligten Stadtteilen Hamburgs und ist durch hohe Arbeitslosigkeit und einen hohen Migrantenanteil gekennzeichnet. Doch in Anbetracht fehlender Flächen im Stadtgebiet hat die Hamburger Stadtpolitik 2009 den Stadtteil neu entdeckt und will zusammen mit der Internationalen Bauausstellung (IBA) und 110 Millionen Euro den Stadtteil „neu arrangieren" – wie es so schön im Planer-Deutsch heißt. Sind also die Erfahrungen aus der 62er-Flut vergessen – oder wurden sie angesichts neuer Prioritäten nur verdrängt?

Die Wochenzeitung DIE ZEIT schrieb am 8. April 2009:

> Eines der eindrücklichsten unter den insgesamt 36 Modellprojekten der IBA nennt sich „Welt-
> quartier". Noch ist dieses Quartier eine seit Langem sanierungsbedürftige, in den dreißiger
> Jahren für Arbeiter der Howaldt-Werften erbaute Kleinsiedlung mit 830 Genossenschaftswoh-
> nungen, in denen vor allem Migranten auf engem Raum zusammenleben. Wenn die Operation
> abgeschlossen ist, soll das Quartier das soziale Ideal weltgesellschaftlicher Nachbarschaft ver-
> körpern. Mehr als die Hälfte der Mieter wird in Kürze in eine der 100.000 SAGA-Wohnungen
> in Hamburg umquartiert, um den Grundriss der Häuser verändern zu können.

Und wie steht es mit den Herausforderungen durch den Klimawandel? Schließlich war
eben dieser Bereich von der 62er-Flut am stärksten betroffen. Um den Anforderungen
gewappnet zu sein, stellte die IBA Anfang 2012 ein „Zukunftskonzept erneuerbares Wilhelmsburg" vor, das neben energieeffizienten Gebäuden auch erneuerbare Energien in den
neuen Stadtteil integrieren will. Na dann viel Erfolg!

> **Hochwasserschutz? Fehlanzeige!**
> In dem online verfügbaren „Klimaschutzkonzept Wilhelmsburg" der Internationa-
> len Bauausstellung (IBA) finden sich unter den geplanten städtebaulichen Maßnah-
> men keinerlei Vorkehrungen zum Hochwasserschutz des neu arrangierten Stadtteils
> (Stand: 2. November 2012). Und dass Gefahren auch in den 2000er-Jahren nicht un-
> realistisch sind, zeigt alleine schon die Sturmflut vom 9. September 2011, die mit
> 1,48 m über dem normalen Hochwasser das Gebiet um den Hamburger Fischmarkt
> rund 30 cm tief unter Wasser setzte.

Aber gut, das Problem mit den Folgen des Klimawandels ist seitens der Behörden prinzipiell erkannt. Und nun? Wie kann man (die Forschung, Verwaltung, Politik …) die Folgen
erträglicher machen oder abwenden?

Einen ersten Eindruck über mögliche Maßnahmen haben wir ja bereits im Kap. 7 „Klimaservices" bekommen, in dem unter anderem die Maßnahmen, die der Deutsche Wetterdienst den Stadtplanern der Metropolregionen schon heute nahelegt hat, beschrieben
wurden.

„Aber das ist eben nur eine Seite der Medaille", sagt Christmann. „Neben dem behördlichen Umgang mit den zu erwartenden und bereits eingetretenen Folgen des Klimawandels
muss ein möglichst breiter Konsens in der Bevölkerung erreicht werden, die die zu ergrei-
fenden Maßnahmen auch mittragen muss – hinzu kommen die Interessensvertreter der
Industrie."

„Dieser Ansatz geht auf die wohlbekannte selektive Wahrnehmung des Problems Klimawandel in den verschiedenen Interessensgruppen, etwa der Industrie auf der einen und den
Umweltverbänden auf der anderen Seite, zurück", erläutert Christmann. So analysieren die
politikwissenschaftlichen Projektpartner der IRS-Forscher, die unter der Leitung von Prof.

Dr. Werner Jann an der Universität Potsdam in dem Teilprojekt „Politisch-administrative
Verarbeitungen des Klimawandels" des Potsdamer Forschungsverbundes PROGRESS ge-
forscht haben, in einer Handlungsempfehlung:

> In der Priorisierung des Klimawandels als politisches Problem zeigt sich der klassische, durch
> sektorale Zugehörigkeit geprägte Zielkonflikt zwischen Umwelt- und Wirtschaftspolitik. Die-
> ser Ziel- bzw. Interessenkonflikt äußert sich in einer hohen Problempriorisierung im Um-
> weltbereich und einer geringen im Wirtschafts-/Industriebereich. In diesen unterschiedlichen
> Priorisierungen kommen die entsprechenden selektiven Wahrnehmungen zum Ausdruck.

8.2   Von der Erlebbarkeit des Klimawandels

Der Hauptknackpunkt bei der Vermittlung der Folgen des Klimawandels scheint zusammengefasst also die Erlebbarkeit der statistischen Größe Klima zu sein. Ist das Wetter unmittelbar bei jedem Gang vor die Tür erlebbar, so lässt sich eine Größe, die sich durch die
Mittelung des Wetters über 30 Jahre definiert, nur schwer vom Einzelnen nachvollziehen –
insbesondere dann, wenn man – wie derzeit noch in Nordeuropa – noch nicht unmittelbar
betroffen ist.

Soweit so gut, aber wie sieht das bei Menschen in Europa aus, die mit den Folgen der
Erwärmung schon heute direkt zu leben haben? Neben Grönland ist die nördlichste Insel
Norwegens, Spitzbergen – oder genauer gesagt das Svalbard-Archipel, dessen Hauptinsel
Spitzbergen ist –, einer der „Hotspots" des Klimawandels. Svalbard ist die nördlichste Land-
masse an der Ostseite der norwegisch-grönländischen See und liegt quasi gegenüber von
Grönland komplett nördlich des Polarkreises, das heißt im Klimabereich der Arktis. Gut
die Hälfte der Gesamtfläche des Archipels sind – oder besser, waren einmal – vergletschert.

Wie überall in der Arktis verändert auch hier die globale Erwärmung die Landschaft
und das Leben von Mensch und Tier, und die wenigen hier lebenden Menschen können
den Klimawandel unmittelbar miterleben.

So etwa Dr. Marion Maturilli von der Außenstelle des Alfred-Wegener-Instituts für
Polar- und Meeresforschung (AWI) in Potsdam. Die Meteorologin war zum ersten Mal
im Jahr 2000 auf Spitzbergen und zum bislang letzten Mal im Sommer 2012. „Die Veränderungen vor der permanent besetzten Station des AWI am Kongsfjord sind nicht zu
übersehen", sagt Maturilli. So sind die Gletscher des Fjords stark abgeschmolzen und haben bei ihrem Rückzug mitten im Fjord eine Insel freigegeben, von deren Existenz bislang
niemand wusste, lag sie doch bisher unter dem Eis des Gletschers. „Und auch die Temperaturmessungen vor Ort bestätigen unsere Beobachtungen. Es wird – gerade auch für
die Arktis – dramatisch wärmer: an unser Station 1,35 Grad Kelvin in einer Dekade."
(Abb. 8.1).

Welches Ausmaß das Schrumpfen und der Rückzug der Gletscher in der Europäischen
Arktis hat, belegt eindrucksvoll der Vergleich der beiden Bilder in Abb. 8.2.

Ein zweites Beispiel für die unmittelbare Erlebbarkeit des Klimawandels konnte ich in
Mali erleben, als ich mit einer von der UN geleiteten Journalistengruppe in dem westafri-

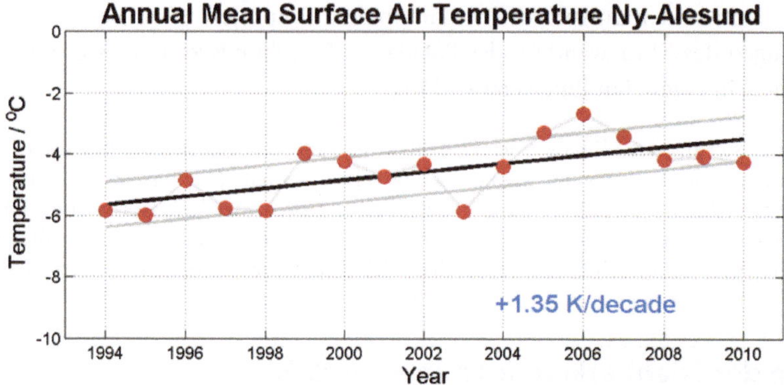

Abb. 8.1 Jahresdurchschnittstemperatur der Luft in 2 m Höhe an der Station des AWI am Kongsfjord (West-Spitzbergen) (© Marion Maturilli, AWI-Potsdam; aus Maturilli et al. 2012)

kanischen Land war, dessen Süden zur Sahelzone zählt. Die Bauern Malis haben seit Jahren zunehmend mit dem Problem der Desertifikation zu kämpfen: Die Regenzeiten haben sich verschoben und bleiben immer öfter ganz aus. Die Sahara breitet sich immer weiter aus und bedeckt die ehemals fruchtbaren Felder am Niger mit einem Leichentuch aus Sand und Staub. Die Bevölkerung nimmt es – noch – erstaunlich gelassen und reagiert mit Abwanderung und Flucht. Ihr braucht niemand zu vermitteln, was Klimawandel ist und welche Folgen er hat.

War vielen Nordeuropäern die fatalistische und negierende Haltung vieler US-Amerikaner zum Klimawandel auch bisher eher suspekt (Motto: *warming? – what warming?*), so zeigt eine neue Studie, über die am 26. Dezember 2012 bei Spiegel-Online berichtet wurde, dass auch jenseits des Atlantiks offenbar langsam ein Umdenken einsetzt:

> Eine Umfrage im US-Bundesstaat Michigan habe ergeben, dass gut ein Drittel der Leute die Verschiebung der Jahreszeiten erkennen, berichten Forscher um Karen Akerlof von der George Mason University in Fairfax (US-Bundesstaat Virginia). Ein Viertel der Befragten gab zudem an, dass Wetterphänomene wie Stürme und Wasserstände in Seen und Flüssen sich verändert hätten. Ein Fünftel will Wandlungen bei Tieren und Pflanzen und Änderungen beim Schneefall erkannt haben.

8.3 Persönliches Fazit

Gerade das Abschmelzen von Gletschern ist ein hervorragendes Beispiel, um die Folgen der momentan stattfindenden Erwärmung zu verdeutlichen – liefern sie doch ein gutes Beispiel für die schnelle Reaktion der Kryosphäre auf sich verändernde Temperaturen.

Doch stopp! Ganz so trivial ist der Sachverhalt nicht, denn Gletscher können nicht nur schrumpfen, sondern auch wachsen und vorstoßen. Wie schnell so etwas gehen kann, belegen etwa In-situ-Funde fossiler Böden und Pflanzen unter einem Talgletscher nahe

Abb. 8.2 Illustration der Gletscherschmelze am Beispiel des Blomstrand-Gletschers im Kongsfjord an der Westküste Spitzbergens. Zwischen beiden Fotos liegen fast 100 Jahre und bei der Aufnahme des Bildes aus dem Jahr 2002 wurde versucht die gleiche Perspektive (den gleichen Standort) wie 1919 einzunehmen (Quelle: der Fotograf des Bildes von 1919 ist unbekannt, alle Rechte am Bild von 2002 liegen bei der deutschen Sektion von Greenpeace in Hamburg, der ich für die Unterstützung und Überlassung der Bilder herzlich danke. © GREENPEACE)

der Hauptstadt Spitzbergens, Longyearbyen (Humum et al. 2005). Rund 2000 m hinter dem Ende der heutigen Gletscherzunge des Longyear-Gletschers fanden Forscher rund 1100 Jahre alte Böden zusammen mit In-situ-Pflanzenresten und lebenden Bodenmikroben. Das heißt, dass um 900 n. Chr. herum an dieser Stelle ein Boden existierte, auf dem Pflanzen wuchsen. Es gab zu dieser Zeit dort also keinen Gletscher!

Weitere Hinweise auf die hohe Variabilität des Klimas in der Hocharktis Spitzbergens liefern auch die Auswertungen von Wetteraufzeichnungen aus dem 20. Jahrhundert (Forland et al. 1997). Sie belegen in den 1920er-Jahren auf Meereshöhe einen Anstieg der Jahresmitteltemperatur von minus 9,5 auf minus vier Grad Celsius in einem Zeitraum von fünf Jahren. 5,5 °C in nur fünf Jahren! Das ist der dramatischste Anstieg der Jahresmitteltemperatur, seit es kontinuierliche Messungen gibt. Aber auch das nicht noch nicht alles: Für den Zeitraum von 1957 bis 1968 belegen die Messungen ein erneutes Absinken der Jahresmitteltemperatur um vier Grad Celsius auf Svalbard.

Kann man Svalbard quasi als eine „Stellvertreterwelt" im Kleinen betrachten und die Verhältnisse eins zu eins auf den ganzen Planeten übertragen – und also schlussfolgern, dass es schon von allein wieder kühler wird und wir nichts an unserem Lebensstil ändern müssen? Leider nein! Auch im vierten Sachstandsreport des Weltklimarats IPCC aus dem Jahr 2007 wird das schnelle Wechselspiel zwischen Ansteigen und Absinken der Temperaturen auf Svalbard erwähnt. Die Wissenschaftler des IPCC beschreiben Svalbard als eine sensitive Region, deren Klima durch die enge Kopplung an den Nordwest-Spitzbergenstrom und die Lage zu charakteristischen Luft- und Feuchtigkeitsmassen bestimmt wird – Luftmassen, die an der Westküste mit dem warmen Nordwest-Spitzbergenstrom Wärme und Feuchtigkeit nach Norden bringen, und arktische Luftmassen, die mit dem Abstrom kalter Wassermassen aus der Barentssee und der Arktis nach Süden transportiert werden (Der Nordwest-Spitzbergenstrom ist die nördlichste Verlängerung des Golfstroms, der warmes Atlantikwasser an der Westküste Norwegens und Spitzbergens entlang bis in den Arktischen Ozean transportiert).

Also doch alles Quatsch mit der globalen Erwärmung?

Nein, die Erwärmung der Erde, die wir gerade erleben, ist real. Und die Beweise, die aus allen Wissenschaftsdisziplinen kommen, belegen eindeutig, dass der Mensch in einem erheblichen Maß dazu beiträgt. Gerade was die Erhöhung des CO_2-Gehalts der Atmosphäre und die damit einhergehende Veränderung der solaren Rückstrahlung angeht, ist der Mensch hauptverantwortlich.

Dass es auch schon früher, ohne den Einfluss des Menschen, erhebliche Veränderungen und Schwankungen des Klimas und der Gletscher gegeben hat, ist – gerade auch für Geologen – unbestritten. Neu und erschreckend an der heutigen Situation ist jedoch, wie schnell die Veränderungen in der Umwelt vonstattengehen. Ich kann mich noch gut an den Laborteil meiner Diplomarbeit erinnern, in der ich mich mit einem Sedimentkern aus der südlichen Grönlandsee befasste und versuchte, die Veränderungen der Umwelt und des Klimas in dem Seegebiet während der letzten rund 350.000 Jahre mit den im Abschn. 3.1.1 vorgestellten Methoden zu rekonstruieren. In den Sedimenten fand ich die Hinterlassenschaften von fünf Glazial-Interglazialzyklen, die die insgesamt sehr wechselvollen klimatischen Verhältnisse in der Grönlandsee dokumentieren.

War zu Zeiten meiner Diplomarbeit noch die Vermutung weitgehend Konsens, dass die klimatischen Schwankungen zwischen Glazial-Interglazial und Glazial relativ langsam vonstattengehen, so muss diese Meinung mit der Erfahrung aus der Welt im Klimawandel von heute revidiert werden. Offenbar sind die Zustände des Klimasystems hochvariabel, und die Wechsel zwischen ihnen vollziehen sich erstaunlich schnell.

Lauter verwirrende Befunde! Und was sollen wir jetzt daraus schließen? Zunächst erst einmal, dass die Prozesse offenbar viel schneller ablaufen, als sich etwa Geologen und Glaziologen das früher vorstellen konnten. Das heißt aber auch, dass die Gletscher im Falle einer Abkühlung genauso schnell wieder vorstoßen können.

Tja, wie nun also umgehen mit dem Klimawandel – und nicht zuletzt mit der immer wieder heiß diskutierten „Schuldfrage"?

Offenbar verändert sich gerade wieder einmal das Klima der Erde, und es wird – trotz der gerade festgestellten „Pause" – immer wärmer. Doch im Gegensatz zu allen bisherigen Klimaumschwüngen der Erdgeschichte haben wir diesen Prozess angestoßen und legen mit unserem massiv ansteigenden Treibhausgasausstoß immer noch eine weitere „Schippe" oben drauf. Staunend und zunehmend entsetzt sehen wir eine Dynamik und Geschwindigkeit des Wandels, die auch in geologischen Zeiträumen noch nie beobachtet werden konnte.

Viele Pflanzen- und Tierarten werden sich kaum so schnell anpassen können, wie der Klimawandel die Lebensumstände in ihrer Umgebung verändert – mit noch unabsehbaren Folgen für die betroffenen Arten und auch für uns, die wir uns schnell auf völlig neue Lebensumstände einstellen müssen.

Ein Wort zu Anpassungen: In der Regel laufen in der Natur evolutionäre Anpassungsprozesse über den Generationswechsel, indem die Individuen überleben und sich fortpflanzen, die besser an die neuen Verhältnisse angepasst sind. Vollzieht sich der Generationswechsel bei Bakterien im Minutentakt, so dauert er beim Menschen rechnerisch 30 und bei Bäumen über 100 Jahre – wahrscheinlich zu lange, um mit der Geschwindigkeit des heutigen Klimawandels mithalten zu können.

Spätestens jetzt kommen wir zur Gretchenfrage des anthropogenen Treibhausgas-Ausstoßes – und wie wir damit umgehen sollten.

Sicher ist, dass wir mit dem Verbrennen fossiler Brennstoffe riesige Mengen CO_2 freisetzen und die CO_2-Konzentration der Atmosphäre und des Ozeans massiv erhöhen. Dass ein solches Verhalten nicht ohne Folgen bleiben kann, liegt ebenso auf der Hand, wie die Tatsache, dass jemand, der viel raucht über kurz oder lang eine Raucherlunge entwickelt. Unmittelbare Folgen des hohen anthropogenen CO_2-Austoßes sind neben der Erhöhung der globalen Mitteltemperatur aber auch solche Dinge, wie die Versauerung der Meere (Abschn. 5.3), deren Auswirkungen auf uns und die Nahrungskette, an deren Ende wir stehen, wir gerade erst zu begreifen beginnen. Hinzu kommt, dass die Trägheit des Klimasystems (Abschn. 5.2) zur Folge hat, dass unser heutiges Handeln die Umwelt und Zukunft unserer Kinder und Kindeskinder massiv beeinflusst. Mit unserem Handeln oder Nichthandeln stellen wir heute die Weichen für ihre Zukunft!

Ich denke, dass wir alles in unser Macht stehende tun sollten, damit wir uns, unseren Nachfahren und allen tierischen und pflanzlichen Mitbewohnern der Erde einen lebens-

und überlebenswerten Planeten erhalten sollten – und dazu gehören ganz klar ein deutlich verbesserter Umwelt- und Klimaschutz, dessen Grundlagen wir heute legen müssen!

In den laufenden Veränderungen durch den Klimawandel sehen wir par excellence, wie verletzlich unsere Umwelt ist, wie fragil ehemals ehern geglaubte Gleichgewichtszustände in der Natur sind und wie schnell sich ein scheinbar so stabiler und für unser aller Überleben wichtiger Parameter wie das Klima ändern kann.

An dieser Stelle noch ein Wort zur häufig angezweifelten Rolle des CO_2 als „Klimakiller": Selbst wenn es nur eine geringe Wahrscheinlichkeit gäbe, dass CO_2 zur Erwärmung beitrüge, wäre es grob fahrlässig, nichts gegen die weitere Erhöhung des CO_2-Ausstoßes zu tun. Solange wir noch nicht alle Zusammenhänge im Klimasystem vollständig verstehen, sollten wir alles menschenmögliche unternehmen, damit wir die bekannten Risikofaktoren minimieren.

Wie sehr die Zeit drängt bzw. der Menschheit davonläuft, zeigen unter anderem die Untersuchungen von Prof. Dr. Thomas Stocker von der Universität Bern (Abschn. 6.3): Um das Zwei-Grad-Ziel überhaupt noch erreichen zu können, müssten nach Stockers Berechnungen die Emissionen ab 2020 um mindestens 3,2 % pro Jahr sinken. „Falls erst nach 2027 Emissionsreduktionen von maximal fünf Prozent pro Jahr greifen, wird das Zwei-Grad-Celsius-Ziel nicht mehr erreichbar sein", erläutert Stocker die Berechnungen seiner Arbeitsgruppe. „Bildlich gesprochen wird sich dann die Tür zur Begrenzung des Klimawandels auf eine Erwärmung von zwei Grad Celsius für immer geschlossen haben!"

Auf die immer wieder diskutierten technischen „Lösungen" des CO_2-Problems der Menschheit sei hier ebenfalls kurz eingegangen: Aus meiner Sicht sind die angedachten Methoden der Einlagerung des CO_2 in ehemaligen Erdgaslagerstätten (CCS-Technologie) oder die Umsetzung – zum Teil recht bizarrer – Geo- und Climate-Engineering-Ideen (Abschn. 7.4.) nur vermeintliche Lösungen, die im Zweifelsfall genauso in einer Sackgasse münden, wie die „Zwischen"-Lagerung unseres Atommülls. Sie lösen nicht nur das Problem nicht, sondern bergen ein zusätzliches unkalkulierbares Gefährdungspotenzial, von dessen Ausmaß wir bisher keine Ahnung haben. Wir hoffen einfach, dass es schon irgendwie klappen wird. Hinzu kommt, dass wir, wie beim Atommüll, unsere Abfallprobleme nicht lösen, sondern sie nur auf unsere Nachfahren übertragen – schon eine merkwürdige und äußerst bedenkliche Form der Generationengerechtigkeit!

Ein großer, wichtiger und richtiger Schritt in die Richtung einer nachhaltigen Energieversorgung ist sicherlich die von der Deutschen Bundesregierung 2011 eingeleitete Energiewende, die nicht nur viel CO_2 einsparen wird, sondern auch noch unseren Nachkommen – zumindest ein bisschen – Erdöl etwa für Medikamente, Kunststoffe, Reifen etc. übrig lässt. Außerdem bleibt zu hoffen, dass von der deutschen Energiewende auch auf den Rest der Welt die Impulse ausgehen, die endlich zu einer nachhaltigen Energieerzeugung führen.

Na dann, Glückauf – und viel Erfolg. Sonst bekommen die Küstenbewohner in Zukunft doch noch nasse Füße.

Ihr schneller Zugang zu weiteren Informationen:

▶ SPIEGEL ONLINE

Nachwort

Der anthropogene Klimawandel findet offensichtlich statt. Die Anzeichen können wir nicht mehr übersehen. Der Gehalt an Treibhausgasen, allen voran Kohlendioxid (CO_2), steigt seit dem Beginn der Industrialisierung rapide an. An einigen Messstationen haben wir bereits die magische 400 ppm Grenze überschritten; zu Beginn der Industrialisierung waren es gerade mal 280 ppm. Der Anstieg ist eindeutig die Folge der Verbrennung der fossilen Brennstoffe (Kohle, Erdöl und Erdgas) zur Energiegewinnung. Die Temperatur des Planeten steigt in Folge dessen. Das Eis der Erde schmilzt und der Meeresspiegel steigt.

Das sind harte Fakten, die niemand ernsthaft bestreiten kann. Trotzdem gibt es wie bei kaum einem anderen Thema eine heftige öffentliche Debatte. Darüber, ob es überhaupt einen Klimawandel gibt. Und wenn es ihn denn geben sollte, ob der Mensch daran beteiligt ist und wenn ja in welchem Umfang. Diese Diskussion spiegelt in vielen Fällen die Unwissenheit über fundamentale Vorgänge im Erdsystem wieder. Den Unterschied zwischen Wetter und Klima sollte man schon kennen, wenn man sich über aktuelle Wetterlagen und deren Zusammenhang mit dem Klimawandel Gedanken macht. Eigentlich ist es auch selbstverständlich zu wissen, wie Klimamodelle funktionieren, wenn man sie kritisiert und deren Aussagen für nicht belastbar hält. Leider glauben immer noch sehr viele Menschen, dass Klimamodelle auf ähnlichen Prinzipien beruhen wie etwa Wirtschaftsmodelle. Sie seien empirische Modelle, die man an Daten anpasst und dann die zukünftige Klimaentwicklung mittels statistischer Methoden vorhersagt. Nein, die Klimamodelle basieren auf den physikalischen Grundgesetzen und sind deswegen in keiner Weise mit Wirtschaftsmodellen zu vergleichen. Das ist ein enormer Vorteil.

Die Klimaproblematik ist nicht einfach zu verstehen. Man muss schon sehr viel Wissen mitbringen, um sich glaubhaft in die Klimadebatte einbringen zu können. Dazu gehört es beispielsweise auch, dass man die natürlichen Klimaschwankungen versteht und das Klima der Vergangenheit. Man muss wissen, dass das Klima reagiert – über viele Jahrzehnte. Und man muss die Grenzen der Klimavorhersagbarkeit kennen. Dazu gehört es u. a., dass man weiß, was die Klimamodelle eigentlich vorhersagen und was nicht. Man muss Bescheid wissen über die Schwächen der Klimamodelle. Kurzum wir müssen die Unsicherheiten kennen, mit denen die Klimaprojektionen behaftet sind. Diese Unsicherheiten sind unbestritten. Sie sind auch nicht notwendigerweise klein, dass man sie einfach ignorieren könnte. Und Klimamodelle schon gar nicht perfekt.

R. Schacht, *Wann bekommen die Küstenbewohner denn nun nasse Füße?*,
DOI 10.1007/978-3-658-00327-2, © Springer Fachmedien Wiesbaden 2014

Bei all diesen verschiedenen Aspekten, die man berücksichtigen muss – und es gibt viele mehr – verliert man schnell den Überblick. Worüber streitet man sich eigentlich? Wieso gibt es so viele sich widersprechende Aussagen? Oder widersprechen sich die Aussagen möglicherweise etwa gar nicht? Sind wir nur unfähig, sie zu verstehen? Was ist mit den Argumenten derjenigen, die versuchen den Anteil des Menschen an der Erderwärmung klein zu reden oder ganz in Abrede zu stellen? Wissen ist Macht. Dieser Satz gilt im Besonderen für die Klimadebatte. Es führt kein Weg daran vorbei, dass wir uns ein solides Grundwissen aneignen müssen, wenn wir in der Klimadebatte ernsthaft mitreden möchten.

Aber eines ist auch klar. Und das möchte ich ausdrücklich an dieser Stelle festhalten. Es wird niemals perfekte Vorhersagen über das Klima der Zukunft geben. Wir müssen ein Stück weit mit der Unsicherheit leben. Entscheidungen müssen heute getroffen werden. Nicht erst in einigen Jahrzehnten. Eine große Wissenslücke ist beispielsweise die Unkenntnis der zukünftigen Kohlendioxidemissionen. Wie wird sich die Weltwirtschaft in den kommenden Jahrzehnten entwickeln? Werden wir die gesamte noch verfügbare Kohle verfeuern – sie reicht noch für ungefähr 200 Jahre – oder gelingt der Umbau der Weltwirtschaft in die Richtung der erneuerbaren Energien? Diese Frage kann niemand beantworten, die zukünftige Klimaentwicklung aber ganz entscheidend von ihr abhängen. Der kalifornische Klimaforscher Roger Revelle verglich die Situation im Jahr 1957 in einem Interview mit der New York Times mit einem „großangelegten geophysikalischen Experiment", das wir ausführen. Daran hat sich bis heute nichts geändert. Wir pusten Jahr für Jahr weltweit immer größere Mengen Kohlendioxid in die Luft. Es ist nicht abzusehen, dass wir in absehbarer Zukunft das Experiment mit unserem Planeten stoppen werden.

Es besteht das begründete Risiko, dass wir das Klima auf der Erde weiter aufheizen. Darin stimmt die überwältigende Mehrheit der Wissenschaftler überein, und zwar in allen Ländern. Natürlich können wir nicht in allen Details berechnen, was die Erwärmung für jeden Ort auf der Erde bedeutet. Viel zu komplex sind die Zusammenhänge im Erdsystem. Wollen wir wirklich die Konsequenzen herausfinden und das Experiment für lange Zeit fortführen? Das würde unserer persönlichen Lebensführung völlig widersprechen. Wir versuchen in unserem eigenen Alltag jedes noch so kleine Risiko zu vermeiden. Würde man denn ein Flugsteig besteigen, das mit einer Wahrscheinlichkeit von nur 10 % abstürzen würde? Sicherlich nicht!

Wo stehen wir heute bei der Forschung in Sachen Klimawandel? Die Forschung hat meiner Meinung ihre Bringschuld längst geliefert. Wir wissen um das große Risiko, das wir eingehen, wenn wir die weltweiten Treibhausgasemissionen nicht sehr bald beginnen zu senken. Niemand kann sich mehr darauf zurückziehen, dass die fundamentalen Fakten und Zusammenhänge nicht bekannt seien. Natürlich können sich alle Wissenschaftler irren. Das wäre ein Argument. Vergessen wir dabei aber nicht, dass bereits vor über 100 Jahren, im Jahr 1896, der spätere Nobelpreisträger Svante Arrhenius schon vorausgesagt hatte, dass sich die Erde erwärmen würde, wenn der Gehalt an Kohlendioxid in der Luft weiter anstiege. Heute wissen wir, dass er damit Recht hatte. Seine Berechnungen von damals – durchgeführt ohne die Verfügbarkeit von Computern oder Satelliten – zeigen zwar eine stärkere Erwärmungsrate als die heutigen Klimamodelle. Vergessen wir dabei aber nicht, dass selbst eine moderate Erwärmung von „nur" 2 °C bis zum Ende des Jahrhunderts schon unkalkulierbare Risiken für manche Ökosysteme birgt. Das Ozonloch sollte uns ein mahnendes Beispiel sein. Kein Wissenschaftler hat es vorhergesagt. Das Experiment mit unserem Planeten läuft …

Foto: J. Steffen, © GEOMAR
Prof. Dr. Mojib Latif
Klimaforscher und Leiter des Forschungsbereiches: Ozeanzirkulation und Klimadynamik, GEOMAR Helmholtz-Zentrum für Ozeanforschung Kiel

Literatur

Akerlof, K. et al.: Do people "personally experience" global warming, and if so how, and does it matter? Global Environmental Change. online first (2012)

Berkhout, F.: Adaptation to climate change by organizations. Wiley Interdisciplinary Reviews: Climate Change 3(1) 91–106 (2011). doi: 10.1002/wcc.154

Blümel, W.D.: 20.000 Jahre Klimawandel und Kulturgeschichte. Universität Stuttgart, Wechselwirkungen (2002)

Cheung, W.W.L. et al.: Shrinking of fishes exacerbates impacts of global ocean changes on marine ecosystems nature climate change 2, 10.2012 (2012)

Spötl, C., Offenbecher, K.-H., Boch, R., Meyer, M., Mangini, A., Kramers, J., Pavuza, R.: Tropfstein-Forschung in österreichischen Höhlen. Jb. Geol. B.-A 147, 117–167 (2007)

Cole-Dai, J.: Volcanos and climate WIREs Climate Change. John Wiley & Sons, Ltd. (2010)

Fickert, M., Strotmann, T.: An empirical approach to detect an accelerated sea-level rise. Book of Abstracts International conference on Coastal Engineering June 30–July 5 2010. Shanghai, China, Poster No P46 (2010)

Fleitmann, D., Burns, S.J., Mudelsee, M., Neff, U., Kramers, J., Mangini, A., Matter, A.: Holocene forcing of the Indian monsoon recorded in a stalagmite from southern Oman. Science 300, 1737–1739 (2003)

Giosan, L. et al.: Fluvial landscapes of the Harappan civilization Woods Hole Oceanographic Institution, Proceedings of the National Academy of Science. Pnas: nas. 1112743109 (2012)

Suess, H.E.: Radiocarbon concentration in modern wood. Science. Washington DC 122, 415 (1955)

Hann, J. v.: Handbuch der Klimatologie Mehrere Bände (1908). Nachdruck im Salzwasser-Verlag (2012), z. B. Band 3

Keller, G. Massive Volcanoes, Meteorite Impacts Delivered One-Two Death Punch to Dinosaurs. Princeton University News (2011)

Kennet, J.P.: Marine Geology Prentice Hall Inc. Englewood Cliffs (1982)

Knutti: Should we believe model predictions of future climate change? Phil. Trans. R. Soc. A 366, 4647–4664 (2008)

Köpelin, S.: Holozäne Umweltrekonstruktion und Kulturgeschichte der Sahara: Perspektiven aus der sudanesischen Wüste. In: Blümel, W.D. (Hrsg.) Wüsten – natürlicher und kultureller Wandel in Raum und Zeit. Nova Acta Leopoldina NF 108, 165–191 (2009)

Kuttler, W.: Klimawandel im urbanen Bereich, Teil 1, Wirkungen. Environmental Sciences Europe, 23.1.2011, Springer Open Journal (2011)

Melchiorre E.B., Williams, P.A., Bevins, R.E.: A low temperature oxygen isotope thermometer for cerussite, with applications at Broken Hill, New South Wales. Austr. Geochim. Cosmochim. Acta **65**(15), 2527–2533 (2001)

Neff, U., Burns, S.J., Mangini, A., Mudelsee, M., Fleitmann, D., Matter, A.: Strong coherence between solar variability and the monsoon in Oman between 9 and 6 kyr ago. Nature **411**, 290–293 (2001)

Oppenheimer, C.: Eruptions that Shook the World. Cambridge University Press (2011)

Nicolaus, C. et al.: Solar radiation over and under sea ice during the POLARSTERN cruise ARK-XXVI/3 (TransArc) in summer 2011. Geophys. Res. Lett. **39** (2012)

Rahmstorf, S. et al.: Thermohaline circulation hysteresis: a model intercomparison. Geophys. Res. Lett. **32**, L23605 (2005). doi:10.1029/2005GL023655

Schacht, R.: Die spät- und postglaziale Entwicklung der Wood- und Liefdefjordregion (Nordwestspitzbergen). GEOMAR – Reports **69** (1998)

Schmincke, H.U.: Vulkane der Eifel SPEKTRUM Sachbuch, 2. Aufl. (2012)

Self S.: The effects and consequences of very large explosive volcanic eruptions. Phil. Trans. R. Soc. A **364**, 1845, 2073–2097 (2006). doi:10.1098/rsta.2006.1814 1471

Shackelton, N.J., Kennet, J.P.: Late Cebozoic oxygen and carbon isotopic changes st DSDP-site 284: Implications for the glacial history of the Northern Hemisphere and Antarctica. Init. Rep. Of the DSDP **29**, ed. J.P. Kennet, R.E. Houtz a.o.: Washington D.C.: US Gov. Printing office (1975)

Siefert, W., Havnoe, K.: Einfluss von Baumaßnahmen in und an der Tideelbe auf die Höhen hoher Sturmfluten. Die Küste **47** (1988)

Stocker, T.F.: The closing door of climate targets. Perspectives Science Express 29. November 2012, 1–4 (2013). doi: 10.1126/science.1232468

Stumpp, M., Hu, M.Y., Mezner, F., Gutowska, M.A., Dorey, N., Nimmerkus, N., Holtmann, W., Dupont, S.T., Thorndyke, M.C., Bleich, M.: Acidified seawater impacts urchin larvae pH regulatory system relevant for calcification. Proc. of the National Academy of Sciences (2012). doi: 10. 1073/pnas. 1209174109

Svensson, A. et al.: Direct linking of Greenland and Antarctic ice cores at the Toba eruption (74 kyr BP) Climate of the Past, Clim. Past Discuss. **8**, 5389–5427 (2012). EGU-publications (2012)

Storch, V.H., Claussen, M.: Climate report for the Metropolitan region. Springer Verlag, Hamburg (2011)

Vasold, M.: Der Ausbruch des Tambora (Indonesien) im April 1815 und die Agrarkrise in Europa 1816/17. Geogr. Rundschau **12** (2000)

WBGU: Zu warm zu hoch zu sauer WBGU Gutachten zu dem Zustand der Meere: Sondergutachten Die Zukunft der Meere – zu warm, zu hoch, zu sauer. Sondergutachten 2006. WBGU, Berlin (2006)

Weninger, B., Alram-Stern, E., Bauer, E., Clare, L., Danzeglocke, U., Jöris, P., Kubatzki, C., Rollefson, G., Todovora, H.: Die Neolithisierung von Südosteuropa als Folge des abrupten Klimawandels um 8200 calBP. In: Gronenborn, D. (Hrsg.) Klimaveränderung und Kulturwandel in neolithischen Gesellschaften Mitteleuropas 6700–22 v. Chr. RGZM-Tagungen **1**, 75–117 (2005)

WOR – mare: World Ocean Review maribus GmbH. Mare Verlag 2010 (2006)

Sachverzeichnis